普通高等教育人工智能与大数据系列教材

# 数据可视化

杨 华 主编

机械工业出版社

本书以讲授数据可视化基础知识和工具应用为目标，在阐述可视化基本理论的基础上，采用大案例教学的方法，以某一超市数据为例，贯穿全书（7~11章），讲解和演示如何使用 Tableau 和 Python 两种工具完成各类可视化图形及可视化大屏的制作，讲述数据故事，挖掘数据背后的信息。全书共 11 章，主要内容包括数据可视化概述、数据可视化的理论基础、数据的理解与分析、数据可视化的任务和过程、Tableau 基础、Python 基础、有关比例的可视化、有关时间趋势的可视化、有关关系的可视化、有关空间关系的可视化以及可视化大屏。

本书可作为高等院校信息管理、大数据管理与应用以及经济管理相关专业的教材，也可作为企业管理人员、数据分析人员、可视化设计人员，以及从事数据可视化、视觉艺术开发和应用等人员的参考书。

本书配有电子课件、教学大纲和习题答案，欢迎选用本书作教材的老师登录 www.cmpedu.com 注册后下载，或发 jinacmp@163.com 索取。

## 图书在版编目（CIP）数据

数据可视化/杨华主编. —北京：机械工业出版社，2024.1

普通高等教育人工智能与大数据系列教材

ISBN 978-7-111-74546-4

Ⅰ.①数… Ⅱ.①杨… Ⅲ.①可视化软件–数据处理–高等学校–教材　Ⅳ.①TP317.3

中国国家版本馆 CIP 数据核字（2024）第 036624 号

机械工业出版社（北京市百万庄大街22号　邮政编码100037）
策划编辑：吉　玲　　　　　　责任编辑：吉　玲
责任校对：张勤思　张　薇　　封面设计：张　静
责任印制：单爱军
北京虎彩文化传播有限公司印刷
2024年6月第1版第1次印刷
184mm×260mm・16印张・393千字
标准书号：ISBN 978-7-111-74546-4
定价：69.00 元

电话服务　　　　　　　　　　网络服务
客服电话：010-88361066　　　机 工 官 网：www.cmpbook.com
　　　　　010-88379833　　　机 工 官 博：weibo.com/cmp1952
　　　　　010-68326294　　　金 书 网：www.golden-book.com
封底无防伪标均为盗版　　　　机工教育服务网：www.cmpedu.com

# 前言　PREFACE

　　随着移动互联网、大数据、云计算、人工智能等先进技术的快速发展，人们的生产、生活方式发生了深刻变化，数据变成触手可及的资源，数据量迎来爆炸式增长，并逐渐沉淀成为数据资产。数据反映着真实的世界，人们希望寻求数据之间的相互关系，找到有价值的信息和规律，使得对世界的认识更快、更准、更便捷。数据的分析、挖掘与可视化已经成为信息技术发展的迫切需求。数据可视化是利用计算机图形学和图像处理技术，将数据转换为图形或图像，在屏幕上显示出来，进行交互处理的理论、方法和技术，它是探索和理解大数据最有效的途径之一。将数据转换为视觉图像，能帮助人们更加容易地发现和理解其中隐藏的模式或规律。

　　本书是数据可视化技术的入门教材，采用理论与实践相结合的方式，详细介绍了数据可视化的基本理论知识，针对实际应用中各种不同的可视化类型，采用大案例教学的方法，以某一超市数据为例，贯穿全书（7~11 章），讲解和演示如何使用 Tableau 和 Python 两种工具完成各类可视化图形及可视化大屏制作，引导读者运用所学知识解决现实中的问题。

　　全书共 11 章，第 1~4 章阐述数据可视化的基本理论知识。第 5 章和第 6 章介绍了两种可视化工具 Tableau 和 Python 的基础知识。第 7~10 章介绍了有关比例的可视化、有关时间趋势的可视化、有关关系的可视化、有关空间关系的可视化知识。第 11 章讲解了可视化大屏的制作。具体内容如下。

　　**第 1 章　数据可视化概述**：阐述数据可视化的内涵、分类和作用，发展历史，与其他学科领域的关系，可视化分析与编程工具，以及数据可视化的应用和面临的挑战。

　　**第 2 章　数据可视化的理论基础**：介绍视觉感知和认知理论、格式塔理论、颜色理论和视觉通道。

**第 3 章　数据的理解与分析**：阐述数据基础、数据特征、数据预处理、数据存储与分析等基本知识。

**第 4 章　数据可视化的任务和过程**：介绍数据可视化的目的、基本任务、一般过程、基本原则与设计组件等内容。

**第 5 章　Tableau 基础**：主要介绍 Tableau 的下载与安装、初级可视化分析以及基本使用方法，包括分层、分组、集、参数、函数及快速表计算、仪表板和故事线等内容。

**第 6 章　Python 基础**：主要介绍 Python 基本语法、NumPy 数值计算基础、pandas 统计分析基础、Matplotlib 数据可视化基础、pyecharts 可视化等内容。

**第 7 章　有关比例的可视化**：介绍饼图、环形图、矩形树图、旭日图、桑基图、堆叠面积图和玫瑰图等有关比例的可视化图形，以及使用 Tableau 和 Python 绘制相关图形的方法。

**第 8 章　有关时间趋势的可视化**：讲解散点图、柱形图、折线图和甘特图等有关时间趋势的可视化图形，以及使用 Tableau 和 Python 绘制相关图形的方法。

**第 9 章　有关关系的可视化**：讲解有关关系的可视化图形，包括体现数据之间关联性的散点图、气泡图，体现数据分布的盒须图、直方图，进行对照和比较的雷达图、热力图以及平行坐标图等，并介绍使用 Tableau 和 Python 绘制相关图形的方法。

**第 10 章　有关空间关系的可视化**：介绍色级统计地图和气泡地图等有关空间关系的可视化图形，以及使用 Tableau 和 Python 绘制相关图形的方法。

**第 11 章　可视化大屏**：介绍如何使用 Tableau 和 Python 制作可视化大屏。

本书具有以下特色：

1）内容全面，深入浅出，讲解系统。不仅重视可视化工具的使用方法介绍，更重视可视化相关理论介绍，使学生在掌握可视化原理的基础上，能够选择合适的图形完成数据可视化工作，洞察数据内涵，讲述数据故事。

2）对两种常见的可视化工具 Tableau 和 Python 的基础知识进行讲解，使没有相关工具知识的人员能够轻松入门数据可视化，完成相关可视化图形及可视化大屏制作。

3）采用大案例方法教学。以某一超市数据为例，贯穿全书（7~11 章），介绍如何完成各类可视化图形及可视化大屏制作，讲述超市的数据故事，挖掘数据背后的信息。案例应用价值高，具有很强的实用性。

4）配套资源丰富，方便教学和学习，可通过扫描二维码观看视频讲解以及下载代码。

5）每章针对性地设置习题，加深学生对相关知识点的掌握，拓展思维。

本书由杨华（吉林大学商学与管理学院）担任主编，负责大纲制定、内容组织和全书统稿；汤庭武（中国第一汽车集团有限公司）、卢佳（吉林工商学院）担任副主编；于宝君（吉林大学商学与管理学院）、喻昕（南京晓庄学院商学院）、吴梦娜（山东师范大学商学院）担任参编。本书得到了吉林大学商学与管理学院教学提升计划项目的支持。研究生王书娟（吉林大学商学与管理学院）、张颖（吉林大学商学与管理学院）、张荣芊（浙江大学管理学院）、屈佳欣（西安交通大学管理学院）参加了本书资料的收集、整理以及文字校对工作。在本书的撰写过程中，我们参考了诸多学者的研究工作的成果，在此对他们表示衷心的感谢！

# 前　言

　　本书可作为高等院校信息管理、大数据管理与应用以及经济管理相关专业的教材，也可作为企业管理人员、数据分析人员、可视化设计人员以及从事数据可视化、视觉艺术开发和应用等人员的参考书。

　　由于编者水平有限，编写时间仓促，书中难免存在一些疏漏和不足，恳请广大读者提出宝贵意见。

编　者

# 目录 CONTENTS

**前　言**

**第1章　数据可视化概述** ····················································· 1

  1.1　数据可视化的内涵、分类和作用 ···································· 1

    1.1.1　数据可视化的内涵 ············································· 1

    1.1.2　数据可视化的分类 ············································· 2

    1.1.3　数据可视化的作用 ············································· 3

  1.2　数据可视化的发展历史 ············································· 4

  1.3　数据可视化与其他学科领域的关系 ·································· 11

  1.4　可视化分析与编程工具 ············································· 13

    1.4.1　Python ····················································· 13

    1.4.2　Tableau ···················································· 13

    1.4.3　其他可视化分析与编程工具 ······································ 14

    1.4.4　可视化工具对比 ··············································· 16

  1.5　数据可视化的应用和面临的挑战 ···································· 16

    1.5.1　数据可视化的应用 ············································· 16

    1.5.2　数据可视化面临的挑战 ·········································· 18

  1.6　习题 ··························································· 19

**第2章　数据可视化的理论基础** ················································· 20

  2.1　视觉感知 ························································ 20

    2.1.1　视觉感知和视觉认知 ············································ 20

    2.1.2　视觉感知处理 ················································ 20

2.1.3 视觉感知的相对性 ····················································· 21
  2.2 格式塔理论 ································································· 21
  2.3 颜色理论 ··································································· 24
   2.3.1 颜色与视觉 ························································· 24
   2.3.2 颜色空间 ···························································· 25
   2.3.3 颜色视觉障碍 ······················································ 27
  2.4 视觉通道 ··································································· 27
   2.4.1 视觉通道的概念 ··················································· 27
   2.4.2 视觉通道的类型 ··················································· 28
   2.4.3 视觉通道的特性 ··················································· 28
   2.4.4 视觉通道的表现力 ················································ 32
  2.5 习题 ········································································· 34

第3章 数据的理解与分析 ························································· 35
  3.1 数据基础 ··································································· 35
   3.1.1 数据属性 ···························································· 35
   3.1.2 属性类型 ···························································· 35
  3.2 数据特征 ··································································· 37
   3.2.1 基本统计描述 ······················································ 37
   3.2.2 数据对象间的关系 ················································ 39
   3.2.3 数据不确定性 ······················································ 42
  3.3 数据预处理 ································································ 43
   3.3.1 数据质量 ···························································· 43
   3.3.2 标准系统架构 ······················································ 44
   3.3.3 数据清理 ···························································· 44
   3.3.4 数据整合 ···························································· 45
  3.4 数据存储 ··································································· 47
   3.4.1 文件存储 ···························································· 47
   3.4.2 数据库 ······························································· 48
   3.4.3 数据仓库 ···························································· 49
  3.5 数据分析 ··································································· 50
   3.5.1 数据分析的五大思维方式 ········································ 50
   3.5.2 探索式数据分析 ··················································· 52
   3.5.3 数据挖掘 ···························································· 53
  3.6 习题 ········································································· 54

第4章 数据可视化的任务和过程 ················································ 55
  4.1 数据可视化的目的 ························································ 55

4.1.1　寻找模式 …… 55
　　4.1.2　发现相互关系 …… 55
　　4.1.3　异常数据分析 …… 57
　　4.1.4　让数据讲故事 …… 57
4.2　数据可视化的基本任务 …… 57
4.3　数据可视化的一般过程 …… 62
4.4　数据可视化设计的基本原则 …… 66
　　4.4.1　恰当的视图选择与可视化故事构建 …… 66
　　4.4.2　美学原则 …… 66
　　4.4.3　合理的信息密度筛选 …… 67
　　4.4.4　恰当的可视化交互 …… 69
　　4.4.5　自然的可视化隐喻 …… 69
4.5　数据可视化设计组件 …… 70
　　4.5.1　坐标系 …… 70
　　4.5.2　标尺 …… 72
　　4.5.3　背景信息 …… 73
　　4.5.4　整合可视化组件 …… 73
4.6　习题 …… 73

# 第 5 章　Tableau基础 …… 75

5.1　Tableau下载与安装 …… 75
5.2　初级可视化分析 …… 77
5.3　分层、分组、集 …… 80
5.4　参数 …… 84
5.5　函数及快速表计算 …… 86
5.6　仪表板和故事线 …… 92
5.7　习题 …… 96

# 第 6 章　Python基础 …… 97

6.1　Python基本语法 …… 97
　　6.1.1　用变量存储信息 …… 97
　　6.1.2　基本函数介绍 …… 98
　　6.1.3　导入模块和包 …… 99
6.2　NumPy数值计算基础 …… 99
　　6.2.1　创建数组 …… 100
　　6.2.2　数组的属性和操作 …… 101
　　6.2.3　数组的索引和切片 …… 102
　　6.2.4　数组的运算 …… 104

## 目　　录

　　　6.2.5　NumPy库的函数 …………………………………………………… 105
　6.3　pandas统计分析基础 ………………………………………………………… 107
　　　6.3.1　序列 ……………………………………………………………………… 107
　　　6.3.2　数据框 …………………………………………………………………… 108
　6.4　Matplotlib数据可视化基础 …………………………………………………… 113
　　　6.4.1　创建画布和子图 ………………………………………………………… 113
　　　6.4.2　添加画布属性 …………………………………………………………… 115
　　　6.4.3　绘图保存与显示 ………………………………………………………… 116
　　　6.4.4　文本注解 ………………………………………………………………… 116
　　　6.4.5　颜色使用 ………………………………………………………………… 117
　6.5　pyecharts可视化 ……………………………………………………………… 122
　　　6.5.1　pyecharts的使用方法 …………………………………………………… 122
　　　6.5.2　全局配置项和系列配置项 ……………………………………………… 124
　6.6　习题 ……………………………………………………………………………… 126

## 第7章　有关比例的可视化 ……………………………………………………………127

　7.1　在比例中寻求什么 …………………………………………………………… 127
　7.2　整体中的各个部分 …………………………………………………………… 127
　　　7.2.1　饼图 ……………………………………………………………………… 127
　　　7.2.2　环形图 …………………………………………………………………… 130
　　　7.2.3　矩形树图 ………………………………………………………………… 133
　　　7.2.4　旭日图 …………………………………………………………………… 136
　　　7.2.5　桑基图 …………………………………………………………………… 139
　7.3　带时间属性的比例 …………………………………………………………… 142
　　　7.3.1　堆叠面积图 ……………………………………………………………… 142
　　　7.3.2　玫瑰图 …………………………………………………………………… 146
　7.4　习题 ……………………………………………………………………………… 150

## 第8章　有关时间趋势的可视化 ………………………………………………………151

　8.1　在时间中寻求什么 …………………………………………………………… 151
　8.2　离散型数据 …………………………………………………………………… 152
　　　8.2.1　散点图 …………………………………………………………………… 152
　　　8.2.2　柱形图 …………………………………………………………………… 155
　　　8.2.3　并列柱形图 ……………………………………………………………… 161
　　　8.2.4　堆叠柱形图 ……………………………………………………………… 163
　8.3　延续型数据 …………………………………………………………………… 174
　　　8.3.1　折线图 …………………………………………………………………… 174
　　　8.3.2　平滑和拟合 ……………………………………………………………… 175

IX

    8.3.3 甘特图 …………………………………………………………… 178

  8.4 习题 …………………………………………………………………… 184

## 第 9 章 有关关系的可视化 …………………………………………………… 185

  9.1 在关系中寻求什么 …………………………………………………… 185

  9.2 关联性 ………………………………………………………………… 185

    9.2.1 散点图 …………………………………………………………… 185

    9.2.2 散点图矩阵 ……………………………………………………… 186

    9.2.3 气泡图 …………………………………………………………… 189

  9.3 分布 …………………………………………………………………… 193

    9.3.1 盒须图 …………………………………………………………… 193

    9.3.2 直方图 …………………………………………………………… 196

  9.4 对照和比较 …………………………………………………………… 200

    9.4.1 雷达图 …………………………………………………………… 200

    9.4.2 热力图 …………………………………………………………… 203

    9.4.3 平行坐标图 ……………………………………………………… 207

  9.5 习题 …………………………………………………………………… 212

## 第 10 章 有关空间关系的可视化 ………………………………………………… 213

  10.1 在空间中寻求什么 ………………………………………………… 213

  10.2 色级统计地图 ……………………………………………………… 213

  10.3 气泡地图 …………………………………………………………… 216

  10.4 热力地图 …………………………………………………………… 217

  10.5 习题 ………………………………………………………………… 219

## 第 11 章 可视化大屏 ……………………………………………………………… 220

  11.1 Tableau仪表板和故事线 …………………………………………… 220

    11.1.1 仪表板 ………………………………………………………… 220

    11.1.2 故事线 ………………………………………………………… 230

  11.2 Python可视化大屏 ………………………………………………… 233

    11.2.1 时间轴组件 …………………………………………………… 233

    11.2.2 分页组件 ……………………………………………………… 234

    11.2.3 组合组件 ……………………………………………………… 237

    11.2.4 页面组件 ……………………………………………………… 238

  11.3 习题 ………………………………………………………………… 242

## 参考文献 ………………………………………………………………………………… 243

# 第 1 章

# 数据可视化概述

## 1.1 数据可视化的内涵、分类和作用

### 1.1.1 数据可视化的内涵

可视化对应的英文单词是：Visualize 和 Visualization。Visualize 是动词，即生成符合人类感知的图像；通过可视元素传递信息。Visualization 是名词，表示使某物、某事可见的动作或事实；对某个原本不可见的事物在人的大脑中形成一幅可感知的心理图片的过程或能力。Visualization 也可用于表达对某目标进行可视化的结果，即一帧图像或动画。在计算机学科中，可视化指利用人眼的感知能力对数据进行可视表达以增强认知的技术。它将不可见或难以直接显示的数据转化为可感知的图形、符号、颜色、纹理等，增强数据识别效率，传递有效信息。可视化不仅是一个生成图形或图像的过程，也是认知的过程，可视化的终极目标是对事物规律的洞悉，而非所绘制的可视化结果本身，它包含多重含义：发现、决策、解释、分析、探索和学习。

数据可视化是利用计算机图形学和图像处理技术，将数据转换为图形或图像在屏幕上显示出来，并进行交互处理的理论、方法和技术。作为一种表达数据的方式，它是对现实世界的抽象表达，借助图形化手段来直观地表达数据隐含规律和内在知识。人类从外界获取信息的 80% 来自视觉，数据可视化将数据以视觉形式来呈现，如图表或地图等，用来帮助人们进一步了解这些数据的意义。

数据可视化还是一门横跨计算机、统计学、心理学的综合学科，是研究如何利用图形展现数据中隐含的信息并发掘其中规律的学科。它随着数据挖掘和大数据的兴起而进一步繁荣发展。

数据可视化技术综合运用图形图像处理、人机交互等技术，将采集、清洗、转换、处理过的、符合标准和规范的数据映射为可识别的图形、图像、动画，甚至视频，并允许用户对数据进行交互和分析。其基本思想是将数据库中每一个数据项作为单个元素，同时将数据的各个属性值以多维数据的形式表示，大量的数据集构成图像，从而可以从不同的维度观察数据，对数据进行更深入的分析。数据可视化的处理对象可以是任意数据类型、任意数据特性，以及异构异质数据的组合。大数据时代的数据复杂性更高，如数据的流模式获取、非结构化、语义的多重性等。随着人类采集数据种类和数量的增加，以及计算机运算能力的提升，高级计算机图形学技术与方法越来越多地应用于处理和可视化这些规模庞大的数据集。当前，数据可视化技术在非空间数据上新的应用，使人们不再局限于通过关系数据表来观察和分析数据信息，而能以更直观的方式看到数据及数据之间的结构关系。

## 1.1.2 数据可视化的分类

数据可视化的处理对象是数据，包含处理科学数据的科学可视化与处理抽象的、非结构化信息的信息可视化。广义上，面向科学和工程领域的科学可视化研究带有空间坐标和几何信息的三维空间测量数据、计算模拟数据和医学影像数据等，重点探索如何有效地呈现数据的几何、拓扑和形状特征。信息可视化的处理对象则是非结构化、非几何的抽象数据，如金融交易、社交网络和文本数据，其核心挑战是如何针对大尺度高维数据减少视觉混淆对有用信息的干扰。

### 1. 科学可视化

科学可视化（Scientific Visualization）是可视化领域最早、最成熟的一个跨学科研究与应用领域。面向的领域主要是自然科学，如物理、化学、气象气候、航空航天、医学、生物学等各个学科，这些学科通常要对数据和模型进行解释、操作与处理，旨在寻找其中的模式、特点、关系以及异常情况。

科学可视化的基础理论与方法已经相对成形。早期的关注点主要在于三维真实世界的物理化学现象，因此数据通常表达在三维或二维空间，或包含时间维度。

科学数据一般可分为标量（如密度、温度）、向量（如风向、力场）、张量（如压力）等类别，因此科学可视化可分为标量场可视化、向量场可视化、张量场可视化三类。当然这些分类不能概括科学数据的全部内容。随着数据的复杂性提高，一些描述性、文本的、影像、信号的数据也是科学可视化的处理对象，且其呈现空间变化多样。

### 2. 信息可视化

信息可视化（Information Visualization）处理的对象是抽象的、非结构化数据集合，如文本、图表、层次结构、复杂系统等。传统的信息可视化起源于统计图形学，与信息图形、视觉设计等技术相关，其表现形式通常在二维空间，因此关键问题是如何在有限的空间中直观地传达大量的抽象信息。一般来说，信息可视化可以分为如下几类。

（1）时空数据可视化　时间与空间是描述事物的必要因素，因此空间数据和时变数据的可视化显得至关重要。对于空间数据可视化来说，合理选择和布局地图上的可视化元素，呈现尽可能多的信息是关键。时变数据通常具有线性和周期性两种特征，因此需要选择不同的可视化方法。

（2）层次与网络结构数据可视化　网络数据是现实世界中最常见的数据类型之一。人与人之间的关系、城市之间的道路连接、科研论文之间的引用都组成了网络。层次结构则是有一个根节点，并且不存在回路的特殊网络，例如公司的组织结构、文件系统的目录结构、家谱等。层次与网络结构数据通常使用点线图来可视化，如何在空间中合理有效地布局节点和连线是可视化的关键。

（3）文本和跨媒体数据可视化　随着网络媒体，特别是社交媒体的迅速发展，每天都会产生海量的文本数据，人们对于视觉符号的感知和认知速度远远高于文本，因此通过可视化呈现其中蕴涵的有价值的信息将大大提高人们对于这些数据的利用率。

媒体是信息传播的媒介，常见的表现形式有文本、图片、视频、音频等。跨媒体传播是信息在不同媒体之间的流动与互动，是信息在不同媒体之间的交叉传播与整合，包括媒体之间的合作、共生、互动与协调。通常涉及文本、网络日志、多媒体资源（视频、音频等）等媒体类型的跨越，通过学习、推理等提炼目标相关的规律，辅助认知。

（4）多变量数据可视化　用于描述现实世界中复杂问题和对象的数据通常是多变量的高维数据，如何将其在二维屏幕上呈现是可视化面临的挑战。多变量数据的可视化方法包括将数据降维到低维度空间，使用相互关联的多视图同时表现不同维度等。

综上可知，科学可视化的研究重点是带有空间坐标和几何信息的医学影像数据、三维空间信息测量数据、流体计算模拟数据等。由于数据的规模通常超过图形硬件的处理能力，所以如何快速地呈现数据中包含的几何拓扑、形状特征和演化规律是其核心问题。随着图形硬件和可视化算法的迅猛发展，单纯的数据显示已经得到了较好的解决。信息可视化的核心问题主要有高维数据的可视化、数据间各种抽象关系的可视化、用户的敏捷交互和可视化有效性的评断等。

## 1.1.3　数据可视化的作用

数据可视化的主要作用包括：信息记录与表达、信息推理与分析、信息传播与交互等。

（1）信息记录与表达　可视化作为人脑的辅助工具，可以保留信息，将浩瀚烟云的信息记录成文、世代传播。图1-1所示为意大利科学家伽利略的手绘月亮周期可视化图。图1-2是意大利画家达芬奇绘制的描绘科学发现的作品之一。

数据可视化能够实现视物致知，即从看见数据到获取知识。视觉是人们探究世界的重要方式，和其他方式相比，视觉更加简便直观。清晰明了的可视化能够让人们直观地看到信息，在感官上了解数据，掌握数据。

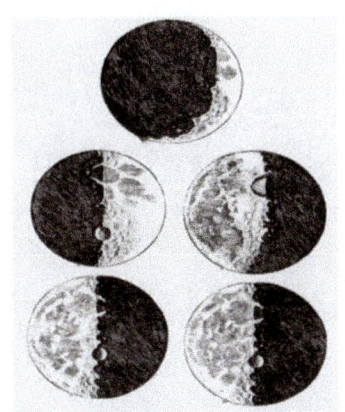

图 1-1　伽利略的手绘月亮周期可视化图

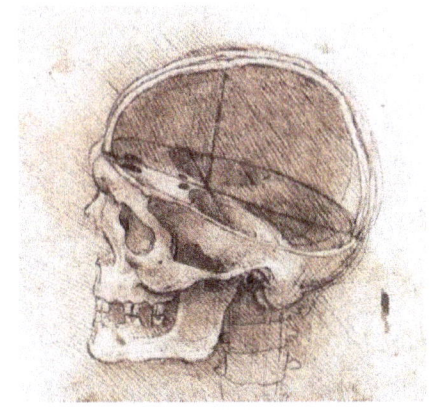

图 1-2　达芬奇绘制的描绘科学发现的作品

（2）信息推理与分析　数据可视化可以多维度展现数据，挖掘数据背后隐藏的信息。数据分析的任务通常包括定位、识别、分类、聚类、分布、排列、比较、关联等。将信息以可视的方式呈现给用户，可以提升用户对信息认知的效率，将用户的注意力引导到重要的目标，同时引导用户轻松发现趋势并更快地识别异常值，了解业务的表现以及正在发展的机遇和风险，使用户快速、轻松地将数据转化为洞察力。

不仅如此，可视化还能够帮助验证科学假设。例如，20世纪自然科学最重要的三个发现之一——DNA分子结构的发现起源于对DNA结构的X射线照片的分析，重要的科学事实包括从图像形状确定DNA是双螺旋结构；两条骨架是反平行的；骨架是在螺旋的外侧等。其中重要原因是可视化扩充了人脑记忆，帮助人脑形象地理解和分析所面临的任务。这种直观的信息感知机制，极大降低了数据理解的复杂度，突破了常规分析方法的局限性。

（3）信息传播与交互　面向用户传播与发布复杂信息的最有效途径是将数据可视化，达到信息共享与论证、信息协作与修正、信息交互等目的。人的视觉感知是最主要的信息界面，它输入了人从外界获取的70%信息。因此俗语说"百闻不如一见""一图胜千言"。数据可视化的发展让数据的传播更及时、更直观、更简单，同时让数据的管理更客观、针对性更强。

数据可视化能够动态呈现外部的变化情况，与静态图表不同，它鼓励用户探索和操控数据，与数据进行交互，从而发现其中的奥秘，这为数据的使用分析提供了更完善、准确的支持。

目前，数据可视化被大范围应用在智慧城市、智慧景区、网络舆情等领域，对特定行业发展起到了十分重要的作用。

## 1.2　数据可视化的发展历史

数据可视化一般被认为源于统计学诞生的时代，并随着技术和传播手段的进步而发扬光大。事实上，用图形描绘信息的思想植根于更早期人们对于世界的观察、测量和管理的需要。总的来说，数据可视化的发展大致可分为如下几个阶段。

### 1. 16世纪——萌芽期

可视化的萌芽源自几何图表和地图的生成，其目的是展示一些重要的信息。16世纪，用于精确观测和测量物理量、地理和天体位置的技术和仪器得到了充分发展，尤其在1617年荷兰威理博·斯涅尔（W.Snellius）首创三角测量法后，绘图变得更加精确，形成更加精准的视觉呈现方式。此时出现了人类历史上第一幅城市交通图（图1-3），呈现了罗马城的交通状况。

图1-3　罗马城市交通图

### 2. 17世纪——成长期

17世纪，对物理基本量（时间、距离和空间）的测量设备与理论更加完善，并在航空、测绘、制图、国土勘探等多个领域得到了广泛的应用。制图学理论与实践也随着分析几何、测量误差、概率论、人口统计和政治版图的发展而迅速成长。这一时期产生了基于真实测量数据的可视化方法，开启了可视化思考的新模式。例如诞生于 1626 年表达太阳黑子随时间变化的图（图 1-4），在一个视图上同时可视化多个小图序列，这是现代可视化技术中邮票图表法的雏形。1686 年绘制的历史上第一幅天气图（图 1-5），显示了地球的主流风场分布，这也是向量场可视化的鼻祖。

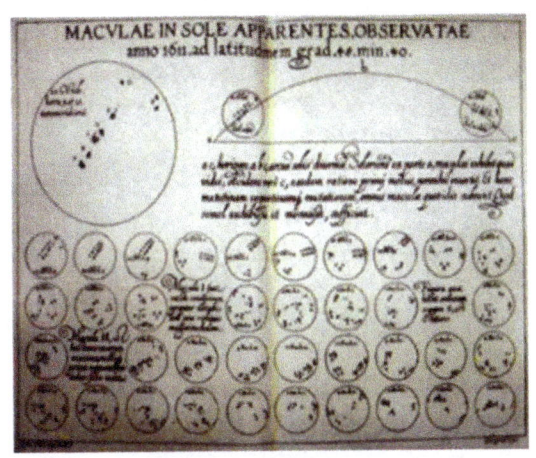
图 1-4　太阳黑子变化图

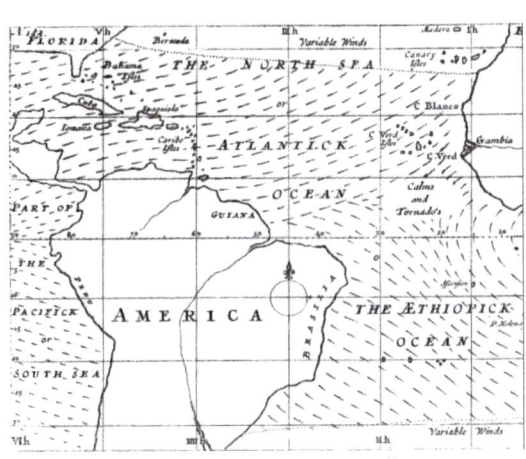
图 1-5　历史上第一幅天气图

### 3. 18 世纪——发展期

18 世纪是科学史上一个承上启下的时代。牛顿在苹果树下发现了天体运动的伟大方程，微积分建立起来了，数学和物理知识开始为科学提供坚实的基础。化学也摆脱了炼金术，开始探索物质的组成，博物学家们继续在世界各地探索着未知事物。社会生活也在发展，在 18 世纪中后期，英国开始了工业革命，从此社会化大生产深刻地改变了整个世界，社会管理走向数量化和精确化。

与社会和科技进步相伴，统计学出现了早期萌芽。一些和绘图相关的技术也由此产生，如三色彩印和石板印刷（被当今学者称为如同施乐打印机一样伟大的发明）。数据的价值开始为人们所重视，人口、商业等方面的经验数据开始被系统地收集整理，天文、测量、医学等学科的实践也有大量数据被记录下来。人们开始有意识地探索数据表达的形式，图形的功能被大大扩展，许多崭新的数据可视化形式在这个世纪里诞生了。

1701 年，Edmund Halley 绘制出人类历史上第一幅等值线图（图 1-6），1765 年，Priestley 引入时间线来表示历史的变迁（图 1-7）。后来又出现了被人们作为基本图形使用的饼图、圆环图、条形图和线图，数据可视化的形式变得更加丰富。

### 4. 1800—1849 年——现代期

1800—1849 年，随着社会对数据应用的需求以及技术的进步，统计图形和主题图领域（如主题地图和地图集）出现爆炸式的发展，关于社会、地理、医学和经济的统计数据越来越多，衍生了可视化思考的新方式：图表用于表达数学证明和函数；列线图用于辅助计算；各类可视化显示用于表达数据的趋势和分布，以便交流、获取和可视化观察。

1801 年，英国地质学家 William Smith 绘制了第一幅地质图，这幅描绘英格兰地层的图形在 1815 年出版后引起轰动，引领了一场在地图上表现量化信息的潮流。1826 年，法国男爵 Charles Dupin 发明了使用连续的黑白底纹来显示法国识字分布情况的方法，这可能是第一幅现代形式的主题统计地图（图1-8）。1837年出现了第一幅流图，以可变宽度的线段显示了交通运输的轨迹和乘客数量（图1-9）。

图1-6　历史上第一幅等值线图

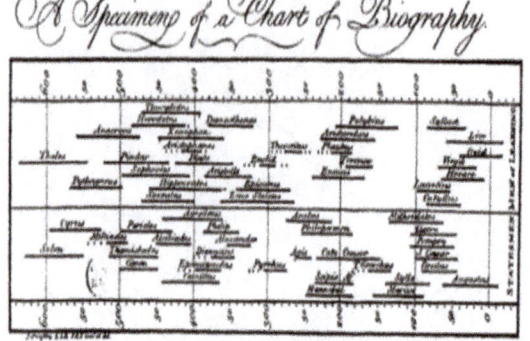

图1-7　时间线图

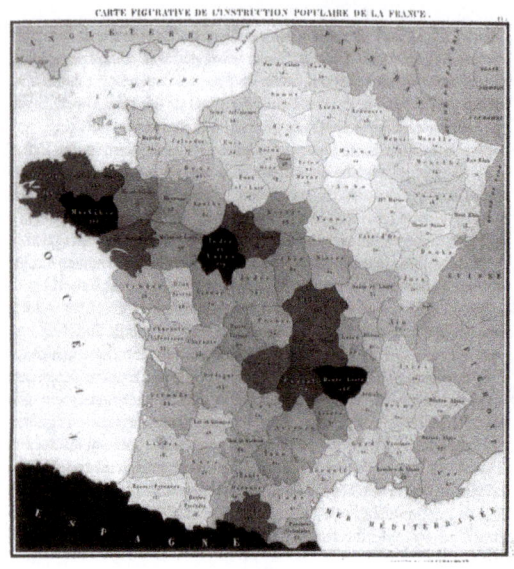

图1-8　法国识字分布图

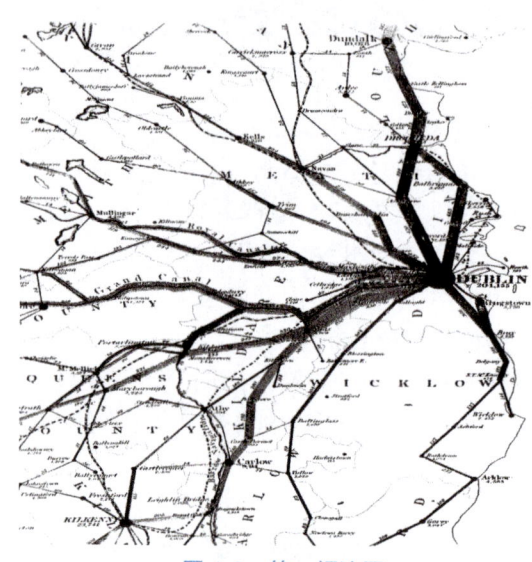

图1-9　第一幅流图

### 5. 1850—1899年——黄金期

1850—1899年，系统地构建可视化方法的条件日渐成熟，数据制图进入了发展的黄金期。此时人们认识到数字信息对于社会、工业、商业的重要性，着力将统计理论扩展到社会领域。

（1）拿破仑远征图　法国工程师查尔斯·约瑟夫·米纳德（Charles Joseph Minard）是将可视化应用于工程和统计的先驱者。其最著名的工作是1869年发布的描绘拿破仑进军莫斯科大败而归的历史事件的远征图（图1-10）。

在一幅简单的二维图上，该图呈现了拿破仑军队的位置、行军方向、军队汇集、分散和重聚的时间地点、减员、法军部队的规模等信息，对这场战争提供了全面、强烈的视觉表现，如撤退路上在别列津河的重大损失、严寒对法军损失的影响等，这种视觉的表现力是历史学家的文字难以比拟的。

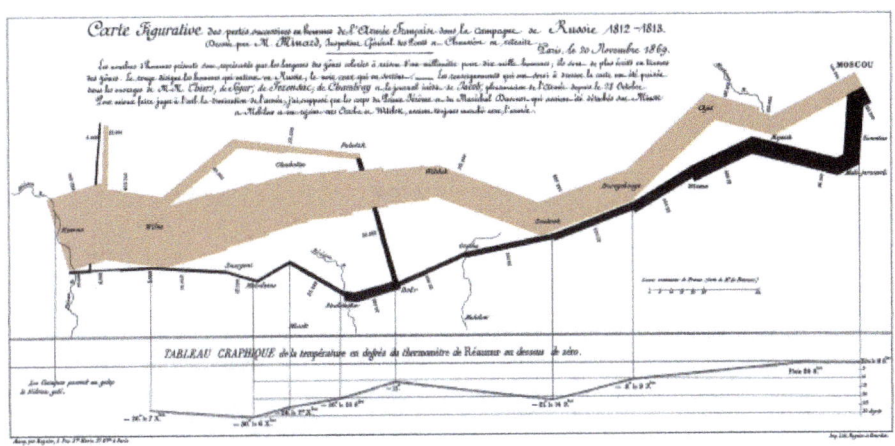

图 1-10　拿破仑进军莫斯科的历史事件的远征图

（2）霍乱地图与传染病的研究　19 世纪，欧洲伴随工业迅速发展的是城市的扩张和人口的增长，但是公共管理未能与时俱进，城市居民极易受到传染病的侵害。1831 年 10 月，英国第一次爆发霍乱，夺走了 5 万余条生命。在 1848—1849 年和 1853—1854 年的霍乱中，死亡人数更多。霍乱传播因何而来？又如何传播？可视化最终给出了答案。

1854 年，英国伦敦大规模爆发霍乱。John Snow 对"霍乱是由空气传播的"理论表示怀疑，于 1855 年发表了关于霍乱传播理论的论文。他采用点图方式（图 1-11），图中心东西方向的街道为 Broad 大街，黑点表示死亡的地点。这幅图揭示了一个重要现象，就是死亡发生地都在街道中部一处水源（公共水泵）周围，市内其他水源周围极少发现死者。通过进一步调查，他发现这些死者都饮用过这里的水。后来证实离这口水泵仅三英尺（1 英尺 ≈ 0.3048 米）远的地方有一处污水坑，坑内滋生的细菌正是霍乱发生的罪魁祸首。他成功说服了当地政府废弃那个水泵。这是可视化历史上一个划时代的事件。

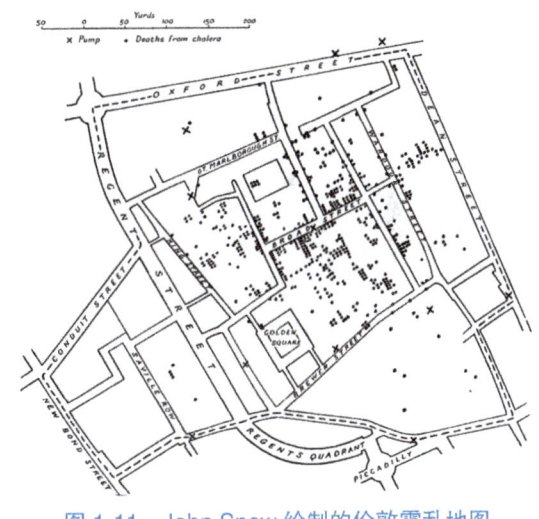

图 1-11　John Snow 绘制的伦敦霍乱地图

（3）南丁格尔的玫瑰图　在 1853—1856 年克里米亚战争期间，英国女护士南丁格尔通过搜集数据发现，很多士兵并非是"战死沙场"，而是因为在战场外感染了疾病，或是在战场上受伤却没有得到适当的护理。

为了解释这个原因，并降低英国士兵的死亡率，她绘制了著名的玫瑰图（图 1-12），并于 1858 年送到了维多利亚女王手中。这幅图中一个切角表示一个月，其中面积最大的灰色块代表着可预防的疾病。

这幅图用面积直观地表现了一个时间段内几种死因的占比；其次，这幅图的汇报对象以及最终的决策人是维多利亚女王，因此需要注重美观性，它就像一朵玫瑰花一样好看。南丁格尔把这份结果呈现给军队和维多利亚女王，促成了世界第一座战地医院的建立。也正因为有了战地医院及时的医治与护理，死亡率从42%减低到2.2%，可以说这张图挽救了很多士兵的生命，这也足以证明可视化对信息传递的重要性。

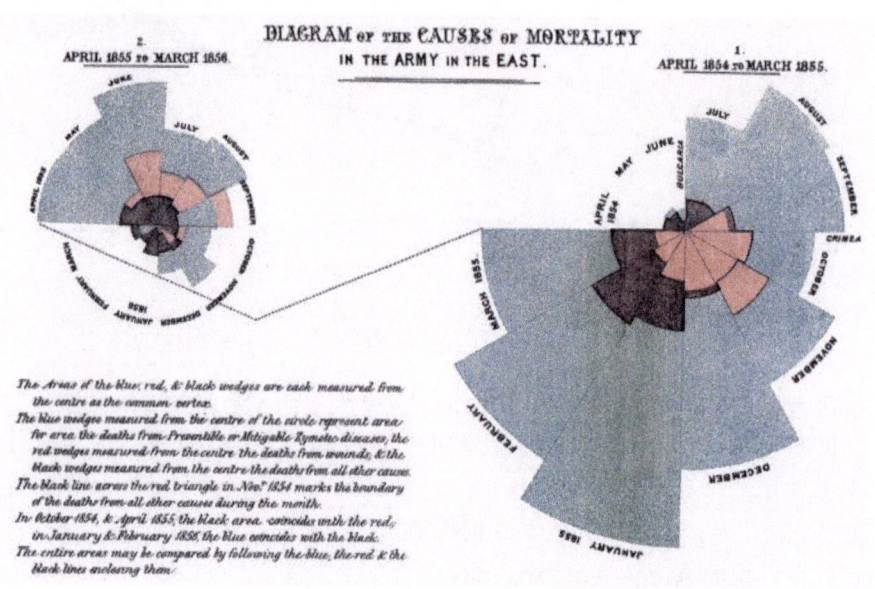

图 1-12　南丁格尔玫瑰图

### 6. 1900—1949 年——低潮期

1900—1949 年，由于已有的可视化表达方式足够使用，新的图形表达研究进展不大，整个数据可视化领域处于创新低潮的阶段。

该阶段数据可视化成果得到应用和普及，并开始被用来提供有关天文、物理、生物和其他学科的新发现和新理论。1904 年，英国天文学家爱德华·蒙德（E.W.Maunder）针对太阳黑子随时间的变化绘制了蝴蝶图（图 1-13）。他发现 1645 年到 1715 年间，太阳黑子的频率明显减少了。

在社会层面，数据可视化的影响力也在扩大。1910 年前后，在美国和英国，统计图形出现在中小学的教科书中，从此成为课堂上一种主流的图形表现方法。大学课程中也出现了图形的课程。1913 年，纽约出现了统计图形展览，统计数据和数据的可视化成为社会生活的一部分。

在主题图方面，一个有意思的创新是英国工程师哈利·贝克（Harry Beck）关于伦敦地铁图的设计，并由此产生了 Tube Map 这种交通简图的表现手法（图 1-14）。早期的地铁图与普通地图无异，对乘客来说，地理信息充分但不简明直观。1931 年，身为电气工程师的 Beck 重新设计了伦敦地铁图，使之具有三个比较明显的特点：①以颜色区分路线；②路线大多以水平、垂直、45°角三种形式来表现；③路线上的车站距离与实际距离不成比例关系。其简明易用的特点使其在 1933 年出版后迅速为乘客接受，并成为今日交通线路图的一种主流表现方法。

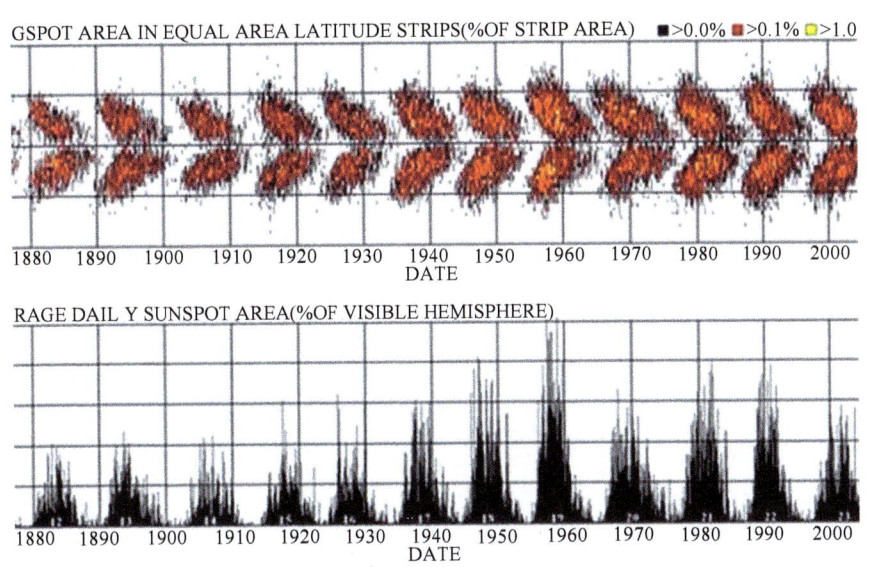

图 1-13　关于太阳黑子随时间扰动的蝴蝶图

### 7. 1950—1974 年——重生期

这一时期，在现代统计学与计算机计算能力的共同推动下，数据可视化开始复苏，统计学家 John W.Turkey 和制图师 Jacques Bertin 成为可视化重生期的领军人物。

20 世纪 60 年代末，大型计算机已广泛应用于高等院校和研究机构，研究者们开始使用计算机程序取代手绘图形。由于计算机在数据处理精度和速度方面具有强大的优势，因此高精度分析图形已不再用手工绘制。数据缩减图、多维标度法（MDS）、聚类图、树形图等更为新颖复杂的数据可视化形式开始出现。人们开始尝试着在一张图上表达多种类型数据，或用新的形式表现数据之间的复杂关联，这也成为现今数据处理应用的主流方向。

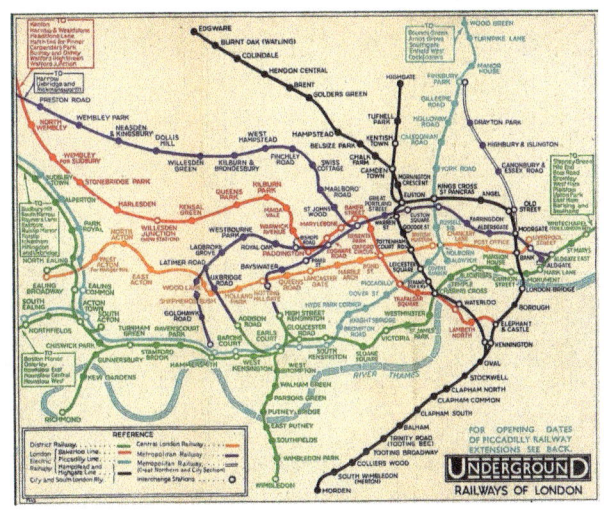

图 1-14　1931 年 Beck 设计的伦敦地铁图

另一历史事件是统计应用的发展。数理统计把数据分析变成了坚实的科学，第二次世界大战后，工业和科学的发展促使数据处理这门科学被运用到各行各业。统计的各个应用分支建立起来，处理各自行业面对的数据问题。在应用中，图形表达占据了重要地位，比起参数估计与假设检验，明快直观的图形更容易被人们接受。

美国统计学家 John Tukey 是较早认识到统计学价值的数理统计学家之一。1962 年，John Tukey 发表论文呼吁把实践性的数据分析作为数理统计的分支。随后，他投身于发展新的、简单有效的图形表现之中，创造了茎叶图（stem-leaf plot）、盒形图（box plot）等今天常用的图形。1967 年，法国制图师 Jacques Bertin 确定了构成图形的基本要素，提出了七个视觉变量，并给出了完备的图形符号和表示理论，对多元数据进行视觉表达（图 1-15）。

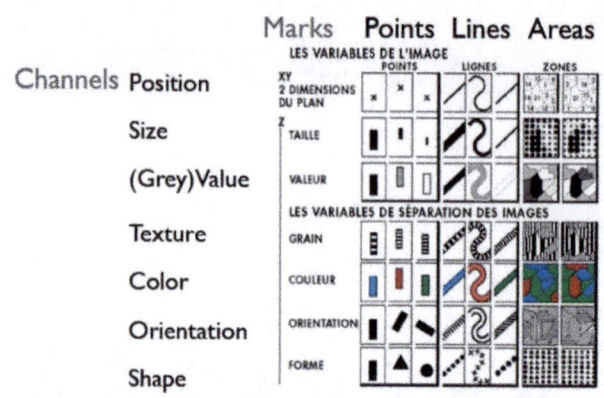

图 1-15　采用不同视觉通道的图形符号表示的方案

### 8. 1975—1987 年——高维可视化时期

这一时期，数据扩展为更复杂的网络、层次、数据库、文本等非结构化与高（多）维数据，高性能计算、并行计算的理论与产品处于研发阶段，数据密集型计算出现。1981 年创造的鱼眼图（图 1-16）模拟鱼眼视觉效果，对重要细节专注，对其他区域则予以简化。1981 年，John Hartigan 等创造的表示电视收视率的马赛克图（图 1-17）用于表达多维类别型数据。1986 年 10 月，美国国家科学基金会主办了一次名为"图形学、图像处理及工作站专题"的研讨会，旨在为从事科学计算工作的研究机构提出方向性建议，会议将计算机图形学和图像方法应用于计算科学的学科称为科学计算中的可视化。

图 1-16　鱼眼图

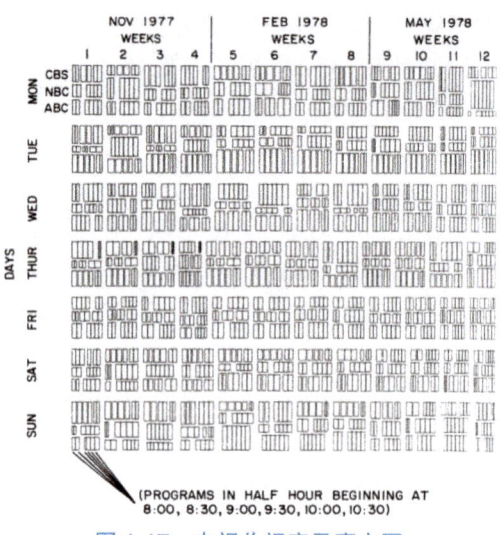

图 1-17　电视收视率马赛克图

### 9. 1988 年之后——繁荣发展期

随着应用领域的增加和数据规模的扩大，更多新的数据可视化需求逐渐出现。20 世纪 70 年代到 80 年代，人们尝试使用多维定量数据的静态图来表现静态数据，80 年代中期动态统计图开始出现,在 20 世纪末两种方式开始合并,试图实现动态、可交互的数据可视化,于是动态交互式的可视化方式成为新的发展主题。

数据可视化在这一时期的最大潜力来自动态图形方法的发展,允许对图形对象和相关统计特性进行即时和直接的操作。早期就已经出现能够实时与概率图(Fowlkes,1969 年)进行交互的系统,该系统通过调整控制来选择参考分布的形状参数和功率变换,这可以看作交互式可视化发展的起源。

1990 年,电气与电子工程师协会(IEEE)举办了首届 IEEE Visualization Conference(可视化会议),汇集了一个由物理、化学、计算、生物医学、图形学、图像处理等交叉学科领域研究人员组成的学术群体。2012 年,为突出科学可视化的内涵,该会议更名为 IEEE Conference on Scientific Visualization。

从 2004 年起,学术界和工业界都朝着面向实际数据库、基于可视化的分析推理与决策、解决实际问题等方向发展。2012 年至今,人类社会进入大数据时代,其到来对数据可视化的发展有着冲击性的影响,试图继续以传统展现形式来表达海量、高维、多源、动态数据量中的信息是不可能的,要依靠更有效的处理算法和表达形式才能够传达出有价值的信息,因此需要综合可视化、图形学、数据挖掘理论与方法,研究新的理论模型、新的可视化方法和新的用户交互手段,辅助人们从大尺度、复杂、矛盾甚至不完整的数据中快速挖掘有用的信息以便做出有效决策。毫无疑问,数据可视化即将进入一个新的黄金时代。

## 1.3 数据可视化与其他学科领域的关系

数据可视化与计算机图形学、计算机仿真、人机交互、数据分析与数据挖掘、视觉设计等学科领域密切相关,是数据科学中一个活跃且关键的方面。

### 1. 计算机图形学

计算机图形学是一门通过软件生成二维、三维或四维动态影像的学科。起初,可视化被认为是计算机图形学的子学科。实际上,计算机图形学关注数据的空间建模、外观表达与动态呈现,是为可视化提供数据的可视编码和图形呈现的基础理论与方法。而数据可视化与具体应用和不同领域的数据密切相关。由于可视分析学的独特属性以及与数据分析之间的紧密结合,数据可视化的研究内容和方法已经逐渐独立于计算机图形学,成为一门新的学科。

计算机动画是计算机图形学的子学科,是视频游戏、动漫、电影特效中的关键技术。它以计算机图形学为基础,在图形生成的基本范畴下延伸出时间轴,通过在连贯的时间轴上呈现相关的图像表达某类动态变化。计算机动画主要包括二维动画、三维动画、非真实感动画等类别。数据可视化可以采用计算机动画这种表现手法展现数据的动态变化,发掘时空数据中的内在规律。

### 2. 计算机仿真

计算机仿真指采用计算设备模拟特定系统的模型。这些系统包括物理学、计算物理学、化学以及生物学领域的天然系统;经济学、心理学以及社会科学领域的人类系统。计算机仿真是数学建模理论的计算机实践,能模拟现实世界中难以实现的科学实验、工程设计与规划、社会经济预测等运行情况或者行为表现,允许反复试错,节约成本并提高效率。随着计算硬件和算法的发展,计算机仿真所能模拟的规模和复杂性已经远远超出了传统数学建模所能企及的高度。因而，大规模计算机仿真被认为是继科学实验与理论推导之后，科学探索和工程实践的第三推动力。计算机仿真获得的数据是数据可视化的处理对象之一，而将仿真数据以可视化形式表达，是计算机仿真的核心。

### 3. 人机交互

人机交互指人与机器之间使用某种语言，以一定的交互方式，为完成确定任务的信息交换过程。人机交互是信息时代数据获取与利用的必要途径，是人与机器之间的信息通道。人机交互与计算机科学、人工智能、心理学、社会学、图形、工业设计等广泛相关。在数据可视化中，通过人机界面接口实现用户对数据的理解和操纵，数据可视化的质量和效率需要最终的用户评判。因此，数据、人、机器之间的交互是数据可视化的核心。

### 4. 数据分析与数据挖掘

数据分析是用数据统计、数值计算、信息处理等方法对收集来的数据进行分析，计算与数据匹配的模型参数。数据挖掘指从大量的数据中通过算法搜索隐藏于其中信息的过程，即分析和挖掘数据背后的知识。它的目标是从大量的、不完全的、有噪声的、模糊的、随机的数据中，提取隐含在其中的、未知的、潜在有用的信息和知识。

数据可视化和数据分析、数据挖掘的目标都是从数据中获取信息与知识，但手段不同。数据可视化将数据呈现为用户易于感知的图形符号，让用户更容易理解数据背后的本质，它擅于探索性数据的分析。例如，用户对数据模型没有一个预先的探索假设，不知道数据中包含什么样的信息和知识，不知道数据中到底存在何种有意义的信息。而数据分析与数据挖掘通过计算机自动或半自动地获取数据隐藏的知识，并将获取的知识直接反馈给用户。它们都是科学探索、工程实践与社会生活中不可缺少的数据处理和分析的手段。

数据挖掘领域注意到了可视化的重要性，提出了可视数据挖掘的方法，其核心是将原始数据和数据挖掘的结果用可视化方法予以呈现。这种方法整合了数据可视化的思想，利用机器智能挖掘数据，使人们在视觉上理解多维数据中的复杂模式，直观、迅速地揭示数据趋势；也可以帮助人们在建模之前考察数据，验证数据挖掘结果。

### 5. 视觉设计

面向广义数据的视觉设计是信息设计中的一个分支，可抽象为某种概念性形式，如属性、变量的某种信息。它包含两个主要领域：统计图形学和信息图。它们都与量化和类别数据的视觉表达有关，但被不同的目标驱动。统计图形学（statistical graphics）应用于任意统计数据相关的领域，它的大部分方法如盒须图、散点图、热力图等已经是信息可视化的最基本方法。信息图（infographics）是指数据、信息或知识的可视化表现形式，可以将数据、信息或知识集中展现在一张图上，常见于地图、标志、文件档案、新闻或教程文档，主要是二维空间上的视觉设计，偏重于艺术表达。信息图和可视化的共同目标是面向探索与发现的视觉表达。但两者的概念不同：可视化指用程序生成的图形图像，这个程序可以被应用到不同的数据；信息图指为某一数据定制的图形图像，它是具体化的、自解释性的，往往只应用于特定数据。与视觉设计相关的图绘学（graph drawing）是一个传统的基础性研究方向，它关注图、树等非结构化数据结构，设计表达力强的可视表达与可视编码方法。

考虑到非空间的抽象数据，数据的可视表达与传统的视觉设计类似。然而，数据的应用对象和处理范围远远超过统计图形学、视觉艺术与信息设计等学科方向。

## 1.4 可视化分析与编程工具

当今可视化工具众多，比如 Python、R、Echarts、Tableau、Power BI、Fine BI 等，但迄今为止还没有一种数据可视化工具是完美的。下面介绍几种常见的可视化工具。

### 1.4.1 Python

Python 是一种面向对象、解释型的计算机程序设计语言，它是一种功能强大的通用型语言，具有多年的发展历史，成熟且稳定。它包含一组完善且容易理解的标准库，能够轻松完成很多常见的任务。Python 的语法非常简洁和清晰，与其他计算机程序设计语言最大的不同在于，它采用缩进来定义语句块。其简洁的语法和对动态输入的支持，再加上解释性语言的本质，使其在很多领域都是一种理想的脚本语言。Python 目前由 Python 软件基金会管理。由于 Python 语言的相关技术正在飞速发展，因此用户数量也随之迅速增长。

Python 在处理大数据、数据可视化、操作云计算、维护虚拟化等方面具有得天独厚的优势。它拥有庞大的库和组件，可以快速处理大量数据、绘制可视化图形、操作数据库、进行网络编程、开发桌面和 Web 应用、实现人工智能等。对于有其他编程语言基础的人来说，Python 很容易上手，并且它是免费和开源的，其 NumPy、SciPy 库能够非常快速和方便地操作大量数据，进行科学计算，而 Matplotlib、pyecharts 库能够以简洁的代码绘制出漂亮的图形。

### 1.4.2 Tableau

Tableau 是可视化领域标杆性的商业智能分析软件，起源于美国斯坦福大学的科研成果，其设计目标是以可视的形式动态呈现数据之间的关联，并允许用户以所见即所得的方式完成数据分析和可视图表及报告的创建。

Tableau 软件能够将原始数据简化为非常容易理解的格式，让数据分析速度变得更快，同时它以仪表板、图形、工作表等丰富的视觉形式来呈现数据，不仅使数据易于解读，更能帮助用户轻松获得数据洞察。Tableau 将数据运算与图表完美地嫁接在一起。它的程序很容易上手，各公司可以将大量数据拖放到它的数字"画布"上，瞬间创建好各种图表。Tableau 最吸引人的特点在于，用户无须掌握高深的技术或任何编程技能便可以上手操作。该工具已经引起各行各业人们的兴趣，比如咨询、金融、通信、媒体、高科技、制造业、能源、体育、科研机构等。Tableau 公司的产品有以下几种。

（1）Tableau Desktop 是基于斯坦福大学突破性技术的软件应用程序。它帮助用户分析结构化数据，可以在几分钟内生成美观的图表、坐标图、仪表板与报告。利用简便的拖放式界面，用户可以自定义视图、布局、形状、颜色等，帮助展现自己的数据视角。Tableau Desktop 的特点是易用、快速、灵活、精美。

（2）Tableau Server 是应用程序，用于发布和管理 Tableau Desktop 制作的仪表板；管理数据源以及信息安全。利用企业级的安全性与性能来支持大型部署，使 Tableau Desktop 中最新的交互式数据可视化内容、仪表板、报告与工作簿的共享变得迅速简便。

（3）Tableau Cloud 是完全托管在云端的分析平台，用户可在 Tableau Cloud 中一站完成数据准备，作品制作、分析、协作、发布和共享。

（4）Tableau Prep Builder通过直观便捷的数据准备流程，轻松、快速地组合、调整和清理数据以在Tableau中进行分析。

（5）Tableau Public是免费版本。与个人版或专业版相比，它无法连接所有的数据格式或者数据源，但是能够完成大部分工作；无法在本地保存工作簿，而是保存到云端的公共工作簿中。

### 1.4.3 其他可视化分析与编程工具

#### 1. Microsoft Excel

Excel是大家熟悉的电子表格软件，已被广泛使用三十多年。在Excel中，让某几列高亮显示、做几张图表都很简单，很容易对数据有大致的了解。Excel的局限性在于它一次所能处理的数据量，而且除非通晓Excel内置的VBA编程语言，否则针对不同数据集来重制一张图表将会很烦琐。

#### 2. Google Spreadsheets

该软件可以看作谷歌版的Excel，使用容易，而且是在线的，用户可以横跨不同的设备来快速访问自己的数据，还可以通过内置的聊天和实时编辑功能进行协作。通过importHTML和importXML函数，用户可以从网络中导入HTML和XML文件。例如，在网络中发现了一张HTML表格，想把数据存为CSV文件，就可以先调用importHTML函数，然后从Google Spreadsheets中导出数据。

#### 3. 针对特定数据的工具

下面这些软件能处理多种类型的数据，并提供不同的可视化功能。这对于数据分析和探索非常有利，因为它们使用户能够快速地从不同角度观察数据。

（1）TileMill　自定义地图的制作难度较大且技术性强，然而现在已经有多种程序使得基于自己的数据、按喜好和需求设计地图变得容易。地图平台MapBox提供的TileMill是一款开源的桌面软件，有不同平台的多个版本，可以下载并安装，然后加载一个shapefile，用来描述诸如多边形、线和点等地理空间数据的文件格式。

（2）Gephi　Gephi是一款跨平台的基于Java虚拟机的复杂网络分析软件，其主要用于各种网络和复杂系统，帮助用户创建动态的层次丰富的图表。Gephi始创于2009年的一个大学生项目，已迅速成为一个对可视化和分析颇具价值的开源软件资源，自称是"开放的图表及可视化平台"。Gephi还能跟R语言进行整合，可以将Gephi想象成统计辅助工具，帮助用户创建并检验假设、深入探寻模式以及观测异常值、偏差值。

（3）Indiemapper　这是地图制作小组Axis Maps提供的免费服务。与TileMill类似，它支持创建自定义地图以及用自己的数据制图，但它运行在浏览器中，不是作为桌面客户端软件运行。Indiemapper使用简单，并且有大量的示例帮助，可以方便地变换地图投影，引导用户找出最适合自己需要的投影方式。

（4）GeoCommons　这是一个可视化的数据地图分析工具。它与Indiemapper类似，但更专注于数据的探索和分析。可以从GeoCommons数据库中抽取数据，也可以上传自己的数据，然后与点和区域进行交互。可以将数据以多种常见的格式导出，以便导入其他软件。

（5）TimeFlow　这是一个用于分析时间数据的开源可视化工具，由 Sarah Cohen（杜克大学）于 2010 年创建。TimeFlow 有一套强大的工具用于过滤和聚合数据。该程序提供了四种不同的显示视图：标准时间线、表格、条形图和交互式日历。

#### 4. 可视化编程工具

除前文介绍的可视化工具外，还有大量免费开源的编程工具用来支撑数据可视化的应用，例如 R 语言、D3 等。

（1）R 语言　由新西兰奥克兰大学 Ross Ihaka 和 Robert Gentleman 开发的 R 语言是一个用于统计学计算和绘图的语言。它不仅是流行的强有力开源编程语言，还成为统计计算和图表呈现的软件环境，并且不断发展。R 语言最初的使用者主要是统计分析师，但后来用户群逐渐扩充。美国基因泰克（Genentech）公司的高级统计科学家 Nicholas Lewin-Koh 描述 R 为"对于创建和开发生动、有趣图表的支撑能力丰富，基础 R 支撑协同图（Coplot）、拼接图（Mosaic Plot）和双标图（Biplot）等多类图形，能帮助用户创建强大的交互性图表"。

（2）JavaScript、HTML 和 CSS　过去可视化一般是通过 Flash 和 ActionScript 来实现，随着浏览器的速度越来越快，可视化开始借助 HTML、JavaScript 和 CSS 代码在浏览器中展示。层叠样式表（CSS）用于指定颜色、尺寸及其他美术特性。JavaScript 具有很大的灵活性，可以做出用户想要的各种效果。在这一点上，局限主要在于人们的想象力，而非技术。

以前各种浏览器对 JavaScript 的支持不尽一致，然而现有浏览器，比如 FireFox、Safari 和 Google Chrome 中，都能找到相应功能来制作在线交互式可视化效果。JavaScript 具有很多进行可视化的库，例如 D3.js、Echarts、Recharts、ApexCharts 等。下面简单介绍 D3 和 Echarts。

1）D3.js 处理基于数据文档的 JavaScript 库，利用诸如 HTML、Scalable Vector Graphics、Cascading Style Sheets 等编程语言让数据变得更生动。它以轻量级的浏览器端应用为目标，具有良好的可移植性，并将强有力的可视化组件和数据驱动手段与文档对象模型（Document Object Model，DOM）操作实现融合。D3.js 提供的基于数据的 DOM 操作不仅提供了极大的灵活性，同时避免了面向不同类型和任务设计专用可视表达的负担。

2）Echarts 是基于 JavaScript 的开源数据可视化图表库。Echarts 可以流畅地运行在个人计算机端和移动设备上，兼容当前绝大部分浏览器（IE11、Chrome、Firefox、Safari 等），底层依赖矢量图形库 ZRender，提供直观、丰富、可高度个性化定制的图表，并且支持图与图之间的混搭。Echarts 开源且使用简单，官网有丰富的应用程序编程接口（API）及文档说明。

Echarts 底层使用 canvas 绘制图形，由于 canvas 不支持事件处理器，所以只能展示数据，而不能修改。而 D3 底层是通过 svg 绘制图形的。svg 可以操作 DOM，支持事件处理器，还可以调用相关方法直接操作，支持链式语法。

（3）Processing　Processing 是一种用来生成图片和动画的开源编程语言，专门为电子艺术和视觉交互设计而创建，用于表达数字创意。它是 Java 语言的延伸，支持许多现有的 Java 语言架构，并具有许多贴心及人性化的设计。Processing 可以在 Windows、Mac OS X、Mac OS 9、Linux 等操作系统上使用，简单易学，不需要丰富的编程经验。以 Processing 完成的作品可在个人计算机端运行，或以 Java Applets 的模式外输至网络上发布。

（4）PHP　超文本预处理器（Hypertext Preprocessor，PHP）是在服务器端执行的脚本语言，尤其适用于 Web 开发并可嵌入 HTML 中。PHP 语法基于 C 语言，吸纳了 Java 和 Perl 多个语言的特色并发展出自己的语法。该语言创建的主要目标是让开发人员快速编写出优质的 Web 网站。PHP 有图形库，只要能加载数据并基于数据画图，就可以创建视觉数据。

### 1.4.4 可视化工具对比

根据前文对可视化工具的介绍，不难看出可视化的解决方案主要包括非程序式和程序式，相应地可视化工具可分为：交互式、配置式和编程式。这三类可视化工具的拓展性依次递增，使用难度也依次递增。

1）交互式可视化工具如 Tableau、Power BI、FineBI 等，仅需要用户掌握软件使用方法，难度较小，容易上手，但不够灵活，功能有限。它适用于用户缺少编程基础、数据相对简单、任务需求比较直接的应用场景。

2）配置式可视化工具如 Echarts，需要用户具有一定基础编程能力，一般是通过用户传入特定的配置选项来完成既定的可视化形式。相比于交互式可视化工具，配置式可视化工具适用于用户对编程有所了解、数据相对简单、任务稍复杂的场景。

3）编程式可视化工具如 Python，需要用户熟练掌握相应的编程语言，难度较大，适用于任务难度高、数据复杂的场景。由于可以提供更多的灵活性和选项，因此往往能够做出更好的作品。

综上所述，交互式可视化工具可以短时间内上手，但这些软件为了能让更多的人处理数据，总是进行了泛化。如果想得到新的特性或方法，就得等待他人实现。相反，如果会使用编程式可视化工具，就可以根据自己的需求将数据可视化并获得灵活性。显然，编程的代价是需要花费时间学习一门新语言。当然，不断学习新的内容并开始构造自己的库，将其应用到其他数据集上也会变得更容易。

如今用户有大量的可视化工具可供选用，但哪一种工具最适合，这取决于数据的特性以及数据可视化的目的。最可能的情形是将某些工具组合起来使用，以适应不同复杂的场景。

## 1.5 数据可视化的应用和面临的挑战

### 1.5.1 数据可视化的应用

数据可视化是数据内在价值的呈现手段，伴随着大数据技术的日益成熟，数据可视化在医学、工程、地理、政治、社会等多个领域得到了广泛的应用。

#### 1. 医学可视化

当前，可视化技术已广泛应用于诊断医学、整形与假肢外科中的手术规划及辐射治疗规划等方面。其核心技术是将过去看不见的人体器官以二维图像显示或三维模型重建。由于三维医学图像构模涉及的数据量大、体元构造算法复杂、运算量大，因此至今仍是医学图像可视化中的技术瓶颈。在这一领域，图像处理技术占主流。例如，核磁共振（MRI）图像序列重构的三维脑部图像有助于医生决定是否需要外科手术、应用何种方法和需要何种工具等。医学可视化面向生物科学、生物信息学、基础医学、临床医学等一系列生命科学探索与实践，本质上属于科学可视化，其已成为重要的交叉型研究方向。

### 2. 工程可视化

可视化在工程中有着广泛的应用。例如，在流场计算的一般过程中，可视化技术提供交互设计手段以方便和加快物体的定义过程，研究人员可直观地校验物体各部分的几何尺寸大小、部件间是否留有缝隙、物体表面是否光滑等。在对计算区域进行网格剖分时，可视化技术能把生成的网格显示出来，以便研究人员检验并及时调整和伸缩网格线，使之形成合理的空间分布。在计算和对计算结果的分析过程中，可视化技术利用计算机图形学所提供的各种方法描述流场中的各种物理量的分布情况，如压力、密度等标量和速度等矢量，并用不同颜色的等值线（面）或不同深浅的同种颜色填充网格来表示标量的数值差别，以带箭头的线段来描绘矢量的方向，对冲击波、涡流、驻点等各种流场结构也可用计算机图形学提供的方法进行描绘。而且可视化技术可以实时变化画面大小并提供动态显示，使分析者掌握流场中各种现象的细节并作进一步分析。

### 3. 表意性可视化

表意性可视化指以抽象、艺术、示意性的手法阐明、解释科技领域的可视化。早期的表意性可视化以人体为描绘对象，类似于中学的生理卫生课和高等院校解剖课上的人体器官示意图。在科学向文明转化的过程中迸发了大量需要表意性可视化的场景，如教育、训练、科普和学术交流等。在数据爆炸时代，表意性可视化关注的重点是从采集的数据出发，以传神、跨越语言障碍的艺术表达力展现数据的特征，从而促进科技生活的沟通交流，体现数据、科技与艺术的结合。例如，《自然》（Nature）和《科学》（Science）杂志大量采用科技图解展现重要的生物结构，澄清模糊概念，突出重要细节，并展示人类视角所不能触及的领域。

### 4. 地理气象信息可视化

地理信息可视化是数据可视化与地理信息系统学科的交叉方向，研究对象是地理信息数据。地理信息可视化的起源是二维地图制作，并逐渐扩充到三维空间动态展示，还包括地理环境中采集的各种生物性、社会性感知数据（如天气、空气污染、出租车位置信息等）的可视化展示。

气象预报中涉及大量的可视化内容，从普通云图到中尺度数值预报。大量的气象观测数据须经过可视化后再向用户提供信息。一方面，可视化将大量的数据转换为图像，在屏幕上显示出某一时刻的等压面、等温面、旋涡、云层的位置及运动、暴雨区的位置及其强度、风力的大小及方向等，使预报人员能对未来的天气作出准确的分析和预测；另一方面，根据全球的气象监测数据和计算结果，可将不同时期全球的气温分布、气压分布、雨量分布及风力风向等以图像形式表示出来，研究人员据此可以对全球的气象情况及其变化趋势进行分析和预测。

### 5. 社会领域可视化

在社会领域，新闻报道可视化、就业信息可视化、教育可视化等都是数据可视化的应用表现。例如，美国在总统大选期间采用数据可视化新闻报道，除了互动地图、时间线、动态图表和静态图表这些常见的呈现形式外，还充分运用图片、动画、视频等手段，使数据新闻在用视觉化手段讲故事、呈现方式的实用性及可视化技巧方面向前推进。

教育可视化通过计算机模拟仿真生成易于理解的图像、视频或动画，向公众传播信息、知识与理念。教育可视化在阐述难以解释或表达的事物，如原子结构、微观或宏观事物、历史事件时非常有用。美国航空航天局等机构专门成立信息可视化部门，制作并传播自然科学的教育可视化作品。

### 6. 商业智能可视化

商业智能（Business Intelligence，BI）指使用数据仓库、线上分析处理、数据挖掘等技术进行数据分析以实现商业价值。可视化是利用计算机图像处理技术，将数据转换成图像，从而实现清晰表达、有效沟通的目的。因此，商业智能可视化专门研究商业数据的智能分析与可视化，以增强用户对数据的理解，目标是将商业和企业运营中收集的数据转化为知识，辅助决策者做出明智的业务经营决策。商业智能可视化能够使管理者快速了解商业趋势，预测未来，降低企业决策风险；使精准广告投放成为可能，降低无意义的花销成本；有助于企业知己知彼，抢占先机，在市场上立于不败之地。

## 1.5.2 数据可视化面临的挑战

可视化的理念伴随着形象思维、图画、摄像等方法不断演化。它是计算机和计算机显示方法与设备发展到一定阶段后的技术。尽管显示方法和技巧各有差异，但是可视化的实质仍然是两个方面：①理解可视化如何传递到用户，即可视化作品如何对应于数据和数据模型，人们感知和理解什么；②开发新的可视化原理与技术，增强可视化与数据模型之间的联系，以增强感知与认知。

在分析可视化系统时，设计者至少要考虑三个方面的约束：计算能力、感知与认知能力、显示能力。①**计算能力的可扩展性**。在大数据时代，具备处理海量、复杂数据的可扩展性始终是可视分析系统关注的中心议题。通常可视化的效率受限于可用的时间和存储资源，因此数据清洗、转换、布局和算法的计算复杂度是主要的关注对象。②**感知与认知能力的局限性**。人类的记忆容量和注意力是宝贵的、有限的资源。尽管可视化充分利用人类视觉的感知能力，但是人类大脑对事物的记忆终究是不可见的，而且记忆容量极其有限。这种有限性不分视觉和非视觉，也不分长期和短期的记忆。人类的注意力也非常有限。例如，在有意识地查找某项内容时，随着检查项数量增加，任务变得非常具有挑战性。另外，警觉性同样是高度有限的资源。前几分钟的警觉性要远超于之后的时间段，因此执行视觉搜索任务的能力只能维持数分钟。③**显示能力的局限性**。可视化设计者往往"执行于像素之外"，屏幕的分辨率已经不能同时显示所有想要表达的信息。一次尽可能多地显示可以减少导航，但是一次显示太多会令用户产生视觉混乱，这需要仔细权衡。围绕上述局限性，未来数据可视化的挑战主要表现在以下两个方面。

### 1. 大数据可视化

数据密集型科学成为继实验、理论和计算仿真之后，科学研究手段的第四种范式。从海量涌现的数据中获取知识，验证科学假设，是科学前进和社会发展的动力。大数据的研究需要从国家战略高度认识并开始行动，其着力点不仅在于进一步推进信息化建设，更在于以数据推动创新。显而易见，大数据将引发新的智慧革命，从海量、复杂、实时的大数据中发现知识、提升智能并创造价值。面向大数据需要发展新的计算理论、数据分析、可视分析和数据组织与管理方法，并围绕实际科学和社会问题的求解设计新的工作流程和研究范式。

### 2. 以人为中心的探索式可视分析

可视化是涉及数据挖掘、人机交互、计算机图形学、心理学等的交叉学科。在信息科学领域，分析被定义为一个"从数据中洞悉规律，以便更好决策的科学过程"（2012年

INFORMS 年会)。如何以人为中心，对数据进行探索式分析，并将可视化与分析有机结合，开发高度集成的可视分析系统是未来重要的研究课题。

可视分析学的基本要素包括复杂数据的表示与变换、可扩展的智能可视化、支持用户分析决策的交互方法与集成环境等。它引导的分析推理模式，是探索复杂数据中蕴涵的新规律和新现象的催化剂。近年来，可视分析学已在国民经济、社会生活和国防安全的各个领域得到广泛应用，如天气预报、防灾减灾、数字城市、金融安全、社会网络等。如何结合相关学科的方法，研发面向各应用领域的高效可视分析系统将是一个持久的研究话题。

除此之外，数据可视化在视觉噪声、视觉表示与文本标签结合、大型图像感知、高速图像变换、高性能要求、与他人协同等方面也有很多挑战需要去面对。例如，在视觉噪声方面，数据集中的大多数对象之间具有很强的相关性，用户很难把它们分离并作为独立的对象来显示。虽然减少数据集的方法是可行的，但会导致信息丢失。在大型图像感知方面，数据可视化不仅受限于设备的长宽比和分辨率，还受限于现实世界的感受。

## 1.6 习题

1. 数据可视化的内涵是什么？它有什么意义？请列举几个有关可视化的实例。
2. 尝试用自己的语言总结数据可视化的起源和发展历史。
3. 结合自身的专业，调查数据可视化在本领域的应用现状。
4. 调查分析数据可视化最近三年的研究论文与专著。
5. 调查分析数据可视化领域的知名人物与典型网站。
6. 思考如何可视化展现本章中的知识要点。
7. 调查本书列举之外的可视化工具，并谈一谈你最喜欢的可视化工具。

# 第 2 章

# 数据可视化的理论基础

## 2.1 视觉感知

### 2.1.1 视觉感知和视觉认知

客观世界和虚拟世界存在并源源不断地产生大量的数据，而当今人类直接处理数据的能力已经远远落后于获取数据的能力。人类视觉具有迄今为止最高的处理宽带。在可视化与可视分析过程中，用户是所有行为的主体，用户通过视觉器官来获取可视信息、编码并形成认知，从而在交互分析中获取解决问题的方法。在这个过程中，感知和认知能力直接影响着信息的获取和处理过程，进而影响对外在环境做出的反应。

感知是客观事物通过感觉器官在人脑中的直接反映。人类感觉器官包括眼、鼻、耳以及遍布身体各处的神经末梢等，相应的感知能力分别为视觉、嗅觉、听觉和触觉等。

认知指在认识活动的过程中，个体对感觉信号接收、检测、转换、简约、合成、编码、储存、提取、重建、概念形成、判断和问题解决的信息加工处理过程。认知心理学将认知过程看成由信息的获取、编码、储存、提取和使用等一系列认知阶段组成的按一定程序进行信息加工的系统。

### 2.1.2 视觉感知处理

心理学家佩维奥是双重编码理论的提出者，他强调在信息的储存、加工与提取中，语言与非语言的信息加工过程同样重要。人的认知是独特的，它专用于同时处理语言与非语言的事物和事件。此外，语言系统是特殊的，它直接以口头与书面的形式处理语言的输入与输出。与此同时，它又保存着与非语言的事物、事件和行为有关的象征功能。任何一种表征理论都必须适合这种双重功能。双重编码理论假设存在两个认知的子系统：一个用于对非语言事物、事件（即映像）的表征与处理，而另一个用于语言的处理。佩维奥还假定存在两种不同的表征单元：适用于心理映像的"图像单元"和适用于语言实体的"语言单元"。例如，一个人通过词语"苹果"或者苹果的心理映像来想象一个苹果；在相互关系上，一个人可以先想象出一个苹果,然后用语言来描述,也可以在读或听到关于苹果的描述后,构造出心理映像。

佩维奥实验发现,如果给被试者以很快的速度呈现一系列的图画或字词,那么被试者回忆出来的图画的数目远多于字词的数目。这个实验说明,表象的信息加工具有一定的优势。也就是说,大脑对于形象材料的记忆效果和记忆速度要好于语义记忆的效果和速度。这也是可视化有助于数据信息表达的一个重要理论基础。

### 2.1.3 视觉感知的相对性

人类感知系统的工作原理取决于对所观察事物的相对判断。例如,人们在观察时一般会选取参照物,用参照物的外观(如长度、高度、重量等)来对比描述。韦伯定律是德国生理学家 E.H.韦伯通过对重量差别感觉的研究,发现了表明心理量和物理量之间关系的定律,即感觉的差别阈限随着原来刺激量的变化而变化,并且表现为一定的规律性。韦伯发现同一刺激差别量必须达到一定比例,才能引起差别感觉。这一比例是个常数,用公式表示为

$$K = \delta l / l$$

式中,$\delta l$ 为刺激强度的变化;$l$ 为原刺激值;$K$ 为韦伯常数,或称韦伯分数、韦伯比率。在可视化中,通过相对判断而精确地揭示数据尺度等信息需要一定的前提条件,即如果物体使用相同的参照物或者相互对齐,则有助于人们做出更加准确的相对判断。

图 2-1 列举了一个利用视觉感知进行相对判断的例子。图 2-1a 是 A、B 两个矩形,在不对齐的情况下,判断它们的长度并不容易;而图 2-1b 是用一个相同尺寸的方框分别将它们框起来,以方框为参照物,那么可以明显地发现 B 更长;同样,图 2-1c 是将它们底边对齐,以 B 为 A 的参照或者以 A 为 B 的参照都可以明显发现 B 更长。

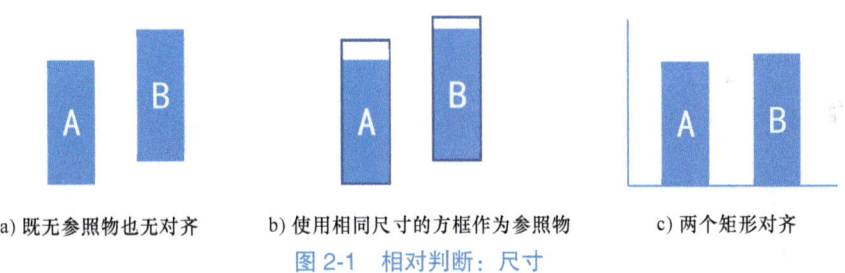

a) 既无参照物也无对齐　　b) 使用相同尺寸的方框作为参照物　　c) 两个矩形对齐

图 2-1　相对判断:尺寸

在可视化设计中,设计者需要充分考虑人类感知系统的这种规律,避免设计的可视化视图存在误导用户的元素。

## 2.2　格式塔理论

格式塔理论起源于格式塔心理学,它诞生于 1912 年,是西方现代心理学的主要学派之一。该学派既反对美国构造主义心理学的元素主义,也反对行为主义心理学的"刺激-反应"公式,主张研究直接经验(即意识)和行为,强调经验和行为的整体性,认为整体不等于并且大于部分之和,意识不等于感觉元素的集合,行为不等于反射弧的循环,主张以整体的动力结构观来研究心理现象。如果一个人往窗外望,他看到的是树木、天空、建筑,而格式塔心理学和构造主义元素学说认为他应该看到的是组成这些物体的各种感觉元素,例如亮

度、色调等。格式塔理论最基本的法则是简单精炼法则，认为人们习惯于以规则、有序、对称和简单的方式把不同的元素简单地组织起来，一个不断组织、简化、统一的过程，才能产生出易于理解、协调的整体。人们在获取视觉感知的时候，会倾向于将事物理解为一个整体，而不是理解为组成事物所有部分的集合。例如，在观察另一个人的时候，并不是先看到他的手、脚、头、眼睛等，然后把这些视觉特征组合成一个称为"人"的组合，我们是直接观察到人这个"整体"。格式塔理论包含以下几项基本原则。

### 1. 接近性（proximity）

当视觉感知对象在空间距离上较近时，人们一般会倾向于将靠近的对象归为一组。如图 2-2 所示，第 1 列和第 2 列圆形由于距离上接近，因此倾向于归为一组。

### 2. 相似性（similarity）

人们观察事物的时候，会自然地根据事物相似性进行感知分组（如颜色、形状、大小等物理性质），即使实际上事物没有分组的意图。图 2-3 所示很容易让用户认为，不同形状是不同分类。接近性与相似性的区别是采用空间距离相似还是属性相似来对数据进行分组。

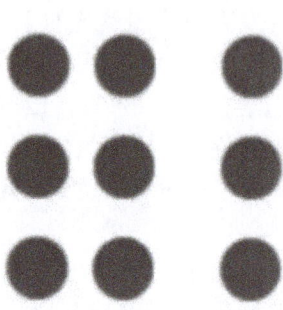

图 2-2 接近性举例

### 3. 连续性（continuity）

人们观察事物的时候会自然地沿着物体边界，将不连续的但边界贴近且连续的物体视为一个连续的整体。图 2-4 所示的点图会被用户看作一个整体，而当数据隔断过大，人眼的重建视觉感知就容易与实际数据产生偏差。

 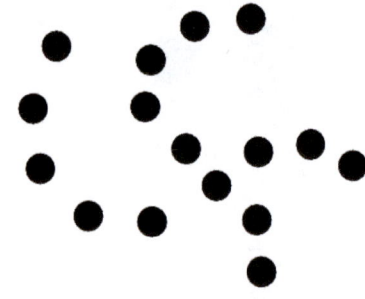

图 2-3 相似性举例    图 2-4 连续性举例

### 4. 闭合性（closure）

在某些视觉映像中，物体会有不完整的或不闭合的情况，格式塔心理学认为，只要物体形状足以表征其本身，人们就会很容易感知到整个物体而忽视其未闭合的特征，即当物体满足一些条件的时候，即使它并不完整，但是用户还是可以感知出它的完整特征。例如，图 2-5 中未闭合的特征并不影响人们识别出三角形。

### 5. 简单性（simplicity）

人们对一个复杂对象进行感知时，只要没有特定的要求，就会倾向于把对象看作有组织的、简单的规则图形，这表明我们的心灵以最简单的形式感知一切事物。如图 2-6 所示，大脑会自动把图形看作由圆形和三角形组成的。

图 2-5　闭合性举例

图 2-6　简单性举例

### 6. 共势性（common fate）

共势性指如果一组物体沿着相似的光滑路径运动或具有相似的排列模式，人们会将它们识别为同一物体。比如，有一堆点同时向下运动，而同时有另一堆在向上运动，那么用户就会将这两堆点看成两组不同的物体。与相似性相比，共势性更强调趋势和模式，它不一定是静态的，也可以是动态的。图 2-7 显示了一堆杂乱的字母，但是人们很容易会看到中间一句话"welcome to data visualization！"。

图 2-7　共势性举例

### 7. 对称性（symmetry）

对称性指人的意识倾向于将物体识别为沿某点或某轴对称的形状。因此，将数据按照对称性分为偶数个对称的部分，人们看到两个对称的未连接元素时，会无意识地将它们整合成一个连贯的对象。对象越相似，它们越容易被认为是一个整体。如图 2-8 所示，对称性有助于创建平衡感、舒服感，有助于人们专注重要的东西。

### 8. 经验性（past experience）

经验性指在某些情形下，视觉感知与过去的经验有关。如果两个物体看上去距离相近，或者时间间隔小，那么它们通常被识别为同一类。如图 2-9 所示，将相同的形状放在两个字母和两个数字中间，人们会认为是 B 和 13。

可以看出，格式塔理论的基本思想是，视觉形象首先要作为统一的整体来被认知，然后才是部分认知。同时，整体特性和部分拆分开来的特性是不一样的，人们看一个图像，首先看到的是构图整体，然后才看到组成部分。数据可视化、信息可视化都会包含这种图像元素的表达和重组，如何高效直观地让绝大部分用户接受是需要考虑的，其中还会涉及用户对图像的感知和认知过程。格式塔心理学是一套较为完整的关于心理感知认知的研究，尽管它的部分原理对可视化设计没有直接影响，但是对于视觉传达设计的理论和实践将发挥重要作用。

图 2-8　对称性举例　　　　　　　　　图 2-9　经验性举例

## 2.3 颜色理论

颜色是由物体发射、反射或透过的光波通过视觉所产生的印象。人类肉眼所见到的光线，是由频率范围很窄的电磁波产生的，不同频率的电磁波表现为不同的颜色，对色彩的辨认是肉眼受到电磁波辐射刺激后所引起的一种视觉神经的感觉。颜色感知的形成是一个复杂的物理和心理相互作用的过程。也就是说，人类对颜色的感知不仅由光的物理性质决定，也受到心理等因素的影响。另外，人类对颜色的感知还会受到周围环境的影响。

颜色是信息可视化与视觉设计中最重要的元素之一。颜色包含丰富的信息，非常适合信息编码——数据信息到颜色的映射。颜色、形状和布局构成了最基本的数据编码手段。可视化设计的最终结果是生成一幅能够显示在显示器（或其他输出设备）上的彩色图像，因而可视化结果的表现力与视觉美感依赖于设计者对于颜色的准确使用。

### 2.3.1 颜色与视觉

1666 年，英国科学家艾萨克·牛顿最先利用三棱镜观察到光的色散，即把白光分解为彩色光带（光谱）。光谱中最大的一部分可见光谱是电磁波谱中人眼可见的一部分，通常人眼能够感知的可见光波长为 390~750nm。但是，光谱并没有包含人类大脑视觉所能区别的所有颜色，譬如褐色和粉红色，这些颜色称为合成色，即它们可以通过不同波长的光谱色（纯色，也称单色）合成得到。

光的三基色红（Red）、绿（Green）、蓝（Blue）是无法通过其他颜色的混合而得到的"基本色"。青（Cyan）、品红（Magenta）、黄（Yellow）三色是印刷三原色，三种颜色理论上可以混合出黑色，但是现实中由于生产技术的限制，油墨纯度往往不尽如人意，混合出的黑色不够浓郁，只能依靠提纯的黑色（Black）加以混合，因此又加入了黑色，即 CMYK。

1. 加色系统

加色系统是两种或两种以上的色光同时作用于人眼，在视觉上产生另一种色光的效果。从人的视觉生理特性来看，人眼的视网膜上有感红细胞、感绿细胞、感蓝细胞，这三种细胞分别对红光、绿光、蓝光敏感。当其中一种感色细胞受到较强的刺激，就会引起该感色细胞的兴奋，产生该色彩的感觉。图 2-10 所示是一种加色系统将红、绿、蓝三种颜色作为原色进行混合，因此也称为 RGB 颜色模型。

### 2. 减色系统

减色系统指当光线透过有色物体时，这些物体吸收某些颜色的光而反射的光线效果，即人们看到的该物体的颜色。它有两种颜色模型：第一种是 RYB 颜色模型，也称为艺术系统，常用于艺术教育，尤其是绘画，如图 2-11 所示；第二种是 CMYK 颜色模型，在印刷业中广泛使用，如图 2-12 所示。

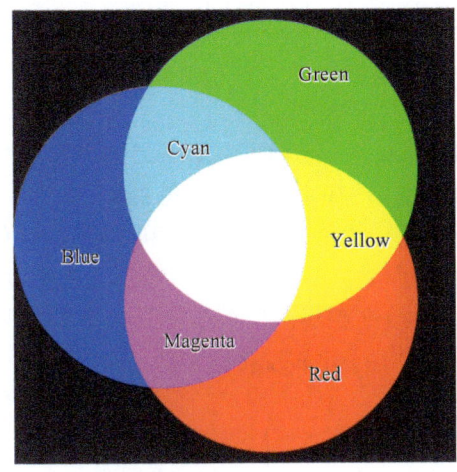

图 2-10　加色系统（RGB）

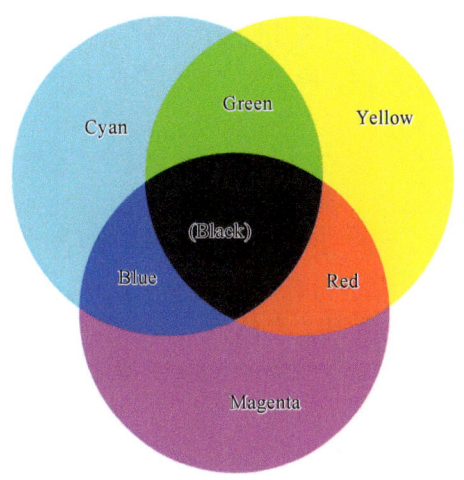

图 2-11　减色系统（RYB）

### 2.3.2 颜色空间

颜色空间也称颜色模型（又称彩色空间或彩色系统），它的用途是在某些标准下用可接受的方式对颜色加以说明。可视化系统的用户为了达到用颜色编码数据信息的目的，经常需要为一些可视化元素设置适当的颜色，这就需要一个良好且直观的界面使得用户可以直接操作、选择各种颜色。颜色空间从提出到现在已经有上百种，大部分只是局部地改变或专用于某一领域。比如日常显示器使用的是 RGB 颜色空间，打印机使用的是 CMYK 颜色空间。目前，常用的颜色空间主要包括 RGB/CMYK 颜色空间、HSL 颜色空间、Lab 颜色空间。

图 2-12　减色系统（CMYK）

#### 1. RGB/CMYK 颜色空间

RGB 颜色空间采用笛卡儿坐标系定义颜色，三个轴分别对应红色（R）、绿色（G）和蓝色（B）三个分量，在三个坐标轴上分别指定一个 0~255 的值，如图 2-13 所示。它以光的颜色为基础，在该空间中，任意一点代表的颜色都用从坐标原点到该点的向量表示。RGB 值越大的颜色所对应的光量越多，产生的颜色也较淡、较亮。若三个颜色值（R，G，B）都为最大值，则产生白色；若三种颜色的值都为 0，即坐标原点，则产生黑色。RGB 颜色空间是迄今为止使用最广泛的颜色空间,几乎所有的电子显示设备,包括计算机显示器、移动设备显示组件都使用 RGB 颜色空间。RGB 颜色显示与设备相关,即不同显示器的同一个 RGB 值所代表的颜色是不同的,对同一图像有不同的色彩显示结果。

CMYK 通常用于印刷业,在硬拷贝、照相、彩色喷墨打印系统中具有广泛应用。由于 CMYK 颜色空间和设备、印刷过程相关,在不同的工艺方法、油墨特性、纸张特性下有不同的印刷效果,所以 CMYK 颜色空间称为与设备有关的颜色空间。

由于 RGB 和 CMYK 颜色模型在计算机屏幕上看到的影像色调和印刷出来的有所差别,因此在进行可视化设计的过程中,如果可视化的结果需要被打印到纸质媒介上,则必须考虑颜色在不同色彩空间之间转换所带来的色彩畸变,从而尽量避免。

### 2. HSL 颜色空间

HSL 颜色空间是从人的视觉系统出发,用色相(hue)、饱和度(saturation)和亮度(lightness)来描述颜色。色相也叫色调,是颜色的外相,指在不同波长光的照射下,人眼所感觉到的不同颜色,如红色、绿色、蓝色等。饱和度是指颜色的纯度,饱和度越高,颜色越纯(如大红比玫红的饱和度要高)。亮度指颜色的明暗程度,不同的颜色具有不同的亮度,例如黄色就比蓝色的亮度高。HSL 颜色空间可以用一个圆锥空间模型来描述,如图 2-14 所示。这种圆锥模型相当复杂,但能把色相、饱和度和亮度的变化表现得很清楚。

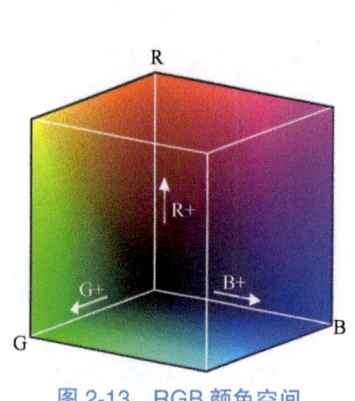

图 2-13 RGB 颜色空间

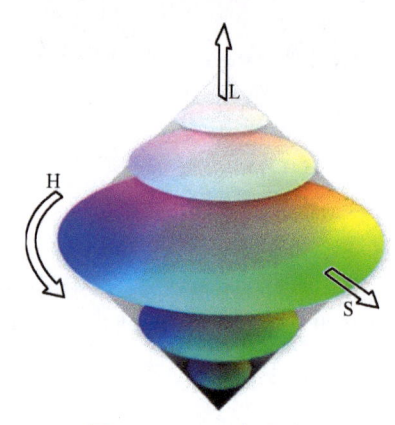

图 2-14 HSL 颜色空间

RGB 颜色空间和 CMYK 颜色空间以原色组合的方式定义各自颜色空间规定的所有颜色,然而这些颜色模型对于颜色的定义方式不符合人类对颜色认知的思维过程。例如,RGB 颜色空间立方体中,当(r, g, b)=(1/5, 3/5, 4/5)时,所呈现的颜色是天空蓝,但所有的原色组合所形成的颜色感知对人类来说很难;相应的,给定某一颜色,人们也很难给出该颜色的三个具体的分量值。为了便于色彩处理和识别,人的视觉系统经常采用 HSL 颜色空间,可以大大简化图像分析和处理的工作量。

### 3. Lab 颜色空间

Lab 颜色空间既不依赖光线,也不依赖颜料,它是国际照明委员会(CIE)制定的一个理论上包括了人眼可以看见的所有色彩的模式。Lab 颜色空间比计算机显示器甚至比人类视觉的色域都要大,是一种与设备无关的颜色系统,也是一种基于生理特征的颜色系统。它是以数字化方式来描述人的视觉感应,正因为与设备无关,所以弥补了 RGB 和 CMYK 必须依赖于设备色彩特性的不足。此外，由于 Lab 颜色空间比 RGB 和 CMYK 颜色空间大，这就意味着 RGB 和 CMYK 所能描述的色彩信息在 Lab 颜色空间中都能得以映射。如图 2-15 所示，Lab 颜色空间模型取自坐标 Lab，其中 L 用来近似代表人类对亮度的感知；a 的正数代表红色，负数代表绿色；b 的正数代表黄色，负数代表蓝色。

### 2.3.3 颜色视觉障碍

颜色视觉障碍指在正常光照条件下，人眼无法辨认不同的颜色或者对于颜色辨认存在不同程度的障碍，根据情况分为非正常三色视觉（色弱）、二色视觉（色盲）和单色视觉（全色盲）。大约有 8% 的男性及 0.5% 的女性颜色视觉有缺陷。

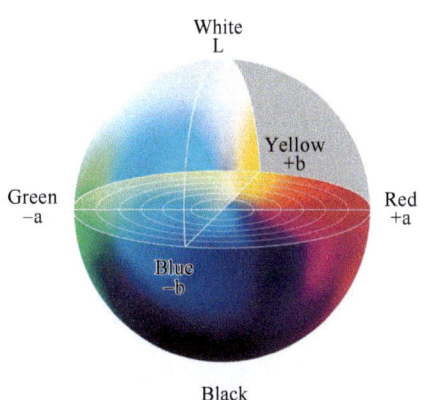

图 2-15　Lab 颜色空间坐标图

患色弱的人虽然仍具有三色视觉，但对颜色辨别能力较差，只在颜色比较饱和时才能看到颜色，只在波长有较大差别时才能区分色调的变化。较常见的是红色弱和绿色弱，蓝色弱极为少见。红色弱指对红色的辨别能力较差；绿色弱指对绿色的辨别能力较差。

色盲表现为不能分辨自然光谱中的各种颜色或某种颜色，分为全色盲和部分色盲（红色盲、绿色盲、蓝色盲等）。全色盲属于完全性视锥细胞功能障碍，患者仅有明暗之分，而无颜色差别。红色盲、绿色盲分别是由 L 锥状细胞和 M 锥状细胞无法工作或缺失造成的，它们在具体颜色识别表现上存在一定的差异，但都使得人眼无法分辨红、绿色调，因此通常统称为红绿色盲。蓝色盲出现概率很小。

因此在设计可视化颜色方案时，需要充分考虑用户的群体特征，尽量使用有效的颜色配置方案，使可视化结果对于相应用户能有效呈现其所包含的信息。

## 2.4　视觉通道

### 2.4.1　视觉通道的概念

将数据以可视化视图呈现的核心内容是可视化编码，它是将数据映射成可视化元素的技术。可视化编码由几何标记（图形元素）和视觉通道两部分组成。

#### 1. 几何标记

可视化中的几何标记通常是一些几何图形元素，如点、线、面（见图 2-16）、体。

点　　　　　　　线　　　　　　　面

图 2-16　可视化表达几何标记实例

#### 2. 视觉通道

视觉通道用于控制几何标记的展示特性，为标记提供视觉特征，包括标记的位置、大小、形状、方向、色调、饱和度、亮度等（见图 2-17）。

图 2-17　可视化表达视觉通道

### 2.4.2　视觉通道的类型

人类对视觉通道的识别有两种基本的感知模式。第一种感知模式得到的信息是关于对象本身的特征和位置，对应的视觉通道类型为定性或分类，即描述对象是什么或在哪里；第二种感知模式得到的信息是对象某一属性在数值上的大小，对应的视觉通道类型为定量或定序，即描述对象具体有多少。因此可以将视觉通道分为两大类。

1）定性（分类）的视觉通道，如形状、颜色的色调、空间位置。

2）定量（连续、有序）的视觉通道，如直线的长度、区域的面积、空间的体积、斜度、角度、颜色的饱和度和亮度等。

然而两种分类不是绝对的。例如，当把空间中的两个点到某一选定点的距离编码数据时，空间位置也能用来描述定量的数据属性。

**视觉通道的第三种类型是分组。**分组通常是针对多个或多种标记的组合描述。最基本的分组通道是接近性，根据格式塔理论，当视觉感知对象在空间距离上较近时，人们一般会倾向于将靠近的对象归为一组。例如，图 2-18a 中的 6 个点被很自然地分为 2 列，而不是 3 行，被理解为孤立的 6 个点的情况极少会发生。另外，分组通道还包括相似性（见图 2-18b）、连接性（见图 2-18c）和包括性（见图 2-18d）等。

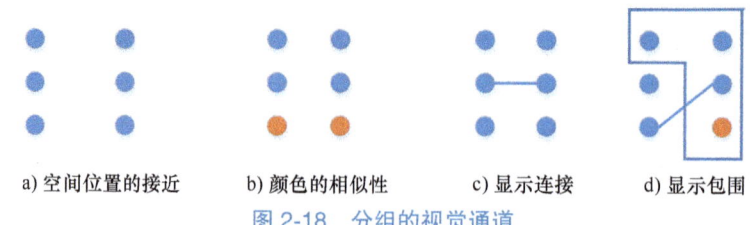

图 2-18　分组的视觉通道

### 2.4.3　视觉通道的特性

在可视化设计中，同样的数据可以用多种不同的视觉通道进行编码。然而，当可视化结果呈现给用户时，由于视觉通道特性的差异，用户通过感知与认知系统处理并获取的信息各不相同。

#### 1. 空间

空间是放置所有可视化元素的容器。可视化的展示空间可以是一维、二维或三维。一维可视化的例子有温度计、电表等仪器显示。它们设计和结构简单，理解容易且不会有歧义。

日常工作生活中最常见的可视化媒体是二维的，如手机、电脑、计算机、投影仪和打印机。在这些二维媒体里，可以不依靠交互和多窗口而完全容纳显示标记，如点、平面曲线和二维箭头等。二维媒体的广泛应用与人类视觉的生理构造相对应。

虚拟现实、增强现实、三维显示等可视化媒体可被称为三维媒体。它们不是物理意义上的三维媒体，通常采用平面像素而不是三维像素成像，这些像素通过跟踪用户位置和视角而不断更新，让用户产生置身于现实三维环境中的感受。

#### 2. 标记

标记是用来映射数据的几何单元，如点、线、面、体。标记可以用维度来区分。一维标记是点；二维标记有曲线和平面标记，如长方形、圆形和椭圆形；三维标记包括三维的面和体，如立方体、球面、球体、椭球面和椭球体。

标记还可以划分为局部标记和全局标记。局部标记在可视化空间中标识一点或周围小部分区域，用来代表在此点上的数据。局部标记占用空间小，可以比较密集地排列，缺点是无法有效表达不同区域数据之间的联系。全局标记如流线、流面等不但表示出不同位置上的数据，而且将数据之间的联系表示出来。标记的设计对其他可视化元素的选择有影响。后面介绍的几种可视化元素包括位置、尺寸、颜色、透明度、方向、纹理可以看作标记的视觉通道。

#### 3. 位置

位置是既可以用于编码分类的数据属性，又可以用于编码定序或定量的数据属性的视觉通道。对象在平面上的接近性也可以用于编码分组的数据属性，位置是所有视觉通道中最特殊的一个。由于在可视化设计中，平面位置对于任何数据的表达都非常有效，甚至是最有效的，所以在用户设计信息可视化表达前，首先需要考虑的问题是采用平面位置来编码哪种数据属性，这一选择甚至可能主导用户对于可视化结果中包含信息的理解。

平面位置的两个可以分离的视觉通道是水平位置和垂直位置，当所需要编码的数据属性是一维时，可以仅选择其一。在表达相同的数据信息时，水平位置和垂直位置的表现力和有效性的差异比较小。但也有一些研究指出，在真实世界的重力效应的影响下，人们会更容易分辨出垂直位置（即高度）的差异。基于此考虑，显示器的显示比例通常被设计成包含更多的水平像素，从而使水平方向的信息含量可以与垂直方向的信息含量相当。

#### 4. 尺寸

尺寸是定量或定序的视觉通道，适合映射有序的数据属性。尺寸通常会对其他视觉通道产生或多或少的影响：当尺寸较小时，其他视觉通道所表达的视觉效果会受到抑制；当尺寸很小时，人们可能无法区分其形状。

长度是一维尺寸，包括高度和宽度，面积是二维尺寸，体积则是三维尺寸。由于高维的尺寸蕴含了低维的尺寸，因此在可视化设计中应尽量避免同时使用两种不同维度的尺寸来编码不同的数据属性。

根据史蒂文斯幂次法则，人们对于一维尺寸的判断是线性的，对多维尺寸的判断则随着维度的增加而变得越来越不精确，因此在可视化设计时可以使用一维尺寸（高度或宽度）编码重要的数据属性值，以方便用户对结果做出较为精确的定量认知和比较。

### 5. 颜色

在所有视觉通道中，颜色是最复杂的，但可以编码大量数据信息，在可视化设计中经常使用。颜色可分为亮度、饱和度、色相三个视觉通道，前两个可认为是定量或定序，色相属于定性的视觉通道。因此，颜色通常是这三个独立的视觉通道的结合体，既是分类的也是定量的视觉通道。

（1）亮度　亮度是表示人眼对发光体或被照射物体表面的发光或反射光强度实际感受的物理量，适合于编码有序数据。需要注意的是，亮度通道可辨性小，一般尽量使用少于六个的可辨亮度层次。相比于另外两个视觉通道（饱和度和色相），亮度的对比度形成的边界现象非常明显。因此，人类对于亮度的感知会缺乏精确性，不太适合编码精度要求较高的数据属性。

（2）饱和度　饱和度指色彩的纯度，同样适用于编码有序数据的视觉通道。饱和度与尺寸之间存在强烈的相互影响，区域大的适合用低饱和度的颜色填充，比如散点图的背景；区域小的适合用更亮、颜色更丰富、饱和度更高的颜色填充，便于用户识别，比如散点图的各个点。小区域使用的饱和度通常只有三层，大区域的可以适当增加。它的精确性也会受到对比度效果影响。

（3）色相　色相（色调）适用于编码分类的数据属性，并提供了分组编码的功能。人们对于色相的认知过程几乎不存在定量的比较思维，而且由于存在冷暖色的区分，色相在可视化编码中具有双层分类的表现能力。虽然排序上色相位于位置之后，但是可以增加许多视觉效果，在可视化设计中被广泛使用。

然而，色相也面临着与其他视觉通道相互影响的问题。主要表现为在小尺寸区域上人们难以分辨不同的色相，在不连续区域上的色相也难以被准确比较和区分。人们通常可在不连续区域下分辨6~12种色调，小尺寸区域还会有所下降。

其中，配色方案关系到可视化结果的信息表达和美观性。好的配色方案会涉及颜色心理学、颜色生理学、颜色物理学等知识，改善用户心情，提高兴趣，反之会造成用户抵触，降低可视化的效果。在设计配色方案时，设计者需要考虑很多因素，如可视化面向的用户群体、可视化结果是否需要被打印或复印（转为灰阶）、可视化本身的数据组成及其属性等。一般使用色相对定性的数据类型进行编码，使不同的数据能被用户容易地区分（有时还需要考虑视觉障碍用户的需求）；对于定量的数据类型，通常使用亮度或饱和度进行编码，以体现数据的顺序性质。设计者可以应用一些软件工具辅助配色方案的设计，如比较流行的ColorBrewer配色系统（http://colorbrewer2.org）和Adobe公司的Kuler配色系统（http://kuler.adobe.com）。

### 6. 透明度

透明度是与颜色密切相关的一个概念，通常作为颜色的第四个维度，取值范围是[0, 1]，在两个颜色混合时可用于定义各自的权重，以调节颜色的浓淡程度。在三维空间数据场或二维数据可视化中，透明度作为一个重要参数可用于显示不同深度、层次或重要性的数据。视觉感知的研究表明，人眼对透明度的感知低于对颜色色相的感知。

为了便于用户从整体把握数据的多重属性和空间分布，可以给颜色增加一个不透明度的分量通道，通常称为$\alpha$通道，用于表示离观察者更近的颜色对背景颜色的透过程度。当$\alpha$值为1时，表示颜色是不透明的；当$\alpha$值为0时，表示颜色是透明的；当$\alpha$值位于0~1之间时，表示该颜色可以透过一部分背景的颜色，从而实现当前颜色和背景颜色的混合，创造出可视化的上下文效果。

### 7. 方向

方向可用于分类或有序的数据属性的编码，在其定义域内并不是单调的，即不存在严格的增或减的顺序。在二维的可视化视图中，它在四个象限的每一个象限内可以被认为具有单调性，从而适合于有序数据的编码（见图2-19a），也正因为如此，方向可通过四个象限的区分对分类数据进行映射（见图2-19b）。此外，在相邻的两个象限中间的方向呈现中性的特征，因此也可以被用于映射数据的发散性（见图2-19c）。

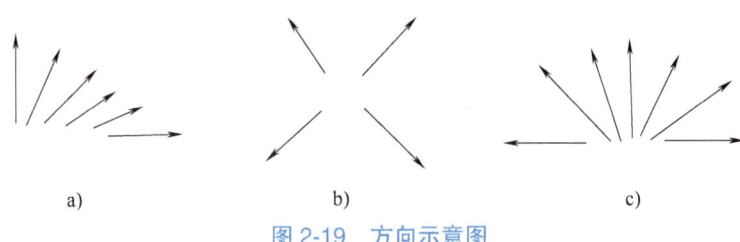

图 2-19　方向示意图

### 8. 形状

形状所代表的含义很广，一般理解为对象的轮廓，或者对事物外形的抽象，用来定性描述事物，比如圆形、正方形，更复杂的是几种图形的组合。对于人类的感知系统，形状是一个包罗万象的词汇。视觉心理专家认为形状是人们通过前向注意力就能识别的一些低阶视觉特征。一般情况下，形状属于定性的视觉通道，因此仅适合于编码分类的数据属性。图2-20用简单的形状生动地呈现了世界各大城市的图标。

图 2-20　形状被用于编码城市图标

### 9. 纹理

纹理可以被认为是多种视觉变量的组合，包括形状（组成纹理的基本元素）、颜色（纹理中每个像素的颜色）和方向（纹理中形状和颜色的旋转变化）。纹理将细小的点和线等组合成不同的模式，用于区分不同类型的数据。简单的纹理可以是不同模式的线以及由这些线组成的面。由于纹理可看成空间中表面或体内部的装饰，所以可以将纹理通过参数化映射到线、平面、曲面和三维体中。对于二维图形物体，可以通过使用不同的纹理来表示不同的数据范围或分布。形状的变化或者颜色的变化都可以用来组成不同的纹理。在三维应用中，纹理一般作为几何物体的属性，用来表示高度、频率和方向等信息。

纹理可分为自然纹理和人工纹理。自然纹理指自然世界中实际存在的有规则模式图案；人工纹理指人工生成的规则图案。例如，点画图案作为一种特殊的纹理效果，在可视化中较为常见，通常被用作区分类别型数据属性的编码方式。

#### 10. 动画

动画是指采用图形与图像处理技术，借助编程或动画制作软件生成一系列的画面，是用于可视化表达的一种常见的视觉通道。它利用了人的生理上的视觉残留现象和人们趋向将连续且类似的图像在大脑中组织起来的心理作用。这些视觉刺激被人的大脑自动地识别为动态图像，使两个孤立的画面之间形成顺畅的衔接，从而产生视觉动感。

以动画形式作为视觉通道包括了运动方向、运动速度和闪烁频率等。运动方向可以编码定性的数据属性，而运动速度和闪烁频率通常用于编码定量的数据属性。动画作为视觉通道对数据进行编码的特点在于其完全吸引了用户的注意力。它与其他视觉通道具有天然的分离性，由于其过于突出的视觉效果，有时反而会导致其他视觉通道的表达效果受到限制。因此，设计者在使用动画作为视觉通道编码数据信息时应慎重考虑其对可视化整体结果可能产生的不利影响。

### 2.4.4 视觉通道的表现力

人类感知系统对于不同的视觉通道具有不同的理解与信息获取能力，因此在进行可视化时，设计者应使用高表现力的视觉通道编码数据，从而使用户在短时间内更加精确地获取信息。例如，在对数值编码的时候，使用长度比使用面积更加合适，因为人们的感知系统对于长度的模式识别能力要强于对面积的模式识别能力。对于有序的数据，为了利用人类感知系统的自然而本能的感知能力，应使用定序的而非定性的视觉通道对数据进行编码，反之亦然。如果不加选择地使用视觉通道编码数据信息，则可能使用户错误理解，甚至无法理解可视化结果。

一般可以从精确性、可辨性、可分离性和视觉突出几个方面来衡量不同数据通道的表现力。

#### 1. 精确性

精确性主要描述人类感知系统对可视化结果的判断和原始数据的吻合程度。1953年，美国心理物理学家史蒂文斯提出了心理物理学定律。该定律认为，感觉量的大小与刺激量的乘方成正比，即心理量是物理量的幂函数。用公式表示为

$$S = k \cdot I^n$$

式中，$S$ 为心理量；$k$ 为常数；$I$ 为物理量；$n$ 因不同的感觉而异。

该研究表明，人类感知系统对不同视觉通道的感知精确性是不同的。表2-1列举了史蒂文斯幂次法则所描述的一些视觉通道的幂次。当 $n$ 小于1时，刺激信号被感知压缩，即改变刺激人体感觉器官的物理强度值并不能使人对信号的感知得到成比例的响应。例如，亮度变化作为典型的次线性物理信号，亮度加倍后，人们并不能感到两倍的亮度变化。长度是线性的物理测量，长度的实际变化量与人类对长度的主观感知存在线性的联系。视觉通道感知的精确性将影响可视化结果对数据信息传递的准确性，因此在表达定量数据的时候，通常采用一端对齐射线的长度或柱状图的高度进行表示。

表2-1 不同视觉通道对应的 $n$ 值

| 视觉通道 | 亮度 | 面积 | 长度 | 灰对比度 |
| --- | --- | --- | --- | --- |
| 幂次 | 0.5 | 0.7 | 1.0 | 1.2 |

## 2. 可辨性

视觉通道可以有不同的取值范围，调整取值范围能让人们区分该视觉通道的状态，便于辨认。简而言之，就是如何给定取值范围并选择合适的值，让人们轻易地区分出取值的不同。

某些视觉通道只有有限的取值范围。例如，对于直线宽度，人们区分不同直线宽度的能力非常有限，而当直线宽度不断增加时，会使得直线变成另外的视觉通道——面积。图 2-21 显示了调整直线宽度仅能编码 3 种或 4 种不同的数据属性值。当数据属性的取值范围较大时，可以将数据属性值分为相对较少的类或者使用具有更大取值范围的视觉通道。

## 3. 可分离性

在同一个可视化结果中，多个视觉通道的存在可能会影响到用户的正确感知。比如，使用横坐标和纵坐标分别编码数据两个属性时，好的可视化设计不会用点的接近性对第三种数据属性进行编码，否则会对横纵坐标这两种数据属性编码产生影响。

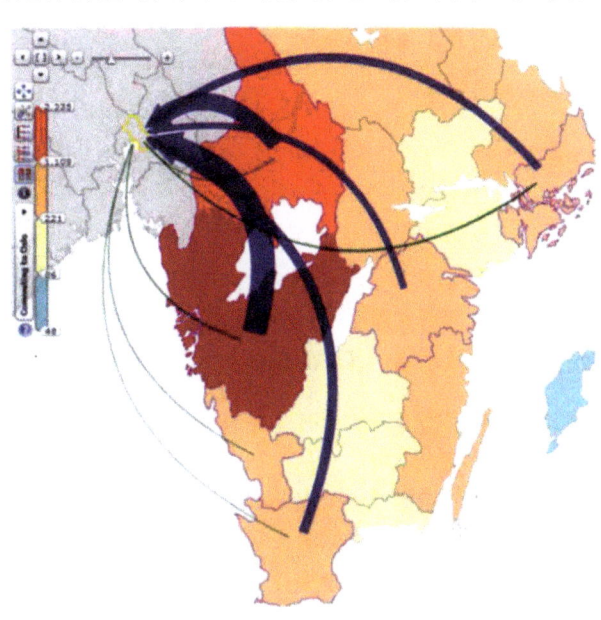

图 2-21　使用直线宽度编码流量

图 2-22 列举了 3 对不同的视觉通道。在图 2-22a 中，位置和色调是一对相互独立的视觉通道：用户可以根据点的位置和色调将 8 个点分为两组。在图 2-22b 中，尺寸和色调开始产生影响：用户可以根据点的尺寸容易地将这 8 个点分成两组；在尺寸较大的组内，用户根据色调可以容易地将 4 个点分成两组，而用户在尺寸较小的组内若想再将 4 个点根据色调进行分组，则需要更加集中注意力。由于点的尺寸会影响到视觉系统对色调的判断，影响程度随着尺寸的减小而增大，因此尺寸和色调不再是相互独立的视觉通道。在图 2-22c 中，虽然设计者意图通过水平尺寸和垂直尺寸将 8 个标记元素分为两组，但用户在潜意识中更趋向于将其中的 8 个对象分为三组而不是两组。

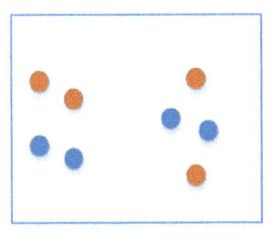 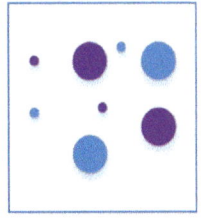 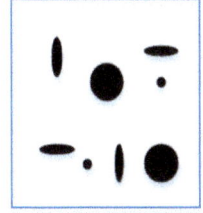

a) 位置和色调　　　　　　b) 尺寸和色调　　　　　　c) 水平和垂直尺寸

图 2-22　视觉通道可分离性实例

## 4. 视觉突出

视觉突出是指在很短时间内（200~250ms），人们可以仅仅依赖感知的前向注意力来直接发觉某一对象的不同。视觉突出效果使得人们对特殊对象的发现所需要的时间不会随着背景对象数量的变化而变化。如图 2-23 所示，在左边两个例子中，人们通常可以在很短的时间内发现红色的圆点。对于第三个例子，人们仍然可以较快地发现红色圆点，但其明显性相对较弱，因为色调视觉通道的表现力要大于形状通道的表现力。而在第四个例子中，人们就需要通过一个顺序的搜索和比较得到相异于所有其他对象的红色圆点（位于右下角）。

视觉通道的有效性要求具有高表现力的视觉通道用于更重要的数据属性编码。图 2-24 描述了各种类型视觉通道的表现力排序。但是，图中的顺序仅代表通常情况，实际中部分表现力的顺序可能会发生变化。

图 2-23　视觉突出实例

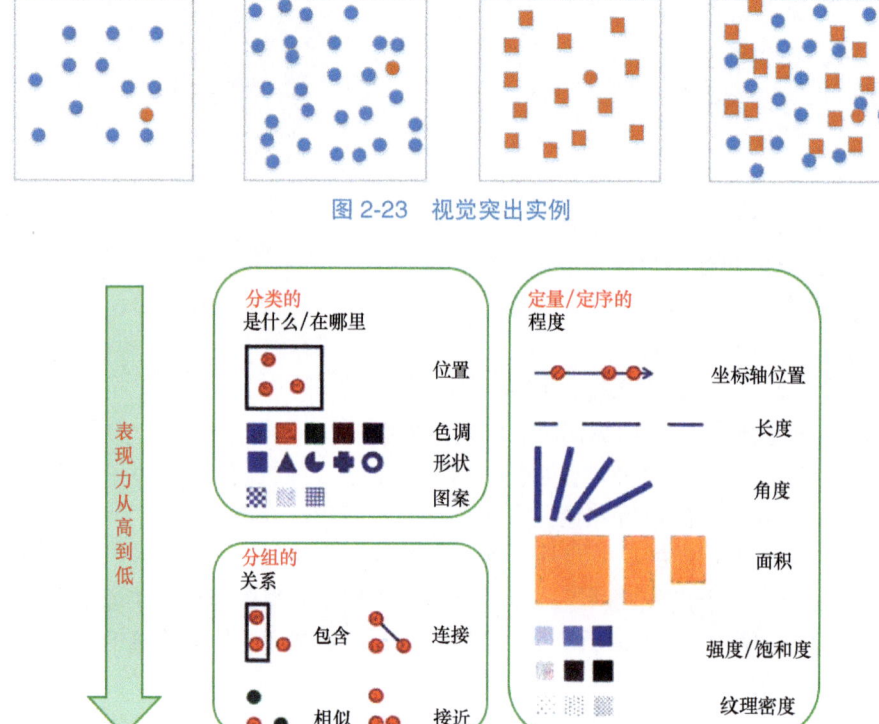

图 2-24　视觉通道的表现力排序

## 2.5　习题

1. 什么是视觉感知的相对性？查找两幅相关的图像并阐述其背后的感知相对性原理。
2. 格式塔理论的原则有哪些？列举两条原则的应用实例。
3. HSL 颜色空间是什么？有什么优点？
4. 视觉通道有哪些特性？列举空间特性中一维可视化和二维可视化的实例。
5. 定性的视觉通道包括哪些类型？与定量的视觉通道有何区别？

# 第 3 章

## 数据的理解与分析

## 3.1 数据基础

数据对象包含一个或多个属性。属性是一个数据字段,用来描述数据对象的特征。

### 3.1.1 数据属性

现实生活中常见的数据集包括表格、文本语料库、社会关系网络等。数据集由数据对象组成,一个数据对象代表一个实体。数据对象又称样本、实例、数据点或对象。例如,某公司的全年销售记录相当于一个包含多条详细销售记录的数据集(表格),而每条详细销售记录是一个数据对象。

属性是一个数据字段,用来描述数据对象的特征。数据对象包含一个或多个属性。例如在销售记录实例中,每条销售记录都包含多个字段,如买方、项目、型号、单价、数量、金额、交易时间等,这些字段描述了一笔交易(数据对象)的总体特征,每个字段都是该数据对象的一个属性。

### 3.1.2 属性类型

根据属性取值的类型,数据属性可分为数值型、序数型、类别型三类。

#### 1. 数值型属性

数值型属性是可度量的量,用整数或实数值表示,如长度、重量、体积、温度等常见的物理属性。图 3-1 中的长度(Sepal.Length、Petal.Length)和宽度(Sepal.Width、Petal.Width)就是数值型属性。数值型属性有区间型和比值型两种类型。区间型数值属性的起始值可在整个实数区间内取值,这种属性允许比较和定量评估值之间的差,进行差异性运算。例如,月销售额增长可以用相邻两个月的销售额之差来表示。比值型数据属性用比值来描述两个值,即一个值是另一个值的倍数,如速度。

# 数据可视化

| Sepal.Length | Sepal.Width | Petal.Length | Petal.Width | Species |
|---|---|---|---|---|
| 5.1 | 3.5 | 1.4 | 0.2 | setosa |
| 4.9 | 3.0 | 1.4 | 0.2 | setosa |
| 4.7 | 3.2 | 1.3 | 0.2 | setosa |
| 4.6 | 3.1 | 1.5 | 0.2 | setosa |
| 5.0 | 3.6 | 1.4 | 0.2 | setosa |
| 5.4 | 3.9 | 1.7 | 0.4 | setosa |
| 4.6 | 3.4 | 1.4 | 0.3 | setosa |
| 5.0 | 3.4 | 1.5 | 0.2 | setosa |
| 4.4 | 2.9 | 1.4 | 0.2 | setosa |
| 4.9 | 3.1 | 1.5 | 0.1 | setosa |
| 5.4 | 3.7 | 1.5 | 0.2 | setosa |
| 4.8 | 3.4 | 1.6 | 0.2 | setosa |
| 4.8 | 3.0 | 1.4 | 0.1 | setosa |

图 3-1 数值型属性

## 2. 序数型属性

序数型属性的值按照一定的意义排列顺序，或者存在秩评定，即衡量属性值间顺序关系的法则。数据对象间的顺序关系是相对存在的，它们除了可进行"相同"或者"相异"运算外，还可参与比较大小或先后的运算，但它们之间的差运算没有意义。例如，某饮品店的杯子大小可分为小杯、中杯、大杯，如图 3-2 所示。这是一种序数型属性。序数型属性还可以记录不能客观度量的主观质量评估。例如，某销售部门客户服务质量的评估可以用 1 表示

图 3-2 序数型属性

很不满意，2 表示比较不满意，3 表示基本满意，4 表示比较满意，5 表示非常满意。

## 3. 类别型属性

类别型属性是用于区分不同数据对象的名称或符号，这些值没有顺序关系。其比较关系可以是"相同"或"相异"。

若想对类别型数据进行排序，可以利用其附加属性。例如，可以按照姓氏笔画对姓名进行排序或者按照英文字母顺序对国籍信息进行排序。

类别型属性的一个特例是二元属性，其属性值集合只有两个元素。例如，性别只可以取男性或女性；疾病化验结果只有阴性和阳性；开关状态是闭合或断开等。

除了上述三种分类外，根据属性取值是否连续，数据属性还可以分为离散型属性和连续型属性。离散型属性的取值来自有限或可数的集合，如等级、文档单词、邮政编码等；连续型属性则对应于实数域，如高度、温度和湿度等。离散型属性具有有限或无限个值，如学生成绩属性为优、良、中、差；二元属性取 1 和 0。若一个属性可能取值的集合是无限的，但可以建立与自然数的一一对应，则其也是离散型属性。如果一个属性不是离散的，则它是连续的。

相应地，数据属性可以进行离散化或连续化处理。属性离散化是指把取值为连续型或者离散型的属性（特征）按照取值区间，划分为用来定性描述属性取值的文本（如汉字、单词）或者整数，包括连续型数值的离散化和离散型数值的离散化。例如，体重为连续型属

性，对于身高165cm的女性，结合体质指数（BMI），低于50.37kg为过轻，50.37~65kg为标准，高于65kg为超重。这个过程就是连续型数据属性的离散化。再比如年龄为离散型属性，目前一般的共识是，0~1岁为婴儿，1~4岁为幼儿，5~11岁为儿童，12~18岁为少年，19~35岁为青年，36~59岁为中年，60岁以上为老年。这个过程就是离散型数据属性的离散化，当然也可以选择用整数0、1、2、3、4、5、6来分别代表七个区间。属性离散化的关键是按照区间进行划分，用数字表示主要是为了计算机识别。

属性连续化一般指将取值为文本类（汉字或单词）的属性变为算法可以处理的数字型属性，比如性别属性取值为"男"或"女"，进行独热编码[⊖]"男"就变为10，女就变为01，形式上将汉字变为了数字型，虽然10、01并不是真正意义上的连续变量。

## 3.2 数据特征

数据的基本统计特征分为集中趋势度量、离中趋势度量和数据分布形态。数据对象有相似度和相异度两种关系。现实生活中的数据具有不确定性，原因有很多。

### 3.2.1 基本统计描述

数据统计是把握数据全貌，了解数据分布状况的有力工具。例如对我国人口普查数据进行统计分析，可以获得各个年龄段的人口分布情况，为国家制定政策提供决策依据。若获得的数据是样本数据，则可以根据样本信息应用概率论对总体进行科学推断，获得数据总体的规律性。

数据的基本统计特征分为三类：集中趋势度量、离中趋势度量、数据分布形态。集中趋势度量表示数据的集中位置，寻找数据的中心值或者代表值，主要有均值、中位数、众数等；离中趋势度量表示数据的分散程度，反映了数据远离中心值的程度，描述一组数据的波动性，主要有标准差、极差、四分位数、四分位数极差、变异系数等；数据分布形态指图表化数据后呈现的形态，有助于人们更好地理解数据的特征，主要包括偏态和峰态。

#### 1. 均值和方差

均值和方差是最常见的统计特征。对于某个属性变量 $X$，假设有 $n$ 个采样样本 $x_1$, $x_2$, $\cdots$, $x_n$，均值 $\bar{x}$ 反映了全体数据的平均大小情况，即

$$\bar{x} = \frac{1}{n}\sum_{i=1}^{n} x_i$$

当每个样本的重要性不同时，可以对每个样本 $x_i$ 赋予独立的权重 $\omega_i$，对于重要样本赋予更大的权重，此时数据中心需要用加权平均值来描述，即

$$\bar{x} = \sum_{i=1}^{n} \omega_i x_i / \sum_{i=1}^{n} \omega_i$$

**例 3.1** 某商店出售的三种商品的数量和单价分别为（15，10，10）和（1.2，0.8，1.0）

---

⊖ 独热编码即 One-Hot 编码，又称一位有效编码。其方法是使用 N 位状态寄存器来对 N 个状态进行编码，每个状态都有它独立的寄存器位，并且在任意时候，其中只有一位有效。它是分类变量作为二进制向量的表示，可以将分类值映射到整数值。在独热编码出现之前，机器学习算法的分类器不能直接处理无序离散的分类特征，因为分类器处理的数据一般是连续且有序的。独热编码使离散的特征连续起来。

元,则这三种商品的平均价格为

$$\bar{x}=\frac{15\times1.2+10\times0.8+10\times1}{15+10+10}=\frac{36}{35}\approx1.03\text{(元)}$$

方差用来衡量所有样本点偏离均值的程度。方差的定义为

$$\delta^2=\frac{1}{n}\sum_{i=1}^{n}(x_i-\bar{x})^2$$

标准差是方差的平方根。标准差的定义为

$$\delta=\sqrt{\frac{1}{n}\sum_{i=1}^{n}(x_i-\bar{x})^2}$$

在实际应用中,很多数据集约有 2/3 的数据点落在区间 [$x-\delta$, $x+\delta$] 中,99% 的数据点落在 [$x-3\delta$, $x+3\delta$] 中。因此,对于采样样本更多使用无偏的样本标准差表示,即

$$s=\sqrt{\frac{1}{(n-1)}\sum_{i=1}^{n}(x_i-\bar{x})^2}$$

均值和标准差计算起来容易,但只适合于数据分布较对称且没有极端异常值的数据集。例如,5个人中4个人的月收入是1000元,1个人的月收入是20000元,则其平均工资是4800元,但没有一个人的工资接近此平均值,标准差是7600,则大部分人的收入在 [4800-7600, 4800+7600] = [-2800, 12400] 之间,此预期范围包含了负数。由此可知,均值和标准差虽然数学性质优良,但容易受到极端值影响。对明显不对称或者有极端异常值的数据集有一组更灵活和稳定的统计特性,它们是中位数、百分位数和四分位数间距。

2. 中位数

中位数指样本按从小到大排列后处于中间位置的值。例如,在样本集 {1, 3, 3, 3, 4} 中,中间位置是第 3 个位置,中位数是 3。当数据集中的样本数是偶数时,中位数可以定义为中间两个数的平均值。中位数依赖数据的排序位置确定,而不是使用全部数据求得,因而会损失部分数据信息,但它较少受到极端异常值影响。

假设样本数为 $n$,中位数的计算公式为

$$Q_{\frac{1}{2}}(x)=\begin{cases}x'_{\frac{n+1}{2}}, & \text{当 } n \text{ 为奇数时}\\ \frac{1}{2}(x'_{\frac{n}{2}}+x'_{\frac{n}{2}+1}), & \text{当 } n \text{ 为偶数时}\end{cases}$$

3. 百分位数

百分位数是中位数的推广,表明数据集中小于它的数的比例。

**例 3.2** 一家电器商城 12 个员工在某天售出的电视机数量按照升序排列如下:1,3,3,3,4,4,5,6,8,12,14。有 12 个数据,第 10 百分位数在位置 (12+1)×10%=1.3 位置处,即在第一个数据和第二个数据之间且离第一个数据 30% 位置处,因而第 10 百分数位是 1+(3-1)×30%=1.6。

三个四分位数 $Q_1$、$Q_2$、$Q_3$ 将数据分成均匀的四份,因而 $Q_1$ 和 $Q_3$ 分别为数据排序后位于 25% 和 75% 位置上的值,分别被称为第 25 百分位数和第 75 百分位数。$Q_2$ 为中位数。在例 3.2 中,$Q_1$ 的位置在 (12+1)×25%=3.25 处,因而 $Q_1$=3+(3-3)×25%=3,$Q_3$ 的位置在 (12+1)×75%=9.75 处,因此 $Q_3$=6+(8-6)×75%=7.5。

#### 4. 四分位数

将一组统计数据的数值按照由小到大排列并分成相等的四部分,其中每部分包括25%的数据,处于三个分割点位置的数值就是四分位数。显然,中间的四分位数就是中位数,处在25%位置上的数值称为下四分位数,处在75%位置上的数值称为上四分位数。在例3.2中,下四分位数 $Q_1$ 的位置在 (12+1)×25%=3.25 处,因而 $Q_1$=3+(3-3)×25%=3,上四分位数 $Q_3$ 的位置在 (12+1)×75%=9.75 处,因此 $Q_3$=6+(8-6)×75%=7.5。

四分位数间距是第75百分位数与第25百分位数之间的距离,即 $Q_1$ 和 $Q_3$ 的差距,反映了中间50%数据的离散程度,不受极端异常值的影响。在例3.2中,四分位数间距为:$Q_3-Q_1$=7.5-3=4.5。

#### 5. 众数

众数是一组数据中出现次数最多的数值,有时众数在一组数据中有好几个。在例3.2中,众数为3。若一组数据中只有一个众数,则此数据集是单峰的;若一组数据中有多个众数,则此数据集是多峰的。众数常用于数据分布偏斜程度较大的情况,不会受到数据集中极端异常值的影响。

#### 6. 极差值

极差值是一组数据中最大值与最小值的差,它只能描述数据的分布范围,不能充分表达数据的分布信息。

### 3.2.2 数据对象间的关系

相似度(similarity)是衡量多个数据对象之间相似程度的数值,通常位于0和1之间。如果两个对象完全不相似,则其相似度为0;相似度越高,对象之间的相似性越大。与之对应的测度是相异度(dissimilarity)。邻近度是相似度和相异度的统一描述。

在进行数据处理时常常需要用到相似度。例如,在网页上进行图像搜索时,通常是与数据库中的图像进行匹配,计算相似度,返回数据库中与查询图像最相似的图像;在网上购物时,网站会根据顾客曾经购买的物品推荐相关商品,这些商品与购买过的商品具有相似性。

相异度矩阵存储 $n$ 个对象两两之间的相异性,表现形式是一个 $n \times n$ 维的矩阵。

$$\begin{bmatrix} 0 & & & & \\ d(2,1) & 0 & & & \\ d(3,1) & d(3,2) & 0 & & \\ \vdots & \vdots & \vdots & & \\ d(n,1) & d(n,2) & \cdots & \cdots & 0 \end{bmatrix}$$

$d(i,j)$ 是对象 $i$ 和 $j$ 之间相异性的量化表示,通常为非负值。两个对象越不同,其值越大;越相似或"接近",其值越接近0,且 $d(i,j)=d(j,i)$,$d(i,i)=0$。

相异度的定义方式与数据类型、适用领域有关。下面按照数据类型介绍一些常用的相异度。

#### 1. 类别型数据的相异度

对于具有 $p$ 个类别属性的两个对象 $X$、$Y$,它们的相异度定义为 $d(X,Y)=\dfrac{p-m}{p}$,其中 $m$ 是 $X$、$Y$ 中取值相同的属性数目。例如,学生信息中包含性别、宿舍和年级三个类别属性，两个学生的信息分别为（男，十一公寓，大二）和（男，十三公寓，大一），则它们的相异度为：$\dfrac{3-1}{3}=\dfrac{2}{3}$。

对于二元属性，常使用 1 和 0 代表两种取值，常用的相异度计算方法有杰卡德（Jaccard）距离和汉明（Hamming）距离。

（1）杰卡德距离　对于对象 $X$、$Y$，取值同为 1 的属性有 $q$ 个，$X$ 取 0 且 $Y$ 取 1 的属性有 $q$ 个，$X$ 取 1 且 $Y$ 取 0 的属性有 $r$ 个，则 $X$、$Y$ 的杰卡德距离为 $d(X,Y)=\dfrac{q+r}{p+q+r}$。杰卡德距离越大，说明相异度越大。例如，当 $X$ 取值为（1,0,1,0），$Y$ 取值为（1,0,0,1）时，它们的杰卡德距离为 $\dfrac{1+1}{1+1+1}=\dfrac{2}{3}$。

杰卡德距离可以用来比较两个文档的相似性，对于文档中的所有主干词，当每个词在文档中出现时将它的值设为 1，否则设为 0，然后通过计算杰卡德距离可以衡量两个文档的相似度。

（2）汉明距离　汉明距离表示两个等长字符串在对应位置上不同字符的数目，用于度量两个等长字符串的相异性。例如，字符串"karolin"和"kathrin"的汉明距离为 3。从另外一个方面看，汉明距离通过替换字符的方式，度量了将字符串 $x$ 变成 $y$ 所需要的最小替换次数。在信息编码中，为了增强容错性，应该将编码间的最小汉明距离最大化。

### 2. 数值型数据的相异度

两个数值型属性的相异度可以用距离来衡量，比较常见的距离有以下几种。

（1）欧几里得距离（Euclidean Distance）　又称为欧氏距离，是最流行的距离度量方法，用于计算欧氏空间中两点之间的直线距离。两个 $n$ 维向量 $X$、$Y$ 间的欧氏距离定义如下。

二维平面上点 $a(x_1,y_1)$ 与 $b(x_2,y_2)$ 间的欧氏距离：

$$d_{12}=\sqrt{(x_1-x_2)^2+(y_1-y_2)^2}$$

三维空间点 $a(x_1,y_1,z_1)$ 与 $b(x_2,y_2,z_2)$ 间的欧氏距离：

$$d_{12}=\sqrt{(x_1-x_2)^2+(y_1-y_2)^2+(z_1-z_2)^2}$$

$n$ 维空间点 $a(x_{11},x_{12},\cdots,x_{1n})$ 与 $b(x_{21},x_{22},\cdots,x_{2n})$ 间的欧氏距离（两个 $n$ 维向量）：

$$d_{12}=\sqrt{\sum_{k=1}^{n}(x_{1k}-x_{2k})^2}$$

（2）曼哈顿距离（Manhattan Distance）　在规则布局的街道中，从一个十字路口前往另一个十字路口，行走距离不是两点间的直线距离，而是垂直的移动路线，即曼哈顿距离，也被称为城市街区距离（city block distance）。

二维平面两点 $a(x_1,y_1)$ 与 $b(x_2,y_2)$ 间的曼哈顿距离：

$$d_{12}=|x_1-x_2|+|y_1-y_2|$$

$n$ 维空间点 $a(x_{11},x_{12},\cdots,x_{1n})$ 与 $b(x_{21},x_{22},\cdots,x_{2n})$ 的曼哈顿距离：

$$d_{12}=\sum_{k=1}^{n}|x_{1k}-x_{2k}|$$

（3）闵可夫斯基距离（Minkowski Distance）　它是欧几里得距离和曼哈顿距离的推广。闵氏空间指狭义相对论中由一个时间维和三个空间维组成的时空，为俄裔德国数学家闵可夫斯基（H.Minkowski）最先表述。他的平坦空间（即假设没有重力，曲率为零的空间）的概念以及表示为特殊距离量的几何学与狭义相对论的要求相一致。

两个 $n$ 维向量 $\boldsymbol{a}(x_{11}, x_{12}, \cdots, x_{1n})$ 与 $\boldsymbol{b}(x_{21}, x_{22}, \cdots, x_{2n})$ 的闵可夫斯基距离可定义为

$$d_{ab} = \left( \sum_{k=1}^{n} |x_{1k} - x_{2k}|^s \right)^{\frac{1}{s}}$$

其中 $s$ 是一个参数，当 $s=1$ 时，即为曼哈顿距离。在二维空间中可以看出，这种距离是计算两点之间的直角边距离，相当于城市中出租车沿城市街道拐直角前进而不能走两点连接间的最短距离。绝对值距离的特点是各特征参数以相等的权重参与进来，所以也称等混合距离。

当 $s=2$ 时，为欧几里得距离，就是两点之间的直线距离。

当 $s=\infty$ 时，等同于切比雪夫距离。

（4）切比雪夫距离（Chebyshev Distance） 在国际象棋中，国王可以直行、横行、斜行，所以国王走一步可以移动到相邻 8 个方格中的任意一个。国王从格子 $(x_1, y_1)$ 走到格子 $(x_2, y_2)$ 最少需要的步数就是切比雪夫距离。

二维平面两点 $\boldsymbol{a}(x_1, y_1)$ 与 $\boldsymbol{b}(x_2, y_2)$ 间的切比雪夫距离：

$$d_{12} = \max(|x_1 - x_2|, |y_1 - y_2|)$$

$n$ 维空间点 $\boldsymbol{a}(x_{11}, x_{12}, \cdots, x_{1n})$ 与 $\boldsymbol{b}(x_{21}, x_{22}, \cdots, x_{2n})$ 的切比雪夫距离：

$$d_{12} = \max_{i}(|x_{1i} - x_{2i}|)$$

（5）标准化欧氏距离（Standardized Euclidean Distance） 将各个分量都用样本的均值和标准差进行"标准化"，再用欧式距离计算标准化后数据的相异度，即为标准化欧氏距离。假设 $n$ 维向量样本集第 $i$ 维的均值为 $\mu_i$，标准差为 $\delta_i$，对象 $\boldsymbol{X}$ "标准化"后的第 $i$ 维数据为

$$x_i' = \frac{x_i - \mu_i}{\delta_i}$$

标准化后各维数据的均值为 0，标准差为 1，$\boldsymbol{X}$、$\boldsymbol{Y}$ 的标准化欧式距离为

$$d(\boldsymbol{X}, \boldsymbol{Y}) = \sqrt{\sum_{i=1}^{n} \left( \frac{x_i - y_i}{\delta_i} \right)^2}$$

如果将方差的倒数看成权重，则这个公式可以看成是一种加权欧氏距离。

（6）马氏距离（Mahalanobis Distance） 设有 $m$ 个样本向量 $\boldsymbol{X}_1, \boldsymbol{X}_2, \cdots, \boldsymbol{X}_m$，它们的均值为 $\boldsymbol{\mu}$，协方差矩阵记为 $\boldsymbol{S}$，则某个样本向量 $\boldsymbol{X}$ 到 $\boldsymbol{\mu}$ 的马氏距离表示为

$$D(x) = \sqrt{(\boldsymbol{X} - \boldsymbol{\mu})^{\mathrm{T}} \boldsymbol{S}^{-1} (\boldsymbol{X} - \boldsymbol{\mu})}$$

向量 $\boldsymbol{X}_i$ 与 $\boldsymbol{X}_j$ 之间的马氏距离定义为

$$D(\boldsymbol{X}_i, \boldsymbol{X}_j) = \sqrt{(\boldsymbol{X}_i - \boldsymbol{X}_j)^{\mathrm{T}} \boldsymbol{S}^{-1} (\boldsymbol{X}_i - \boldsymbol{X}_j)}$$

若协方差矩阵是单位矩阵（各个样本向量之间独立同分布），则 $\boldsymbol{X}_i$ 与 $\boldsymbol{X}_j$ 之间的马氏距离等于它们的欧氏距离，即

$$D(\boldsymbol{X}_i, \boldsymbol{X}_j) = \sqrt{(\boldsymbol{X}_i - \boldsymbol{X}_j)^{\mathrm{T}} (\boldsymbol{X}_i - \boldsymbol{X}_j)}$$

若协方差矩阵是对角矩阵，则马氏距离是标准化欧氏距离。

马氏距离的优点是与量纲无关，可排除变量之间相关性的干扰。马氏距离的计算是建立在总体样本基础上的，把同样的两个样本放入两个不同的总体中，最后计算得出的两个样本

间的马氏距离通常是不相同的,除非这两个总体的协方差矩阵碰巧相同。计算马氏距离过程中,要求总体样本数大于样本维数,否则得到的总体样本协方差矩阵逆矩阵不存在。这种情况下,用欧式距离计算即可。

(7)余弦距离　余弦相似度是计算向量空间中两个向量夹角的余弦值。余弦距离就是用1减去这个获得的余弦相似度。

二维空间中向量 $\boldsymbol{a}(x_1, y_1)$ 与向量 $\boldsymbol{b}(x_1, y_1)$ 的夹角余弦公式为

$$\cos(\theta) = \frac{x_1 x_2 + y_1 y_2}{\sqrt{x_1^2 + y_1^2}\sqrt{x_2^2 + y_2^2}}$$

两个 $n$ 维样本点 $\boldsymbol{a}(x_{11}, x_{12}, \cdots, x_{1n})$ 与 $\boldsymbol{b}(x_{21}, x_{22}, \cdots, x_{2n})$ 的夹角余弦值计算公式为

$$\cos(\theta) = \frac{\boldsymbol{a} \cdot \boldsymbol{b}}{|\boldsymbol{a}||\boldsymbol{b}|}$$

即两个 $n$ 维样本点 $\boldsymbol{a}(x_{11}, x_{12}, \cdots, x_{1n})$ 与 $\boldsymbol{b}(x_{21}, x_{22}, \cdots, x_{2n})$ 的余弦值为

$$\cos(\theta) = \frac{\sum_{k=1}^{n} x_{1k} x_{2k}}{\sqrt{\sum_{k=1}^{n} x_{1k}^2}\sqrt{\sum_{k=1}^{n} x_{2k}^2}}$$

余弦值的取值范围为 [−1, 1],其值越大表示两个向量的夹角越小,二者越相似;其值越小表示两个向量的夹角越大,二者越不相似。当两个向量的方向重合时,余弦值取最大值1;当两个向量的方向完全相反时,余弦值取最小值−1。

### 3.2.3　数据不确定性

在现实生活中,获得的数据往往具有不确定性,其原因通常有以下几种。

#### 1. 本身误差

测量仪器的优劣、测量者知识水平的高低、采样产生的误差,都会使获得的数据以某个概率偏离真实的值;不同的仿真或数值计算模型会引入一定的不确定性,对同一数值计算模型,不同的参数设置也会引起数据的不确定性;在无线网络传输中,受带宽、传输延时、能量等因素影响,网络传输的数据与原始数据可能存在误差,且由于带宽的限制,数据只能以离散的方式采集传输,又将产生采样误差。

#### 2. 精度转换

从低精度数据集合转换到高精度数据集合的过程会产生不确定性。例如,将低分辨率图像转换成高分辨率图像时,新生成像素的颜色存在不确定性。

#### 3. 特定应用需求

为了满足特殊需求,例如为了保护个人隐私,在某些应用中需要对原始数据进行变换、扰动和添加噪声,由此产生了数据的不确定性。

#### 4. 缺失值

设备故障、历史原因等因素会造成数据丢失、与其他字段不一致等情形,导致数据不完整。例如,在用全球定位系统(GPS)获取移动对象的位置时,由于技术手段的限制,移动对象的位置信息存在误差,或因移动对象暂时不在服务区,导致缺失值。对缺失数据以服从特定概率分布的估计值代替或者直接删除含缺失值的记录,将改变原始数据的分布特征。

#### 5. 数据集成

不同数据源的数据信息可能存在不一致，在数据集成过程中将引入不确定性。例如，网络页面更新不同步将导致许多页面的内容不一致。

数据的不确定性分为存在不确定性和属性不确定性。存在不确定性指数据是否存在具有一定的概率。属性不确定性指属性的值并不单一，而是按照一定的概率取多种值。这些误差信息通常用一个概率密度函数或者其他统计量（均值、方差、协方差等）来表示。数据不确定性普遍存在。传统针对确定性数据的管理、处理技术往往无法有效地应用到不确定性数据上，为了获得正确的处理结果，在对相关数据进行存储、分析、处理时必须考虑数据的不确定性。

不确定性数据的处理包括数据管理和数据挖掘等方面。实现不确定性数据存储的主流技术是传统的关系型数据存储技术。概率数据库方法将不确定性引入到关系数据模型，并取得较大进展，可处理不确定性数据的存储和查询。对于传感器网络、卫星遥感图像、医疗信息等应用产生的巨量数据，仅仅靠数据管理及查询技术无法发现数据间的内在联系，也无法发现其中蕴含的数据模式和潜在知识规则，而将数据挖掘技术引入不确定数据管理中，可有效地解决这些问题。不确定数据挖掘的手段主要聚焦于聚类、离群点检测、关联规则挖掘和数据流挖掘等。

## 3.3 数据预处理

为保证数据质量，从数据源抽取数据后应进行数据清理、整合等处理。

### 3.3.1 数据质量

数据质量主要体现在以下六个方面。

#### 1. 准确性

数据能否准确反映现实情况是数据质量考察的内容之一。有效的数据能够反映实际状况，但并不意味着能够达到准确客观。数据准确性经常需要使用目标数据以外的数据源作为衡量标准，或者构建适用于目标数据的度量方法来测量其准确性。

#### 2. 完整性

完整性主要包含两个层面：单个数据样本和数据集。从单个数据样本角度讲，每个样本的属性是否完整。从数据集角度讲，采集后的数据集是否包含了数据源中所有的数据点。

#### 3. 一致性

数据集中所有数据使用的衡量标准应该一致。例如，公司的交易货币单位应统一。

#### 4. 及时性

及时性反映了数据在时间维度的特性。数据必须适合当下时间段，当数据不适合当下时间段的分析任务时，这些数据就变成了"过时"的数据。例如，销售公司分析当月销售数据时，若各地经销商提供的销售数据不是当月数据，或下个月才提供当月数据，数据就失去了作用。对于微博消息记录、销售记录、一段时间的手机通话记录这类时变数据来说，及时性十分重要。

#### 5. 可信性

可信性指数据来源和收集方式是否可信。例如，气象站的某些气温传感器可能传送一些错误的数据。在之后的数据采集中，无论数据是否及时、有效地被传送，气象人员还是会根据气温传感器的历史正确率决定是否信任该气温传感器的数据。

#### 6. 可解释性

在机器学习中，可解释性表示模型能够使用人类可认知的说法进行解释和呈现。通俗地讲，数据的可解释性是得到了一个结果，如何让人们去理解它。

### 3.3.2 标准系统架构

数据仓库的目的是构建面向分析的集成化数据环境，为企业提供决策支持。其基本架构主要包含数据流入流出的过程，可以分为三层：源数据、数据仓库、数据应用。从数据源获取数据到数据仓库内的数据转换和流动都可以认为是 ETL 的过程，即数据抽取（Extract）、数据转换（Transform）和数据装载（Load），如图 3-3 所示。

- 数据抽取：从一个或多个数据源中抽取数据。
- 数据转换：进行数据变换操作，包括数据清理、重构、标准化等。
- 数据装载：将转换过的数据按照一定的存储格式进行存储。

原始数据通常含有杂质，ETL 就是找出杂质的过程。其过程中的每个组件都要求可重用，以持续地进行数据获取、变换和存储，并能够实现并行操作，提高处理效率。

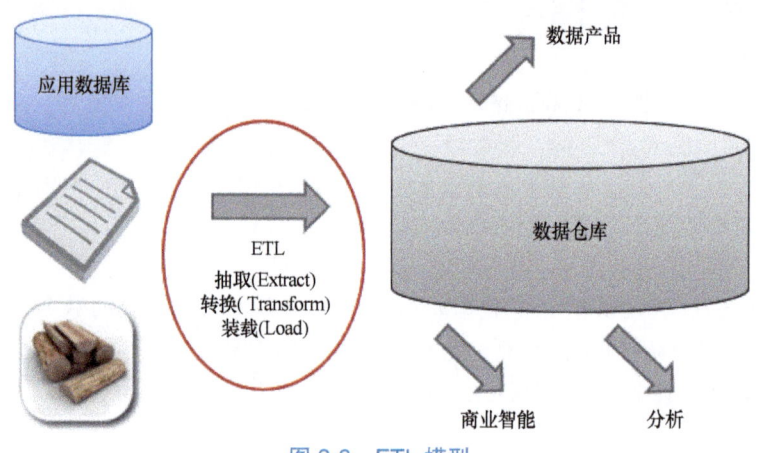

图 3-3　ETL 模型

ETL 是数据仓库的流水线，也可以认为是数据仓库的血液，它维系着数据仓库中数据的新陈代谢。数据仓库日常管理和维护的大部分工作就是保持 ETL 的正常和稳定。

### 3.3.3 数据清理

数据清理指修正数据中的错误、识别离群点及更正不一致数据的过程。

#### 1. 噪声值

噪声值是被测量变量的随机误差或方差。由于测量手段的局限性使得数据记录中总是含有噪声值，它们使数据记录具有有效性，但不准确。通常可以使用回归分析、离群点分析等方法来找出数据属性中的噪声值。

#### 2. 缺失值

数据缺失是使用者经常遇到的。数据缺失的主要原因包括：信息未记录、某些属性不适用于所有实例。可视化作为一种有效的展示手段和交互手段可以提高数据清理效率，发现数据缺失。

对于数据缺失，处理的策略有两种：一是删除错误记录；二是按照一定方法进行缺失数据填补。直接删除缺失数据操作起来简单方便，代价与资源较小，但是直接删除会浪费该数据中正确填充的属性。例如，某份问卷缺失性别数据一项，但是其余信息仍然具备价值，当数据缺失问卷占问卷总数的大部分时，直接删除显然不合理，此时应该选择填充缺失数据。常用的填充方式有以下几种。

（1）使用属性平均值填充　这种方法常用于数值型数据。对于拥有正常分布的数据属性，填充与该样本属于同一类的数据在该属性上的均值，可使得该属性的统计特征不发生大的变化。

（2）使用常量代替缺失值　优点是花费代价较低，然而这些填充值在实际应用中可能没有任何意义。例如，将问卷中缺失性别的位置填充为"未知"，并不会对与性别相关的数据分析带来多大作用，还可能会引起数据准确性降低。若填充为"男性"或"女性"，又存在有些问卷的实际值与该填充值相反的情况。

（3）人工填充　成本消耗大，难以应对较大数据规模的数据清理任务。

（4）利用回归、分类方法进行预测式填充　当拥有一部分完整数据记录时，可以通过构建基于该部分完整数据的预测模型对有缺失属性的数据记录进行预测，回归和分类是最常使用的两种方式。

### 3.3.4　数据整合

在实际应用中，同类数据经常会来自不同的数据源，分析之前要进行合并操作，即数据整合。它是将不同数据源的数据进行采集、清理、精简和转换后统一融合在一个数据集中，并提供统一视图的数据集成方式。有效的数据整合有利于减少合并后的数据冲突，降低数据冗余。数据整合的步骤如下：

1）初步分析：在操作之前进行数据分析。
2）冲突解析：解析数据源之间的数据冲突。
3）定义数据转换工作流和转换规则：使用工作流方式完成模式配准和转换。
4）工作流验证：验证工作流中的步骤是否正确。
5）数据转换。对于来自不同数据源的数据来说，它们具有高度异构的特点，如不同的数据模型、数据类型、命名方法、数据单元等。当需要对这些异构数据的集合进行处理时，首先需要有效的方法对这些数据进行整合。

按照数据是否进行了物理移动，数据整合可以分为物化式整合和虚拟式整合。

（1）物化式整合　物化式数据整合需要对数据进行物理移动，即从源数据库移动到其他位置（如数据仓库），如图 3-4 所示。

（2）虚拟式整合　数据并没有从数据源中移出，而是在不同的数据源之上增加转换策略，并构建一个虚拟层，以提供统一的数据访问接口，如图 3-5 所示。虚拟式数据整合通常使用中间件技术，在中间件提供的虚拟数据层之上定义数据映射关系。同时，虚拟层还负责将不同数据源的数据在语义上进行融合，在查询时做到语义一致。例如，不同公司的销售数据中"利润"的表达各有不同，在虚拟层中需要提供处理机制，将不同的"利润"数据转化为同一含义，供用户查询使用。

# 数据可视化

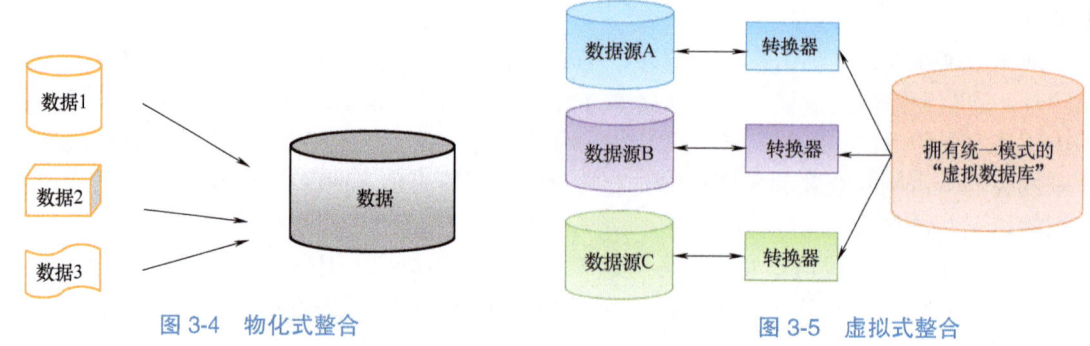

图 3-4 物化式整合        图 3-5 虚拟式整合

数据整合需要解决的问题有三种。

（1）属性匹配（结构冲突）　对于来自不同数据源的记录，需要判定是否存在重复记录，首先要做的是确定不同数据源中数据属性之间的对应关系。例如，不同销售商的销售记录中对不同的数据属性有不同的表达形式，对于用户 id，销售商 A 的命名为 "cus_id"，数据类型为字符型；而销售商 B 的命名为 "customer_id_num"，数据类型为整数型。因此在进行数据整合前，需要对不同的表达方式进行识别。除此之外，还需要注意结构冲突的问题，例如对两个存储内容不同的表进行整合，如表 3-1 和表 3-2 展示了两种结构不同的客户列表，整合结果见表 3-3。

表 3-1 客户列表 1

| Cno | Lname | FName | Gender | Address | Phone/Fax |
|---|---|---|---|---|---|
| 455 | Kova | Howard | F | 2092 East Avenue,Phoenix,Arizona,85012 | 480-385-7342 |
| 556 | Kova | Luster | M | 2170 Maple Street,LA,CA,90017 | 213-618-8000 |

表 3-2 客户列表 2

| CID | Name | Street | City | Sex |
|---|---|---|---|---|
| 24 | Luster Kova | 2170 Maple Street | Los Angeles | 1 |
| 22 | Fraser Kova | 1970 Patterson Fork Road | Chicago | 0 |

表 3-3 整合结果

| No | LName | FName | Gender | Street | City | State | ZIP | Phone | Fax | CID | Cno |
|---|---|---|---|---|---|---|---|---|---|---|---|
| 1 | Kova | Howard | F | 2092 East Avenue | Phoenix | Arizona | 85012 | 480-385-7342 | | 11 | 455 |
| 2 | Kova | Luster | M | 2170 Maple Street | Los Angeles | California | 90017 | 213-618-8000 | | 24 | 556 |
| 3 | Kova | Fraser | F | 1970 Patterson Fork Road | Chicago | Illinois | 60605 | 708-513-3662 | 111-222-3344 | 22 | 777 |

（2）冗余去除　数据整合后主要产生两种冗余。一种是因数据属性之间的推导关系而导致数据冗余。例如，在调查问卷的统计数据中，地区 A 的问卷统计结果注明了总人数和男性受调查者人数，而地区 B 的统计结果注明了总人数和女性受调查者人数，当对两个地区

的问卷统计数据进行整合时,需要保留"总人数"这一数据属性,而"男性受调查者人数"和"女性受调查者人数"这两个属性保留一个即可,因为两者中任一属性可由"总人数"与另一属性推出,从而避免由于保留所有属性而造成的数据冗余。另一种是数据记录的冗余。例如,街景车在拍摄街景照片时,不同的街景车可能有路线上的重复,这些重复路线上的照片数据在进行整合时便会造成数据冗余(同一段街区被不同车辆拍摄)。

(3)数据冲突检测与处理 在进行数据整合时,不同数据源的数据记录可能在某种属性或约束上发生冲突。例如,当两个国家的销售商使用的货币不同时,由于货币单位不同而导致属性冲突,因此不能直接整合交易记录。此时,应先对数据统一规范化,再进行处理。

## 3.4 数据存储

数据存储是数据预处理后的重要操作,是整个数据分析以及数据可视化过程的基础。数据存储保证了后续过程中数据的正常访问、查询和分析。数据存储形式主要包括三类:文件存储、数据库和数据仓库。

### 3.4.1 文件存储

数据可以直接以文件形式存储,这是最简单的存储方式。以文件形式存储的数据灵活性非常高,可以按照任意格式对数据进行组织,有利于使用者从存储底层开始对存储过程进行调整和优化。但是文件存储也有缺点。首先对于一般用户来说,文件存储可能会造成访问烦琐、数据难以添加等困难;其次从数据安全的角度看,直接用文件存储会造成安全控制和管理的诸多不便。

文件存储的典型格式有电子表单和结构化文件格式。

(1)电子表单 电子表单(spreadsheet)是多功能的数据组织形式,大部分办公软件(如 Microsoft Excel、Tableau)都支持标准电子表单文件的导入和导出。电子表单中比较常用的格式是逗号分隔符文件格式(Comma-Separated Values,CSV),即每一行为一个数据记录并且以逗号作为字段分隔符号。电子表单的主要缺点是缺少类型和元数据(主要是描述数据属性的信息),因此在使用 CSV 文件格式时需要预先给出每个数据项的语义解释。

(2)结构化文件格式 数据导向型的应用程序采用标记语言格式将数据进行结构化组织,以方便通用型数据的存储和交换。可扩展标记语言(Extensible Markup Language,XML)是结构化文件格式的典型代表。它使用标签形式对数据中的每个记录进行定义,并允许自定义文件属性的描述和约束。图 3-6 是一个 XML 实例,每一条数据分别具有 ID、Name、City、Dpt.ID 四个属性。

XML 可以进行扩展。在科学领域中,由于高效能处理要求和特殊的领域知识,因此需要定义特定的结构化文件记录数据。例如,IVOA VOTable 是一种用于交换天文学领域表格数据的 XML 扩展,是由国际虚拟天文台联盟(IVOA)团队制定的 XML 数据格式。Keyhole 标记语言(Keyhole Markup Language,KML)也是基于

```
<employer>
    <id>23</id>
    <name>Alice</name>
    <city>CA</city>
    <dptid>1</dptid>
</employer>
```

| ID | Name | City | Dpt. ID |
|---|---|---|---|
| 23 | Alice | CA | 1 |
| 24 | Bob | NY | 2 |

图 3-6 XML 实例

XML 的一种扩展，在基于 Web 的二维或三维地图上表达地理标注信息。例如，图 3-7 利用 KML 文本描述了纽约市经纬度坐标。图 3-7a 显示了该经纬度所在的位置，图 3-7b 描述了纽约市的经纬度坐标。分层数据格式（Hierarchical Data Format，HDF）组织和存储大量的数值型数据，特别是科学计算数据，由美国国家超级计算应用中心创建，以满足不同群体的科学家对不同工程项目领域的需求。

a) 位置　　　　　　　　　　　　　　　　　　b) 经纬度坐标

图 3-7　KML 实例

### 3.4.2　数据库

数据库是数据组织的高级形式，是存储在计算设备内有组织的、共享的、统一管理的数据集合。数据库中的数据结构描述了数据间的内在联系，保证了数据的独立性、可靠性、安全性与完整性，方便了数据增加、更新与删除，提高了数据共享程度和数据管理的效率。从结构上看，数据库可分为关系型数据库与非关系型数据库两类。

#### 1. 关系型数据库

关系型数据库是指采用了关系模型来组织数据的数据库，其以行和列的形式存储数据，以便用户理解。数据的关系模型可以简单地理解为二维表格，即一个关系型数据库就是由二维表及其之间的关系组成的数据组织。关系型数据库利用关系代数对数据进行建模与操作，主要包含关系数据结构、关系操作集合和关系完整性约束三部分。数据之间的关系由属性之间的链接进行表达。结构化查询语言（Structured Query Language，SQL）是一种用于关系型数据库系统的结构化查询语言。关系数据库管理系统（Relational Database Management System，RDBMS）是指包括相互联系的逻辑组织和存取这些数据的一套程序（数据库管理系统软件）。关系数据库管理系统对数据结构和数据内容提供了明确分离，允许用户通过控制和管理的方式来访问数据，同时采用稳定的方法来处理安全性和数据一致性。它通过将数据管理设计成符合原子性（atomic）、一致性（consistent）、隔离性（isolated）和持久性（durable）的事务（事务的 ACID 特性），确保上述数据管理要求的实现，并支持分布在不同地点的数据库（Distributed RDBMS）的并发访问和数据恢复。

#### 2. 非关系型数据库

NoSQL 数据库（Not Only SQL），意思是"不仅仅有 SQL"。NoSQL 数据库被认为是不同于传统关系型数据库的数据库管理系统，这种数据库能够满足数据的高并发读写、高效存储和访问、数据库高扩展性和高可用性等需求。它是在大数据时代背景下产生的，可以处理分布式、规模庞大、类型不确定、完整性没有保证的"杂乱"数据。由于访问要求和数据存储要求不断增长，基于传统关系模型的关系型数据库暴露出弊端，如复杂 SQL 查询、读写实时性、事务一致性等，因此导致关系型数据库性能下降。在某些应用场合，关系数据库的特性反而成为限制性能的瓶颈。因此在一些无需考虑关系数据库某些特性，甚至是关系模型的情况下，NoSQL 数据库成为有效的替代方案。它不使用 SQL 作为查询手段，数据存储往往不以表格结构为基础，表达数据关联时也不需要使用表之间的合并操作。从数据库规模上看，NoSQL 数据库可以面向海量数据，扩展性较高。时至今日，形形色色的 NoSQL 数据库系统已能够提供多种不同的服务，包括文档存储（如 CouchDB、mongoDB）、面向网络的存储（如 Neo4j）、键-值存储（如 redis Dynamo、memcached）、列存储（如 HBase）和混合存储等，如图 3-8 所示。

图 3-8　NoSQL 数据库的一些实例

目前已经有直接针对关系型数据库的可视化应用，并且具有简单的统计分析功能。例如，基于表格数据的可视分析系统将表格数据映射为以节点-连接布局表示的网络结构，支持表格上的关系代数运算，并将运算结果以可视化方式展现出来。

在 NoSQL 数据库方面，专门提供给可视化应用的数据库产品较少。比较常用的可视化工具是针对 MongoDB 的 Robo 3T 和 Studio 3T，前者是开源免费版，后者是商业付费版。针对 MongoDB 还有 RockMongo、phpMoAdmin、UMongo、Genghis 等免费开源的可视化工具。

### 3.4.3　数据仓库

数据仓库指面向主题的、集成的、与时间相关的、主要用于存储的数据集合，其目的是构建面向分析的集成化数据环境，为分析人员提供决策支持。其主要特征有：面向主题、集成化、时变和非易失。"面向主题"指数据仓库中数据的组织是以分析主题的形式进行的，这有助于分析人员对某一主题的问题进行分析。"集成化"指数据可能来自多个数据源，不同数据源之间的数据需要进行预处理（清理、整合、转化等）后才会被统一存储于数据仓库中，以保持数据属性、约束和结构的完整性和一致性。"时变"指装入数据仓库的数据通常都隐式包含时间信息，以记录较长时间跨度的数据。"非易失"指即使数据被更新，数据历史也会完整地以快照形式保存在数据仓库中，而非简单地抹去历史值，用更新值覆盖。

数据仓库和数据库的主要区别见表 3-4。数据库处理数据操作，面向事务领域，用户多为终端用户，如职员、数据库管理员等，常用于日常操作；而数据仓库处理数据中的信息，面向分析领域，用户主要为知识工作者，如经理、分析师等，用于支持长期决策分析。数据库存储的是当前最新数据，访问方式为读写平均，聚焦点是数据输入；而数据仓库存储的是历史、时变数据，访问方式主要是读，聚焦点是信息或知识输出。此外，数据库和数据仓库的容量尺度也不同。

表 3-4　数据库与数据仓库的区别

| | 数据库 | 数据仓库 |
| --- | --- | --- |
| 特点 | 处理数据操作 | 处理数据中的信息 |
| 面向领域 | 事务 | 分析 |

(续)

| | 数据库 | 数据仓库 |
|---|---|---|
| 用户 | 终端用户：职员、数据库管理员 | 知识工作者：经理、分析师、执行官 |
| 功能 | 日常操作 | 长期决策支持分析 |
| 数据 | 当前最新的数据 | 历史数据、时变数据 |
| 访问方式 | 读写平均 | 主要是读 |
| 聚焦点 | 数据输入 | 信息或知识输出 |
| 容量尺度 | 1GB~1TB | ≥ 1TB |

## 3.5 数据分析

### 3.5.1 数据分析的五大思维方式

数据分析是从数据到信息的过程，其目的是解决现实中的某个问题或满足现实中的某个需求。在进行数据分析时，常用的思维方式有如下五种。

1. 对比

对比也叫对照，是利用相似性找到数据的变化特点和发展趋势的方法。当单独看一个数据时，可能感觉不大，而跟另一个数据对比才更有感觉。例如在图 3-9 中，单看图 3-9a "今日的销量数据"可能感觉不到什么，但是图 3-9b 将今天的数据和昨天的数据对比，就会发现今天和昨天的销量相差不少，昨天的销量较好。对比是数据分析最基本的思路，也是最重要的思路。

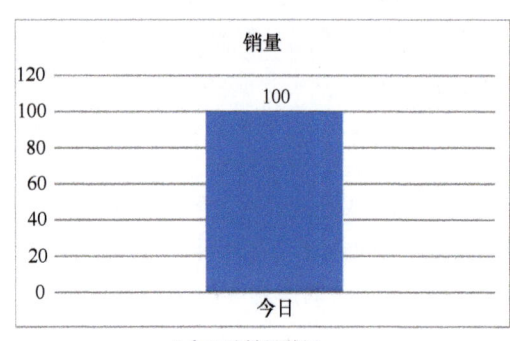
a) 今日的销量数据

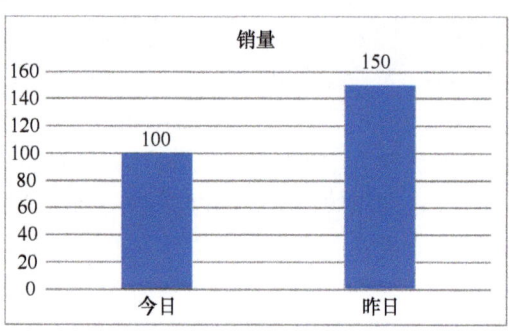
b) 今日和昨日的销量数据对比

图 3-9 对比

对比分为纵向对比、横向对比和相比对比。

1）纵向对比即和自己相比，包括同比和环比。

同比 =（本期统计周期数据 − 去年同期统计周期数据）/ 去年同期统计周期数据 *100%

环比 =（本期统计周期数据 − 上期统计周期数据）/ 上期统计周期数据 *100%

2）横向对比即和别人相比。例如不同部门、不同公司、不同地点、不同城市、不同区域、不同国家、不同行业、不同领域的对比。

3）相比对比，即对比率。包括结构相对数、比例相对数等。结构相对数是将同一总体内的部分数值与全部数值对比求得比重，用于说明事物的性质、结构或质量。实际中常用的合格率、市场占有率等都是结构相对数。比例相对数是将同一总体内不同部分的数值对比，说明总体内各部分的比例关系。

### 2. 拆分

当数据无法对比或者在对比后发现问题需要找出原因的时候，需要对数据进行拆分。拆分思维的核心是化整为零，将复杂问题划分成环环相扣的部分，然后对各组成部分进行分析了解，最终把对各个组成部分的了解组合在一起，形成对问题的认识。拆分的基本要求是要符合业务认知，不要为了拆而拆。另外，要保证完整性，不要漏掉某个部分；每个部分要独立，各部分之间不要有交叉重叠。

例如，运营人员对比店铺的销售数据，发现今天的销售额只有昨天的50%，这时再对比销售额这个维度就没有意义了，需要对销售额做拆分。销售额 = 支付买家数 × 客单价，其中支付买家数 = 访客数 × 转化率。那么可以进一步对各指标进行分析，查找各指标的变化情况，制定相应的对策。再比如，某在线社区12月份的发帖数相比11月份下降了30%，针对这个结果，该如何分析原因？可以将发帖数量按照新、老用户发帖数量拆分，也可以按照发帖篇数拆分，如发帖5篇以上的用户，发帖3~5篇的用户，发帖1~3篇的用户，拆分后将两个月份相同维度的数据进行对比，找出原因。

### 3. 降维

当数据维度太多时，没有必要对每个维度都进行分析。此时可以筛选出具有代表性的维度进行分析，即降维。例如，表3-5中存在一些有关联的指标维度，如成交用户量 ÷ 访客数 = 转化率，这三个维度只要知道其中两个维度即可。另外，成交用户量 × 客单价 = 销售额，这三个维度也可以只选择其中两个维度。一般来说，只选择有用的数据，当某些维度的数据跟分析无关时，就可以筛掉，达到降维的目的。

表 3-5 降维

| 日期 | 浏览量 | 访客数 | 访问深度 | 销售额 | 销售量 | 订单数 | 成交用户量 | 客单价 | 转化率 |
|---|---|---|---|---|---|---|---|---|---|
| 2022/2/1 | 2584 | 957 | 2.7 | 9045 | 96 | 80 | 67 | 135 | 7% |
| 2022/2/2 | 2625 | 1450 | 2.5 | 9570 | 125 | 104 | 67 | 110 | 6% |
| 2022/2/3 | 2572 | 1286 | 2.0 | 12780 | 130 | 108 | 90 | 142 | 7% |
| 2022/2/4 | 4125 | 1650 | 2.5 | 16345 | 143 | 119 | 99 | 155 | 6% |
| 2022/2/5 | 3699 | 1233 | 3.0 | 8362 | 107 | 89 | 74 | 113 | 6% |
| 2022/2/6 | 4115 | 1286 | 3.2 | 14040 | 130 | 108 | 90 | 166 | 7% |

### 4. 增维

增维和降维是对应的，当目前的维度不能很好地解释问题时，就需要对数据做运算，增加维度。例如，表3-6中对于搜索指数和当前商品数两个指标，前者代表需求，后者代表竞争。在进行分析时，可以把搜索指数 ÷ 商品数 = 倍数，用倍数来代表竞争度，这种做法就是增维。增维和降维是在对数据的意义有充分的了解后，有目的的对数据进行转换运算。

表 3-6 增维

| 序号 | 关键词 | 搜索人气 | 搜索指数 | 占比 | 点击指数 | 商城点击占比 | 点击率 | 当前商品数 |
|---|---|---|---|---|---|---|---|---|
| 1 | 泳衣 | 242165 | 1119253 | 58.81% | 512673 | 30.76% | 45.08% | 3344567 |
| 2 | 泳衣(女) | 33285 | 144688 | 7.29% | 80240 | 48.88% | 54.79% | 2334455 |
| 3 | 分体式泳衣 | 7460 | 29714 | 1.45% | 15070 | 21.385% | 50.04% | 1044425 |
| 4 | 连体泳衣 | 6400 | 22543 | 1.09% | 11143 | 22.34% | 48.72% | 63358 |
| 5 | 韩版泳衣 | 5463 | 23443 | 1.14% | 11328 | 19.88% | 19.87% | 155616 |

#### 5. 假设

这种思维认为数据分析是不断提出假设、验证假设的过程。当不知道结果，或者有几种选择的时候，就可以使用"假设"，即先假设有了结果，然后运用逆向思维分析。可以这样理解，这种结果的产生要有什么样的原因；现在满足了多少原因，还需要多少原因。如果是多选的情况下，可以通过这种方法来找到最佳路径。

例如，11月份的销售目标为2000万，环比10月份上升20%，该如何做一份销售方案？假设现有商品销售额与10月相同，新品销售额达到400万，那么为了实现这个结果假设，去做能够支持400万销售额的过程方案，在推广渠道、人力配置等方面如何做计划；如何针对老用户设计营销活动，挖掘老客户的购买力，增加新客户的来源渠道等。

### 3.5.2 探索式数据分析

探索式数据分析（Exploratory Data Analysis，EDA）是统计学和数据分析结合的产物。统计学家最早意识到数据的价值，提出一系列数据分析方法用于理解数据特性，其不仅有助于用户选择正确的处理工具，还可以提高用户识别复杂数据特征的能力。著名的统计学家、信息可视化先驱约翰·图基（John Tukey）将探索式数据分析定义为，对已有的原始数据在尽量少的先验假定下，将统计方法与作图、制表、方程拟合和特征量计算等手段相结合，探索数据的结构和规律的一种数据分析方法。其主要目的包括：洞悉数据的原理；发现潜在的数据结构；抽取重要变量；检测离群值和异常值；测试假设；发展数据精简模型；确定优化因子设置等。

探索式数据分析有别于传统统计分析，具有如下特点：

1）传统统计方法通常先假定一个模型，再使用此模型进行拟合、分析及预测。但是统计结果常常不令人满意，这是因为现实中的多数数据并不满足假定的理论分布。而探索式数据分析方法从原始数据出发，不拘泥于模型假设，处理数据的方式灵活多样，更看重方法的稳定性，而不刻意追求概率意义上的精确性。

2）传统统计分析的流程是：问题、数据、模型、分析、结论，而探索式数据分析的流程则是：问题、数据、分析、模型、结论。

探索式数据分析是现代数据可视化的前驱，其中的大部分可视化手段构成了数据可视化的基础。其方法包括原始数据绘图、简单统计值标绘、多视图协调关联等。原始数据绘图包括数据轨迹、柱状图、饼图、直方图、等值线图、走势图、散点图、热力图、维恩图等。简单统计值标绘包括一维盒须图、二维盒须图等。多视图协调关联将不同类型的绘图组合起来，每个绘图单元可以展现数据某方面的属性，并且通常允许用户进行交互分析，提升用户对数据的模式识别能力。它包括采用同一编码方式编码多个数据子集的多组图，以及采用不同编码方式编码同一数据集的多样式图。

### 3.5.3 数据挖掘

面对"堆积如山"的数据集合，传统统计分析方法只能获得数据的表层信息，无法获得数据的内在关系和隐含信息，从而导致"数据爆炸但信息匮乏"的现象。数据挖掘是通过自动或半自动的方法探索与分析数据，从大量的、不完全的、有噪声的、模糊的、随机的数据中提取隐含在其中的、人们事先不知道的、潜在有用的信息和知识的过程。它融合了统计、数据库、人工智能、模式识别和机器学习的思路，特别关注异常数据、高维数据、异构和异地数据的处理等挑战性问题。数据挖掘的对象是大规模高维数据，这些数据可能来自数据库、数据仓库或者其他数据源，可以是任何类型的数据，如数据流数据、有序数据、网页数据、多媒体数据、文本数据、空间数据等。它往往在没有明确假设的前提下去挖掘信息和发现知识。例如用于发现新的数据模式，根据顾客收入、购物历史等预测顾客的购物偏好；根据各年商品销售情况的差异分析出顾客口味的变化。数据挖掘也特别关注异常数据，如根据网络消息流的异常检测发现网络入侵。

数据挖掘的任务可以分为两类：描述性任务和预测性任务。描述性任务的目标是使用算法得到数据的特征，以对数据进行总结。预测性任务是指基于某些变量预测其他变量的未来值，即用数据分析的结论来构建全局模型，并将这种全局模型用于观察值，以预测目标属性的值。

**1. 描述性任务**

1）概念描述（Concept Description）：指对某类数据对象的内涵进行描述，并概括这类对象的有关特征。

2）关联分析（Association Analysis）：分析数据中的"属性-值"频繁出现的情况，并探究频繁出现的条件。

3）聚类（Clustering）：对于无标记的数据，根据"最大化类内相似性、最小化类间相似性"的原则进行分组。

4）离群点分析（Outlier Mining）：分析数据集中与数据一般行为或模型不一致的数据点。

**2. 预测性任务**

1）分类（Classification）：使用能够描述并区分数据类别或概念的模型，预测数据中标记未知的对象。模型的导出基于对训练数据集的分析。

2）演化分析（Evolution Analysis）：分析数据随时空变化所形成的演变规律（单调、周期等），并对其建模，使用模型对未知时空的数据进行预测。

随着数据挖掘和可视化的飞速发展，两者在数据分析和探索方面融合的趋势越来越明显。在数据挖掘过程中，使用可视化技术，可以帮助用户参与到整个挖掘过程中，更好地发挥人的感知与判断能力。可视化的引入也使数据挖掘的整个过程清晰可见，并且更容易处理复杂数据和噪声。同时，可视数据挖掘技术可以增强传统数据挖掘的效果，如相关度检测、聚类、分类，其能使用户参与大规模数据集探索和分析的过程，并搜索感兴趣的知识。图 3-10 是一个基于图像的高维数据属性相关性检测的方法例子，该方法通过检测散点图中数据点的视觉线性相关度提取相关性较大的数据点，并在相应的平行坐标视图上同步显示。

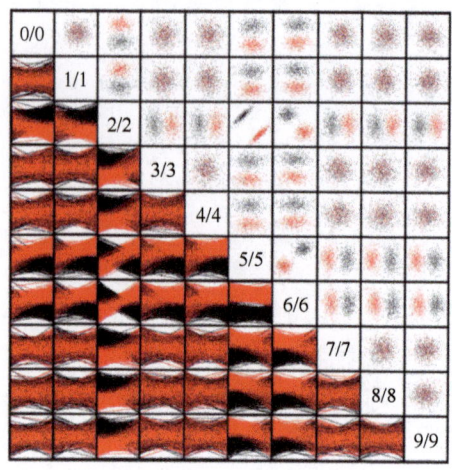

图 3-10　可视化数据相关性

## 3.6　习题

1. 举一个数据集的例子，说明该数据集中的数据属性。
2. 统计班级中所有同学的身高、体重数据，计算它们的均值、方差、中位数以及四分位数间距。
3. 表 3-7 所示为二维数据集，包含三个二维数据 $Q_1$、$Q_2$、$Q_3$。

表 3-7　一个二维数据集

|  | $Q_1$ | $Q_2$ | $Q_3$ |
| --- | --- | --- | --- |
| $X$ 坐标 | −2.0000 | 0.0000 | 1.0000 |
| $Y$ 坐标 | 0.3425 | 0.5435 | 0.2365 |

现给定一个新的数据点 $Q=(-0.6000,0.8000)$，求 $Q$ 点与上述点的曼哈顿距离、欧几里得距离、闵可夫斯基距离以及余弦距离。

4. 数据清理的目的是什么？对缺失值的处理方法有哪些？
5. 说明数据库与数据仓库的区别。
6. 结合自己参与的具体项目，分析数据采集、数据预处理、数据挖掘与分析各个环节及其之间的相互联系。
7. 举例说明在进行数据分析时，统计分析方法、探索性数据分析和数据挖掘三种方法各自的侧重点。

# 第 4 章

# 数据可视化的任务和过程

## 4.1 数据可视化的目的

数据可视化是利用计算机图形处理技术,将数据转换成图像,以展示数据的基本特征和隐含规律,发现数据背后有价值的信息,实现对稀疏、杂乱、复杂数据的深入洞察。其目的主要包括:寻找模式、发现相互关系、分析异常数据并让数据讲故事。

### 4.1.1 寻找模式

模式指数据中的某种规律。时间很奇妙,事物会随着时间的流逝而变化。比如车站的乘客人数随时间的推移变化不定,有增有减。但每天的变化量是多少?每周或每个月的变化量又是多少?是否在某个时期内客流量的波动异于往常?如果是,是什么原因?是否有某些特殊的事件引发了这些变化?又比如,某个网站各板块的访问量、转化率等如何随时间变化等。

可以用不同的单位来拆分时间序列数据。有时按小时或天来显示数值,有时则以月或年为单位更好。前者的时序图会显示出更多杂点,而后者偏向于呈现总量。比如,观测某超市的每日订单量,图表会高低起伏,存在很多波动,如图 4-1 所示。

当以月为单位来观测时,在相同时间跨度的数据节点就会减少,看起来更加平滑,如图 4-2 所示。

两种图表不能说一个比另一个更好,它们是相互补充的。如何拆分数据取决于自身的实际需求。

### 4.1.2 发现相互关系

相互关系在统计学中代表关联性和因果性。多个变量之间经常存在着某种联系。在更为抽象的层面,抛开统计学中的各种等式或假设检验,我们完全可以在视觉上对数据图进行设计、比较,并对照各种数值和分布。比如,在散点图中可以观察横纵两个坐标轴的字段之间的相关关系,是正相关还是负相关,或是不相关,从而找到与因变量具有较强相关的自变量,确定主要的影响因素。

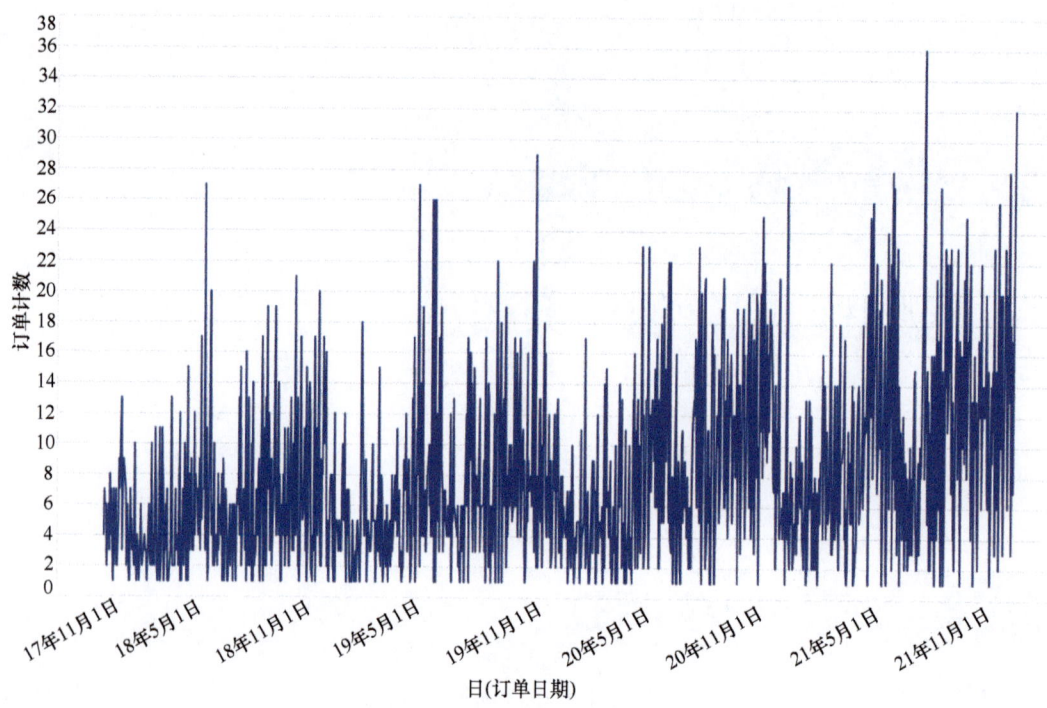

图 4-1　某超市的每日订单量

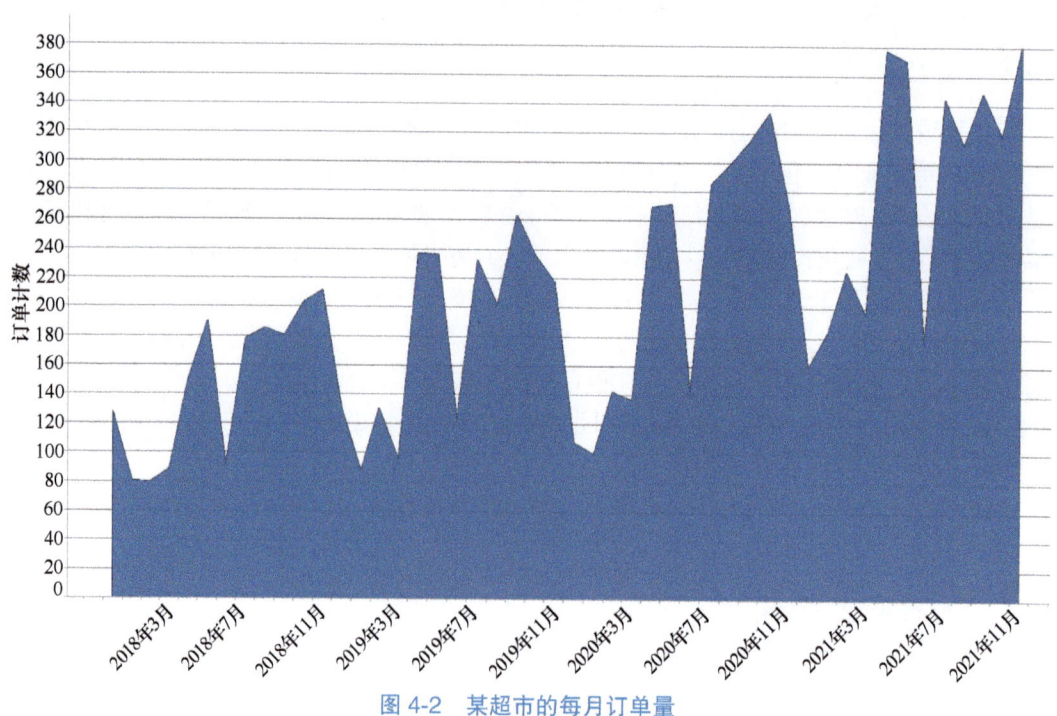

图 4-2　某超市的每月订单量

当需要处理很多不同的数据集时，可以试着将它们分组，而不是当作互不相关的单独元素来看，这样能够发现很多有趣的规律。

## 4.1.3 异常数据分析

异常数据指非正常的、不同于平常的数据,比如突然涨或跌。异常数据并不都是错误数据,技术问题和数据使用人员的操作不规范等都会导致数据异常。例如,人为输入错误、筛选器设置错误、数据库故障等。当数据出现异常时,我们应该对所观察到的问题保持怀疑态度。针对异常数据的处理,通常有四个步骤。

#### 1. 发现异常

通过观测数据发现异常。比如,大多数地区在某方面的指标都只有 20%~30%,而某个地区达到了 90%,这时应思考该地区是否存在问题。

#### 2. 确定问题

发现数据异常后要确定这个异常是否构成问题以及严重程度,可以用对比分析法进行横向同类对比,或纵向同比、环比分析。

#### 3. 确定原因

用多维度拆解或其他方法,对异常指标进行分析,找出问题原因。

#### 4. 针对性解决问题

根据问题原因,采用针对性的方法去解决问题。

## 4.1.4 让数据讲故事

数据是现实生活的一种映射,它不只是数字,还可以用许多形式展示,比如文字、图片、声音和视频等。其中隐藏着许多故事,在众多数据之间存在着实际的意义、真相和美学。它和现实生活一样,有些故事非常简单直接,有些则需要通过思考来理解,找到表象背后的根本原因。

数据可视化可以用来展现数字的特征,帮助寻找数据中的规律和趋势,进而提炼数据洞见。好的可视化往往讲述着引人入胜的故事。这些故事通过图表中的趋势、相关性或异常值展示,图表数据周围的元素可以进一步丰富故事内容。这些故事将原始数据转化为有用的信息。例如,用户大多时候没有时间也没有意愿解读原始数据,因此需要提出洞见来节省时间。谷歌的 Knowledge Graph 搜索功能,将互联网上有关某个人物、地点或事件的大量杂乱信息加以组织整理,以易于浏览的格式展现出来。此外,数据可视化还可以表达人的情感。例如,失业率问题,很容易查到全国平均失业率的数值,但是这对不同地区的个人的意义是不一样的。在"失业率攀升 5 个百分点"和"数十万人失业下岗"之间有着微妙但重要的区别。前者读起来只是一个没有上下文背景的数字,而后者更能让人产生共鸣。

数据的故事无处不在,为了更好地传递数据中的信息、理解数据背后的意义,每个人都应该具备构建数据故事的能力。

## 4.2 数据可视化的基本任务

数据可视化的基本任务有如下几个方面。

#### 1. 概览任务

用户能够获得整个数据集合的概貌,包括每个数据类型的缩小视图(这种视图允许用户查看整个集合）和邻接的细节视图。如图4-3所示，在2021年超市销售额趋势图中，将鼠标放置在5月份"数码"区域中，可以清晰地看到"数码"产品当时的销售额为343672元，此类别中包含"游戏""耳机""手表""音响"四个子类别，其中音响的销售额最大，为139397元。

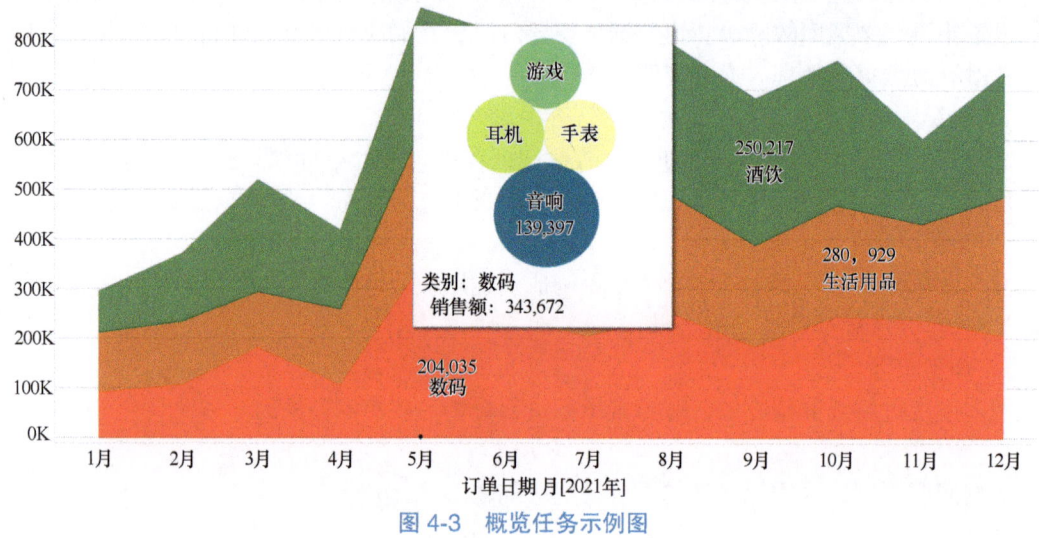

图4-3　概览任务示例图

另一种方法是鱼眼策略。其原理是将整个区域内的元素向边界方向延伸，延伸程度从中心到边界依次减小。在鱼眼视图中，中心区域被放大，而边缘区域被压缩，从而实现对中心区域信息的强化。例如，对一名用户在2007年4月至2012年8月期间日常生活的GPS定位数据进行可视化，图4-4展示了直接对原始数据进行可视化和利用鱼眼视图方法对数据进行可视化的结果。从图4-4a可以看到，图片的左上角和右下角为轨迹密度较高的两个区域，但这两个区域均被弱化，占据可视化结果主要部分的是两个区域之间的连线。一般情况下，认为左上和右下区域包含着比连线部分更加丰富的信息。图4-4b则利用鱼眼策略把左上角和右下角包含的信息与细节较多的区域更全面地展示出来。

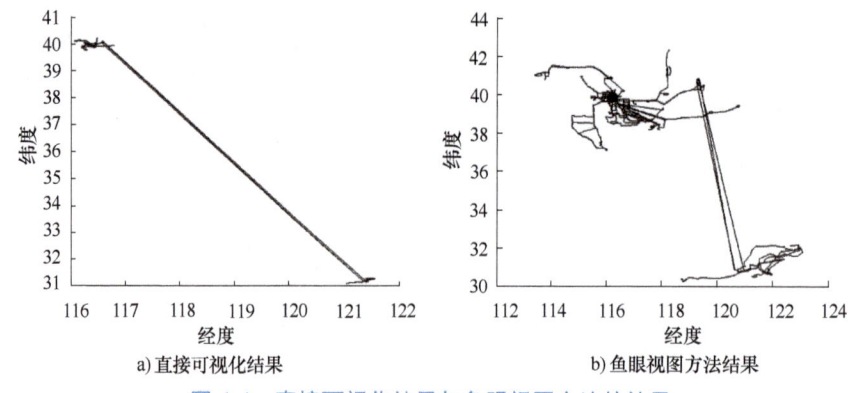

图4-4　直接可视化结果与鱼眼视图方法的结果

### 2. 缩放任务

用户对图形放大或缩小。用户通常对集合的某部分感兴趣，他们需要使用工具来控制缩放焦点。在图表的空白区域单击鼠标右键,选择"显示视图工具栏",这将提供与地图非常相似的工具,包括放大和缩小、平移以及矩形、径向和套索选择等工具。注意,当对图表放大时,图表可能打破零轴(从缩放区域开始而不是零基线开始),这可以非常方便地放大图表,如散点图或折线图,但要非常小心地使用,因为它可能会扭曲数据。例如,对某超市销售数据进行缩放,在图 4-5a 中选择蓝色矩形部分进行放大,则能得到图 4-5b。

平滑的缩放有助于用户保持位置感和上下文。用户能够通过移动缩放条或调整视图域框的大小,一次在一个维度上进行缩放。在小显示器的应用程序中,缩放特别重要。

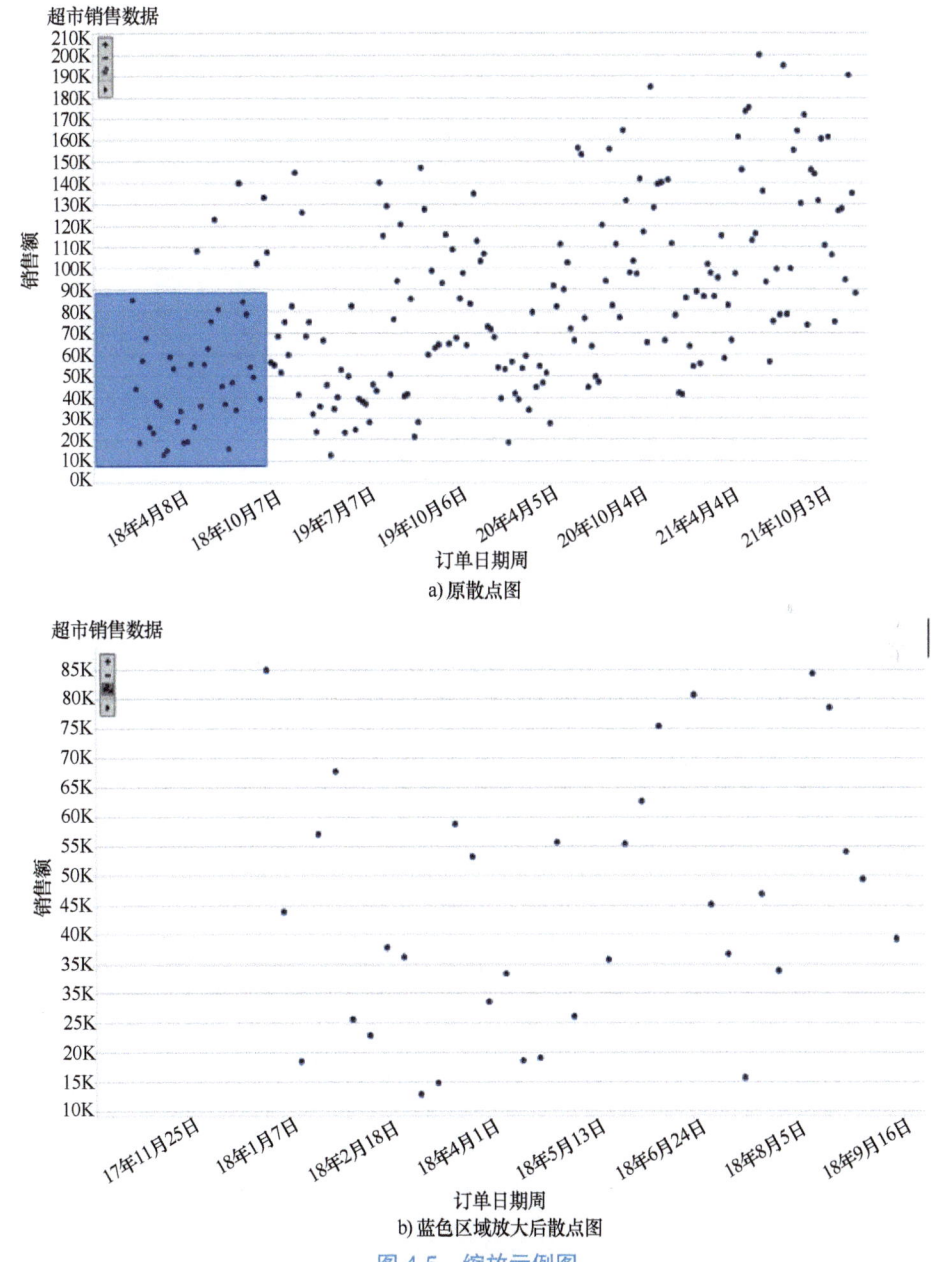

图 4-5 缩放示例图

### 3. 过滤任务

用户能够滤掉不感兴趣的条目。当用户控制显示内容时，他们能够通过去除不想要的条目。通过滑块或按钮能快速执行显示更新，允许用户跨显示器动态突出显示感兴趣的条目。例如，通过图4-6可以查看2021年某超市各月份的销售额状况，如果只想查看第二季度的销售额，则可以进行过滤筛选，如图4-7所示。

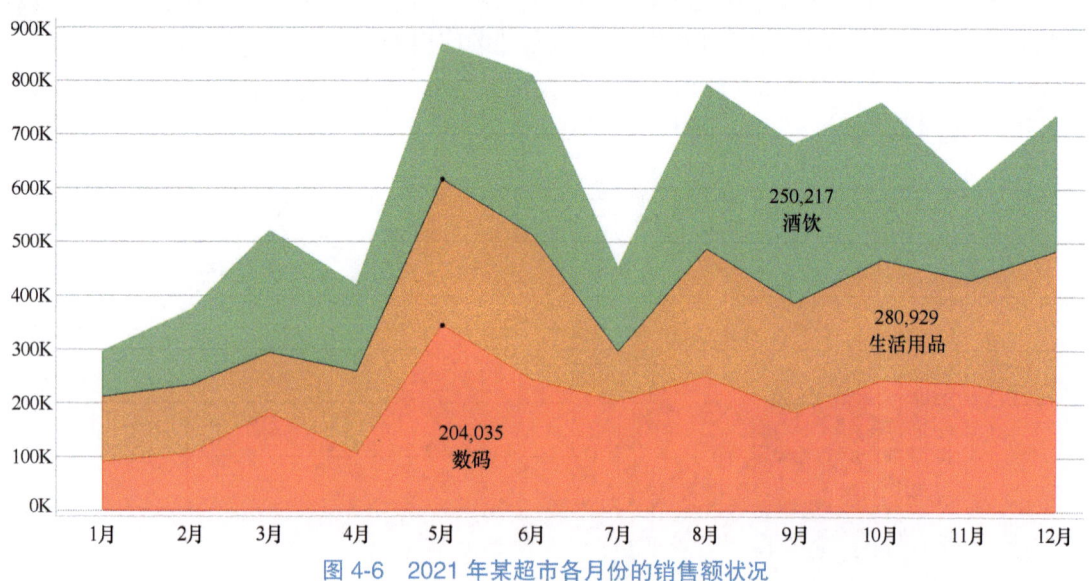

图4-6　2021年某超市各月份的销售额状况

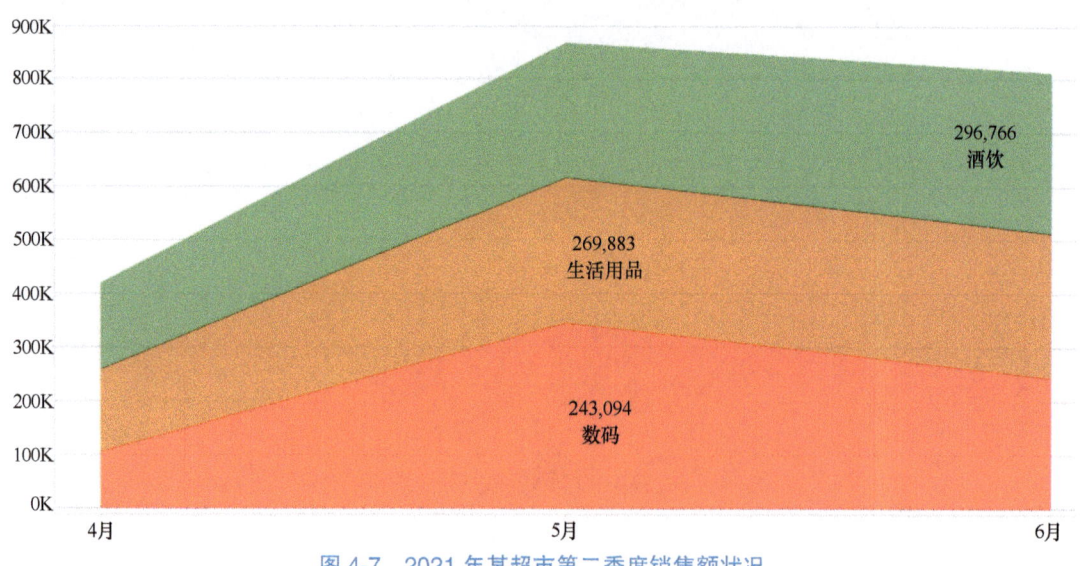

图4-7　2021年某超市第二季度销售额状况

### 4. 按需细化任务

用户能够选择一个条目或一个组来获得细节。通常的方法是在条目上单击，在单独或弹出的窗口中查看细节。按需细化窗口可能包含更多信息的链接。

例如，想知道图4-6酒饮中各子类别产品的利润情况，单击"酒饮"，可查看各类别酒饮的利润瀑布图，如图 4-8 所示。

### 5. 关联任务

用户能够关联集合内的条目或组。与文本显示相比，视觉显示的吸引力在于其利用人类处理视觉信息的非凡感知能力，它可以按照接近性、包容性、连线或颜色编码来显示关系。突出显示技术用于引起用户对数千条目中某些条目的注意。指向视觉显示能够允许快速选择。如图 4-9 所示，采用突出显示技术，单击左上图 "2021 年销售额趋势"中的"数码"，即可在其他视图中显示与"数码"有关的所有信息，包括各类别数码产品的销售量、利润、销售额。

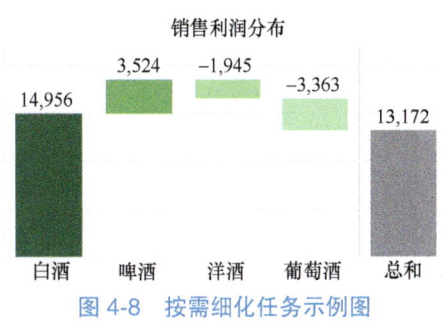

图 4-8　按需细化任务示例图

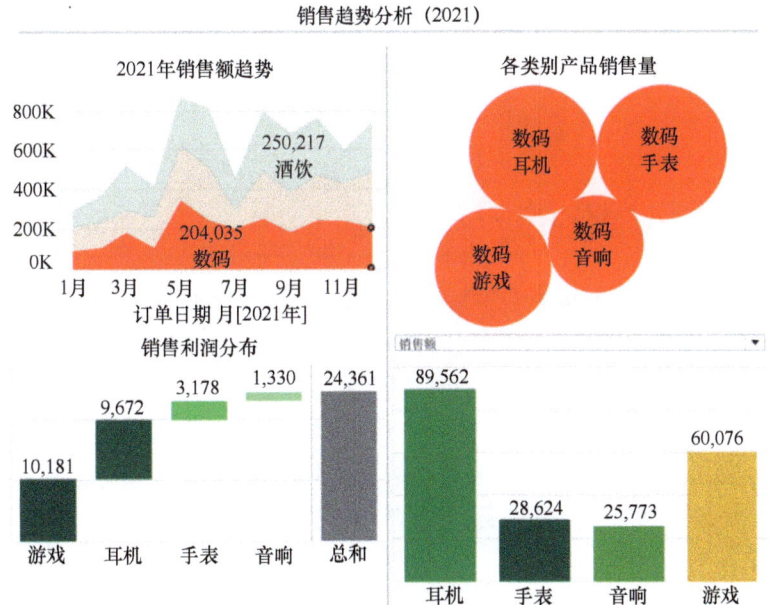

图 4-9　关联任务示例图

### 6. 历史任务

用户能够保存历史数据，并支持撤销和回放。信息探索往往有很多步骤，单个动作可能不会产生理想的结果，所以保存动作历史并允许用户追溯非常重要。当前，一些产品支持历史任务的撤销和回放，以帮助用户实现目标。这些产品能连续重复执行多次撤销，即每一次调用撤销，都会撤销最近的操作。通常用户进行了几步操作之后，可立即发现问题并予以修正。

### 7. 提取任务

用户能够允许子集和查询参数的提取。一旦用户获得了想要的条目或条目集合，便能够提取该集合并保存，通过电子邮件发送或者将数据发布，以便其他人查看。如图 4-10 所示，选择"华东"区域和"2020 年"，可提取该地区该时间段各类别产品的利润情况。很容易看出，2020 年 11 月酒饮的利润出现了负值，需要作进一步的分析。

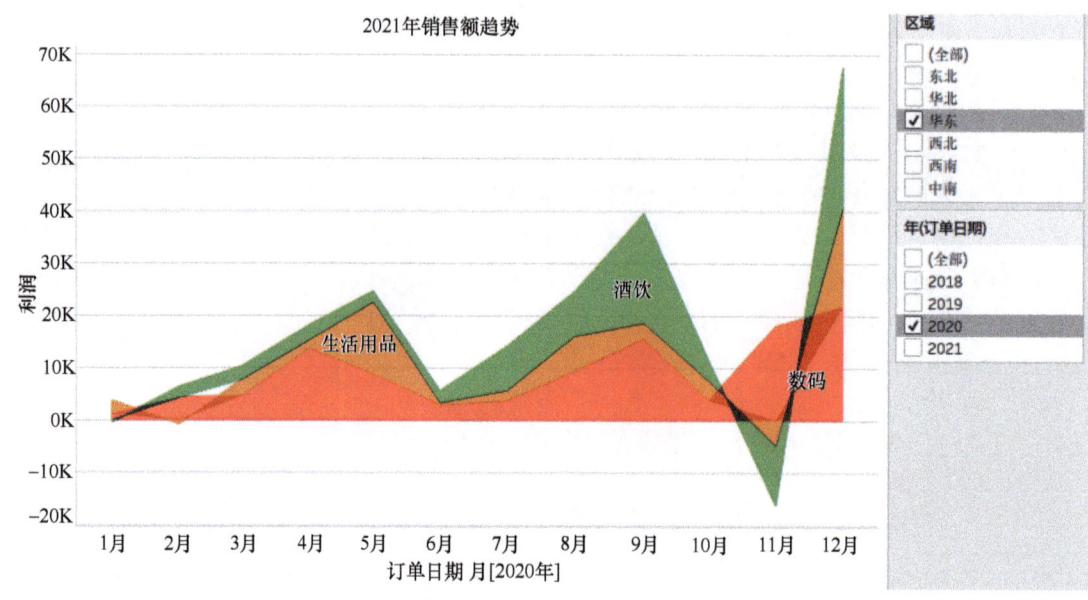

图 4-10 提取任务示例图

## 4.3 数据可视化的一般过程

数据可视化是一个以数据流向为主线的完整流程。除了视觉映射外,还需要设计并实现其他关键环节,主要包括数据采集、数据处理和变换、可视化映射、用户交互和用户感知。这些环节不仅是解决实际问题必不可少的步骤,还对可视化效果产生直接影响。

很多科学可视化和信息可视化工作者提出了各自的可视化流程模型,并应用于数据可视化系统中。图 4-11 是 Haber 和 McNabb 提出的泛可视化流水线。它描述了从数据空间到可视空间的映射,包含串行处理数据的各个阶段:数据分析、数据滤波、数据的可视映射和绘制。这个流水线实际上是数据处理和图形绘制的嵌套组合。

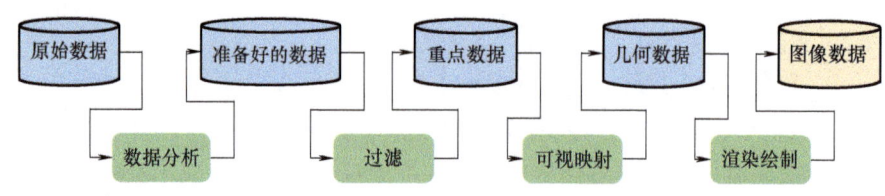

图 4-11 Haber 和 McNabb 提出的泛可视化流水线

图 4-12 展示了 Card、Mackinlay 和 Shneiderman 描述的信息可视化流程模型:将流水线改进成回路,用户可在任何阶段进行交互。之后几乎所有著名的信息可视化系统和工具包都支持这个模型,而且绝大多数系统在基础层都兼容,只存在细微的实现差异。

在此基础上,Jark Van Wijk 和 C.Stolte 等人提出了数据可视化循环模型,如图 4-13 和图 4-14 所示。

图 4-15 所示为 Daniel Keim 等人提出的可视分析流程图和每个步骤的过渡形式。起点是

输入的数据,终点是提炼的知识。从数据到知识有两个途径:交互的可视化方法和自动的数据挖掘方法。两个途径的中间结果分别是对数据的交互可视化和从数据中提炼的数据模型。用户既可以对可视化结果进行交互修正,也可以调节参数以修正模型。从数据中洞悉知识的过程也主要依赖两条主线的互动与协作。

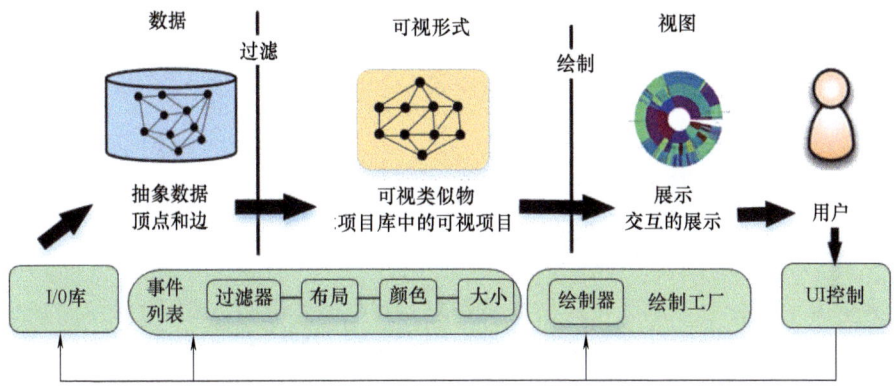

图 4-12　Card、Mackinlay 和 Shneiderman 等人提出的信息可视化参考流程模型

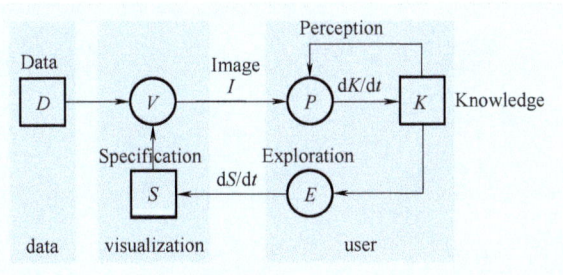

图 4-13　Jark Van Wijk 等人提出的可视化循环模型

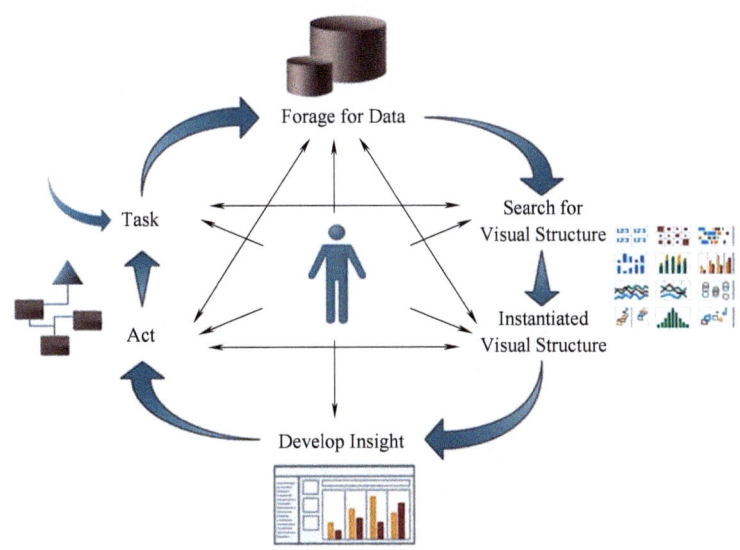

图 4-14　C.Stolte 等人提出的可视化循环模型

# 数据可视化

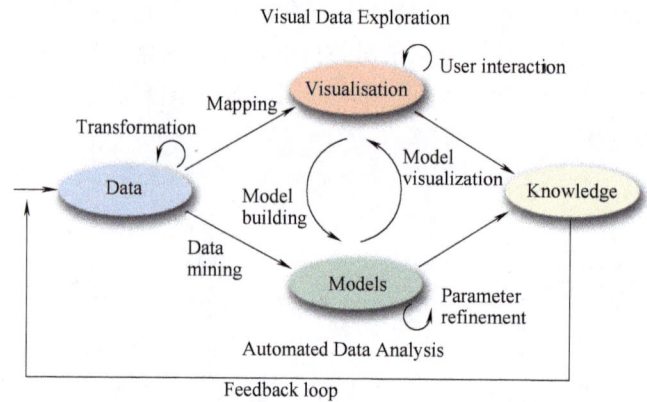

图 4-15　Daniel Keim 等人提出的可视分析流程

一个完整的可视化过程可以看成数据流经过一系列处理并得到转化的过程，用户通过交互从可视化映射后的结果中获取知识和灵感。可视化主流程的各模块之间并不是单纯的线性连接，而是任意两个模块之间都存在联系。用户通过和其他模块的互动反馈来提高可视化的效果。图 4-16 列出一个可视化流程的概念图。

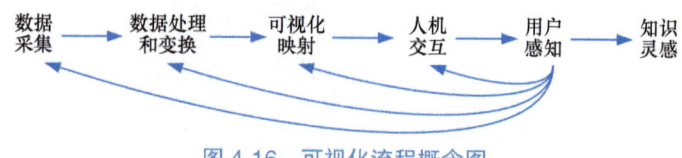

图 4-16　可视化流程概念图

### 1. 数据采集

这是数据分析和可视化的第一步。数据可以通过仪器采样、调查记录、模拟计算等方式采集。采集的方法和质量很大程度上决定了可视化的最终效果。从数据的来源看，数据采集可以分为内部数据采集和外部数据采集。内部数据采集指采集企业内部的活动数据，通常来源于业务数据库。外部数据采集指通过一些方法获取来自企业外部的数据，目的是为了获取竞品数据和官方机构公布的行业数据。

### 2. 数据处理和变换

这是进行数据可视化的前提条件，主要包括数据预处理和数据挖掘两个过程。数据预处理是因为原始数据往往包含噪声和误差，数据的质量较低。数据挖掘则是因为数据的特征、模式往往隐藏在海量数据中，需要进行更深一步的数据挖掘才能获取到。可视化需要将难以理解的原始数据变换成用户可以理解的模式和特征，并显示出来。这个过程包括去噪、数据清洗、提取特征等，为之后的可视化映射做准备。

### 3. 可视化映射

可视化映射指把经过处理的数据信息映射为视觉元素的过程，是整个可视化流程的核心。该步骤将数据的数值、空间坐标、不同位置数据间的联系等映射为可视化视觉通道的不同元素，如标记、位置、形状、大小和颜色等，如图 4-17 所示。

在选择合适的可视化元素进行数据映射时，设计者首先要考虑的是数据的语义和可视化用户的个性特征,以使用户在最短的时间内获取数据的整体信息和大部分的细节信息。如果可视化的设计者能够预测用户在观察使用可视化结果时的行为和期望,并以此指导可视化设计过程,就能在一定程度上促进用户对可视化结果的理解,从而提高可视化设计的可用性。

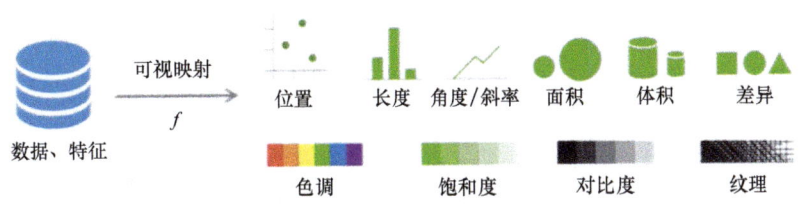

图 4-17  可视化映射过程

**4. 人机交互**

通常人们面对的数据是复杂的,蕴含的信息十分丰富。如果在可视化图形中将所有信息全部机械地摆放出来,不仅会让整个页面显得特别臃肿和混乱,缺乏美感,而且会模糊重点,分散用户的注意力,降低用户单位时间获取信息的能力。因此在数据可视化的过程中要对数据进行组织和筛选。此外,用户除了被动接受可视化的图形之外,还可通过与可视化各模块之间的交互,主动获取信息。交互是辅助分析决策的手段。有关人机交互的探索已经持续很长时间,但智能、适用于海量数据可视化的交互技术,如任务导向的、基于假设的方法还是一个未解难题,其核心挑战是新型的可支持用户分析决策的交互方法。这些方法涵盖底层的交互方式与硬件、复杂的交互理念与流程,还需要克服不同类型的显示环境和不同任务带来的可扩充性难点。因此,一个成功的可视化系统必须提供一系列的交互手段,以便用户按照自己的想法修改视图的呈现形式。

常见的交互方式包括:

(1)滚动和缩放  滚动和缩放是一种解决数据在当前分辨率的设备上无法完整展示的非常有效的交互方式,比如地图、折线图的细节等。页面布局和具体的显示设备都是影响滚动与缩放效果的因素。

(2)颜色映射的控制  用户可以根据自己的喜好,利用一些可视化的开源工具进行图形颜色的配置。例如 D3 会提供调色板,这种功能在自助分析等平台型工具中会相对多一些。

(3)数据映射方式的控制  用户对数据可视化映射元素的选择,是可视化设计者首先需要确定的。在实际使用过程中,用户可能有转换映射方式来观察他们感兴趣的其他特征的需求,因此一个完善的可视化系统在提供默认数据映射方式的前提下,仍然需要保留用户对数据映射方式的控制。

(4)数据细节层次控制  细节层次控制有助于在不同的条件下,突出或隐藏数据的细节部分,比如隐藏的数据细节需要单击才会出现。

**5. 用户感知和知识灵感**

可视化映射后的结果只有通过用户感知才能转换成知识和灵感。用户感知可以在任何时期反作用于数据的采集、处理变换以及映射过程中。

## 4.4 数据可视化设计的基本原则

### 4.4.1 恰当的视图选择与可视化故事构建

数据可视化设计需要对数据进行分析、挖掘，选择正确的视图，提炼数据背后所隐藏的信息，并构建可视化故事。视图选择要充分考虑数据特征、分析目的、图形特点等因素，选择最恰当、最合适的视图。

可视化故事构建方面，简单的故事用一个基本的可视化视图即可展现，复杂的故事可以规划多个视图来分层次、有顺序地展现。可以采用发现问题→分析问题→解决问题的思路构建可视化故事。首先是发现问题，用数据可视化的形式展示相关数据，发现存在的问题；其次是分析问题，找出问题出现的原因以及可能造成的影响；最后是解决问题，可以构建相关场景、设计方案来解决存在的问题。

### 4.4.2 美学原则

数据可视化的功能是传达信息以及帮助用户快速理解潜藏在数据中的内在含义，而基于美学的数据可视化更加关注视觉的表现形式，发掘用户本身的情感以及对数据的主观感受，并创造出新的数据表现方式吸引用户，引发用户思考和最真实的情感需求。因此，美学因素在一定程度上影响可视化的传播和表达信息的能力。

在可视化设计中，图形的构建要素包括坐标轴、网格、布局、形状、色彩、线条和排版，是实现可视化之美的必要因素，合理地利用这些美学因素来引导用户、传播信息、揭示关系、突出结论以及提高视觉魅力非常重要。设计者应采取下面几种有效的方法来提高美学性。

1. 聚焦

为了将用户的注意力集中到可视化结果中的最重要区域，设计者可以采取适当的技术手段，对可视化结果中各元素的重要程度进行排序，并改变元素的表现形式。例如，通过突出的颜色编码对重要的可视化元素进行展示，以抓住用户的注意力。

2. 简单

设计者在设计时应当使用简单图形，尽量避免使用过多的容易造成混乱的图形元素，避免生成过于复杂的视觉效果（如带光照的三维柱状图等）。

3. 平衡

平衡要求可视化的设计空间被有效利用。不仅要将重要元素置于设计空间的中心或中心附近，还要确保元素在设计空间中的平衡分布。

设计者要善于使用网格及标注。如图4-18a和图4-18c所示，两者的网格使用要么过多，要么过少，使得可视化结果不仅缺少数据表达的精确性，也缺失了美观性。特别地，当网格稠密到一定程度后，用户将难以分辨数据所表示的点。而图4-18b中网格的使用较为合理，数据所映射的点能够被用户更好地理解。

在可视化中，颜色是使用最广泛的视觉通道，合理利用颜色可以增强可视化设计的感知效果，调动用户的情绪。颜色也是经常被过度甚至错误使用的一个重要视觉参数。颜色映射使用错误或者数据的属性使用过多颜色，都会造成可视化结果的视觉混乱。此外，人对颜色的感知判断是基于相对判断的,因此可视化设计应特别谨慎地选取颜色。在某些可视化领域,设计者还需要考虑一些用户的视觉障碍因素,使这些用户也能从可视化结果中获取有效信息。

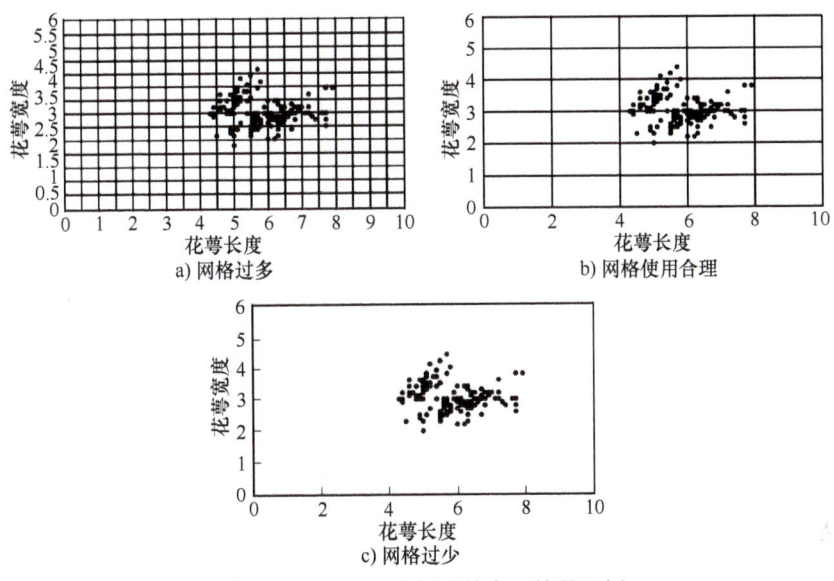

图 4-18  网格及其标注的合理使用示例

## 4.4.3 合理的信息密度筛选

合理的信息展示有利于向用户清晰地叙述可视化故事。这需要做到两点:一是筛选信息密度,使信息展示量恰到好处;二是区分信息主次,使信息显示分明。可视化设计过程中关于数据存在两种普遍问题。

### 1. 显示数据过多

设计者试图表达和传递的信息过多,页面内容很丰富,但这会使可视化结果变得混乱,用户难以理解,重要信息被掩藏,用户找出正确结论与相关信息变得困难。有时大部分信息都是正常、乏味,甚至不值一提,显示这些内容可能导致用户视觉疲劳,而忽略了真正异常的状况。出色的可视化方案应该只显示那些值得关注或者重要性较高的内容,其他内容则应该尽可能淡化。

### 2. 信息关联性差、复杂性过高

显示全部信息子集固然可行,但前提是必须保证数据的关联性。比如,企业在关注总体销售情况的同时想了解各个地区的销售走势,此时将所有信息都展示在同一图表中很可能不足以概括情况,相比之下制作多份紧密关联的图表是比较理想的处理方式。一般来说,多份简洁而清晰的图表在实际表现方面要优于单一且高度复杂的数据可视化成果。

为了能够在有限的显示空间内表达比显示空间尺寸大得多的数据,需要进行数据精简,以提高数据可视化的质量。以是否使用可视化为标准,数据精简方法可分为两类:一是使用质量指标优化非视觉因素,如时间、空间等;二是使用质量指标优化视觉因素,称为可视数据精简。

在选择恰当的数据精简方法时,使用者必须对时机、对象、使用策略和视觉质量评估等

## 数据可视化

因素进行综合考察，这些考察项目不仅针对数据管理、数据可视化等学科，还往往涉及认知心理学、用户测试、视觉设计等学科。在数据存储、分析层面进行的数据精简能降低数据复杂度，减少数据点数目并保留数据的内涵特征，从而减少查询和处理的资源开销，提高响应性能。

可视数据精简的常用质量指标包括尺寸、特征保留度和视觉有效性。**尺寸**是可量化的量度，如数据点的数量，它构成了其他计算的基础；**特征保留度**是评估可视化质量的核心，它衡量可视化结果在数据、可视化和认知角度正确展现数据特性的程度；**视觉有效性**用于衡量图像退化（如冲突、模糊）或可视布局的美学愉悦程度。

视觉有效性的衡量方法有数据密度和数据油墨比。数据密度（data density）是爱德华·塔夫特（Edward Tufte）提出的一个概念，他认为人们的眼睛能在较小区域内识别出相当多的差异，也就是小空间可以展示较多信息，基于此提出了对图形绩效衡量的指标——数据密度，即图形单位面积内展示的观察变量的数据量。他认为图表的数据密度越高越好，特别是当处理和解释额外信息的边际成本降低时，不要在少量的信息上浪费大量的图形。如果只有少量的数据输入，创建一个带有文字的表格比只有几个条状图形的柱状图更合理。

数据油墨比（data-ink ratio）也是爱德华·塔夫特提出的概念，它是指在展示介质或页面上，用于展示数据所用的"墨水"量与介质或页面上全部"墨水"量的比值。数据墨水是墨水中代表实际数据或者信息的部分。如果擦除数据墨水，则会减少图形中的信息量。换句话说，数据墨水是图形上不可擦除的核心内容。除去代表数据的墨水之外，图表上其余的墨水用来展示元数据、冗余数据、装饰数据，用来辅助展现数据。图 4-19 是数据油墨比的一个例子。两个图中蓝色柱体代表数据墨水。图 4-19a 中除了数据墨水，还有背景色等其他墨水来辅助展现数据；而图 4-19b 只有数据墨水，因此图 4-19a 的数据油墨比远低于图 4-19b。

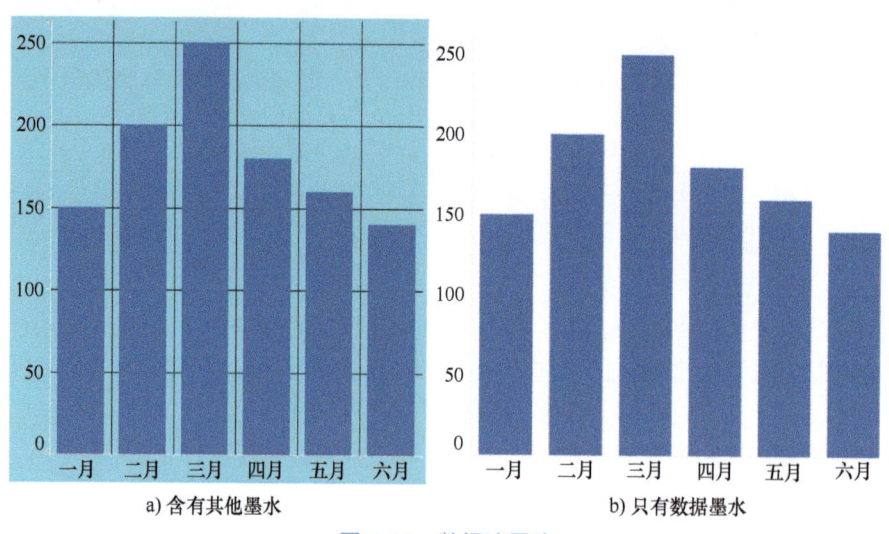

图 4-19　数据油墨比

通常图形的数据油墨比越大，那么该图形传递数据就更加有效，干扰观众视线的冗余信息就越少。所以，在创建图表和图形时，应在合理范围内最大化数据油墨比。

此外，一个好的可视化作品应向用户提供对数据进行筛选的操作，让用户能选择显示数据的哪一部分，而其他部分则在需要的时候才显示；也可以通过使用多视图或多显示器，将数据根据相关性分别显示。

### 4.4.4　恰当的可视化交互

交互是用户通过与系统的对话和互动来操纵和理解数据的过程。交互随处可见，人们操作计算机发出指令，计算机会返回一些信息，就形成了某种形式的交互。通过交互可以缓解有限的可视化空间和数据过载之间的矛盾，还能让用户更好地理解和分析数据。

常见的交互操作包括：缩放、过滤、关联、记录、提取、按需提供细节以及概览。在需要用户交互操作时，要保证操作的引导性和预见性，交互之前有引导，交互之后有反馈，使整个过程自然、连贯；还要保证交互操作的直观性、易理解性，降低用户的使用门槛。

此外，还可以用信息轮播、动画、过渡等效果推进可视化故事的叙述。其主要用于以下几种场景。

#### 1. 不同视图和不同视觉通道的转换

如果数据量很大，经过筛选后密度仍然较大，那么设计者通常会使用多个视图来展示数据信息，不同视图的切换可以使用动画或过渡效果，这有助于用户跟踪在不同可视化视图中出现的相同元素。当视觉通道（数据量、表现形式、状态）发生变化时，可以使用动画的形式过渡以减轻视图变化给用户带来的"冲击"，避免用户在转换的过程中迷失。

#### 2. 交互反馈效果

用户得到实时的反馈有助于操作的确认，避免盲目重复操作。例如，在安装一个较大软件时，屏幕上的安装进度条可以让用户得知下一步操作需要等待的时间。

#### 3. 微交互动效

当鼠标移动到特定可视化区域，微交互动效发生相应变化，可以指引用户进行相关操作。

微交互动效的视觉通道一般有运动的方向、速度、闪烁、虚拟物体的动作等。当有重要信息需要用户快速捕捉时，可以选择微交互动效吸引用户的注意力。此外，微交互动效也经常用于增加设计的趣味性，提高用户的兴趣。

需要注意的是，动画等效果的使用需要遵循一定的原则，包括：

（1）适量原则　动画使用要适量，特别是自动播放的动画不能过多使用，否则会陷入过度设计危机。

（2）统一原则　相同动画语义统一，相同行为保持一致，用户体验保持一致。

（3）易理解原则　简单的形变、适量的时长、易判断、易捕捉，避免增加用户的认知负担。

### 4.4.5　自然的可视化隐喻

隐喻（metaphor）是现实世界和抽象世界的映射关系。根据结构映射理论，隐喻由源域、源域子项、目标域、目标域子项、映射关系五个要素构成。源域即喻体（source domian），指隐喻的来源，是现实世界在人脑中的反映；目标域即本体（target domain），是隐喻中需要被解释和描述的对象域；子项代表源域或目标域中的概念、要素、组成部分等，是映射关系——对应的喻体和本体。隐喻在本质上不只是喻体和本体的相似性联系，而是源域和目标域之间的基于人类共同经验的类同。视觉隐喻是隐喻的一种，在视觉上将目标物体或形象与另一领域的物体进行相似性对比，常用于广告、平面设计等。可视化隐喻中最常见的两类方式是时间隐喻和空间隐喻。选取合适的源域和目标域表示时间与空间概念，以创造最佳的可视化效果，增强用户对可视化故事的理解，在情感上也更容易让用户产生共鸣。

　　隐喻本体、隐喻喻体和可视化变量是隐喻设计的三个层面。本体和喻体之间存在某种关联或相似性。如图 4-20 所示，Whisper 使用向日葵来隐喻社交媒体推文的主题从产生、发展到传播的全过程。向日葵的花朵由数千个圆盘状小花组成，在一个圆形的头部内，被射线状小花包围如图 4-20a 所示。圆盘状小花成熟后变为种子，经常被风、动物或人分散开。以此类推，中心的圆点代替向日葵圆盘小花，代表有关兴趣主题的推文，如图 4-20b 所示。形成向日葵射线小花形状的线条代表扩散路径，追踪从信息源推文到传播推文的不同用户组的路径。如图 4-20c 所示，用户组由射线小花末端的簇图标表示。这样的可视化隐喻显得自然而不突兀，具象的模型可以降低可视化用户的理解门槛，加深对产品的印象。

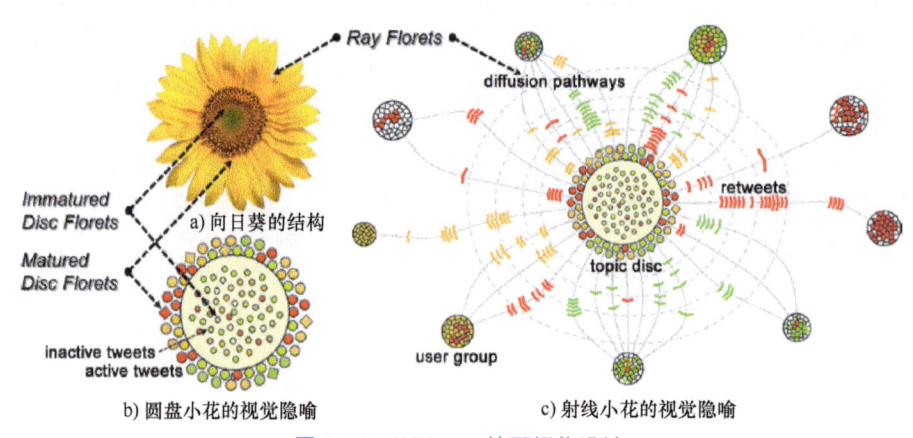

图 4-20　Whisper 的可视化设计

## 4.5　数据可视化设计组件

　　数据可视化设计由一系列组件组成，组件可以分为视觉通道、坐标系、标尺以及背景信息。这些组件有时是显性的，有时会组成一个无形的框架，它们协同工作，共同构成了一个可视化作品。关于视觉通道的介绍可见本书 2.4 节，下面介绍另外三种组件。

### 4.5.1　坐标系

　　在参照系中，为确定空间中一个点的位置，按规定方法选取的有次序的一组数据称为"坐标"。编码数据的时候，需要将数据放入一个结构化空间，并指定图形位置的规则，即建立坐标系，它赋予坐标以意义。可视化中比较常见的有三种坐标系：直角坐标系、极坐标系和地理坐标系，这三种坐标系几乎可以覆盖所有需求。

### 1. 直角坐标系

直角坐标系即笛卡儿坐标系，由两条互相垂直、原点重合的数轴构成。用一对有序数对表示平面上的点，这对数叫坐标，表示方法为（x，y）。x 是点对应横轴上的数值，y 是点对应纵轴上的数值。

直角坐标系在可视化中最为常见，如柱状图、折线图、面积图、条形图等用到的都是直角坐标系。直角坐标系还可以向多维空间扩展。例如，三维空间可以用（x，y，z）来表示。借助直角坐标系画几何图形，会使空间中画图变得更容易。图 4-21 展示了二维及三维直角坐标系。

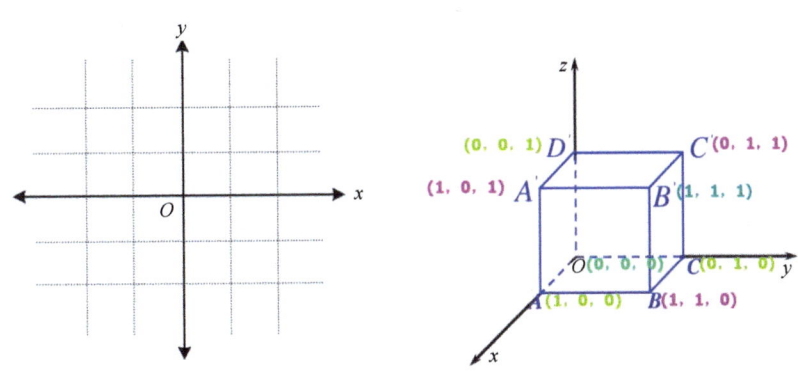

图 4-21　直角坐标系

### 2. 极坐标系

极坐标系由极点和极轴组成，坐标系内任何一个点 P 都可以用极径和夹角（逆时针）表示，有序数对（ρ，θ）称为 P 点的极坐标，ρ 称为 P 点的极径，θ 称为 P 点的极角。极坐标系及其应用如图 4-22 所示。可视化中饼图、雷达图、南丁格尔图、旭日图使用的都是极坐标系。

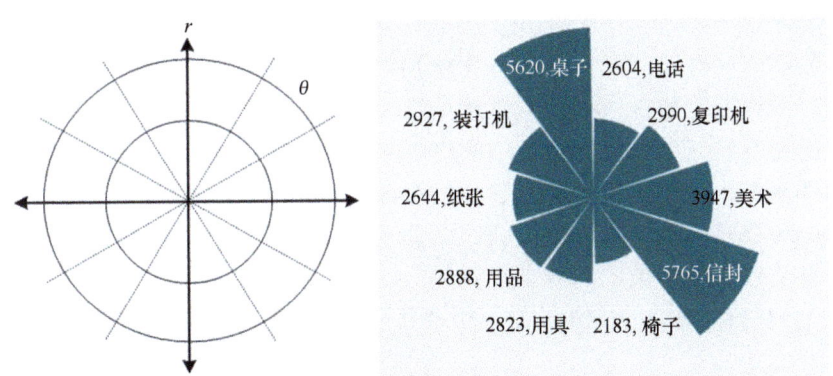

图 4-22　极坐标系及其应用示例

### 3. 地理坐标系

地理坐标系可以映射位置数据，通常用经度和纬度来描述，分别相对于子午线和赤道的角度，有时还包含高度。经度线是东西向的，纬度线是南北向的，分别标识地球上的东西和南北位置。高度相当于第三个维度。与直角坐标系对比，经度就好比垂直轴，纬度就好比水平轴，相当于使用了平面投影。

因为地球是三维球体，所以需要将三维地球表面投射至二维平面空间，从而制作出地图。在进行数据可视化时，一般用投影的方法把其从三维数据转化成二维平面图形，但会丢失一些信息。如图 4-23 所示，这些投影有各自的优缺点，需要根据对数据的不同关注角度来选择合适的投影。

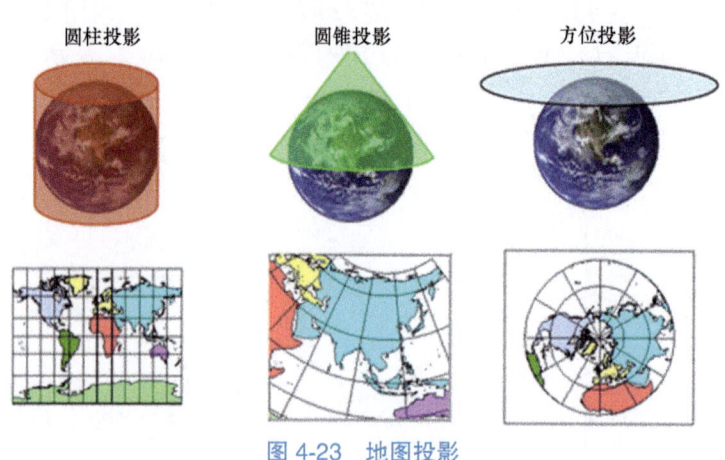

图 4-23 地图投影

## 4.5.2 标尺

坐标系指定可视化的维度，而标尺指定在某一个维度里数据映射到哪里。可视化中常用的标尺可分为三类：数字标尺（线性标尺、百分比标尺、对数标尺）、分类标尺（类别标尺、顺序标尺）、时间标尺，如图 4-24 所示。标尺和坐标系一起决定了图形的位置及投影的方式。

### 1. 数字标尺

常见的数字标尺有线性标尺、百分比标尺和对数标尺。线性标尺即日常生活中常用的数值标尺，无论处于坐标轴的什么位置，线性标尺上的间距都相等。对数标尺是随着数值的增加而压缩的。对数标尺关注百分比变化，而非原始计数。对于数据范围很广的数据，对数标尺很有用。百分比标尺通常也是线性的，用来表示整体中的部分时，最大值是 100%。

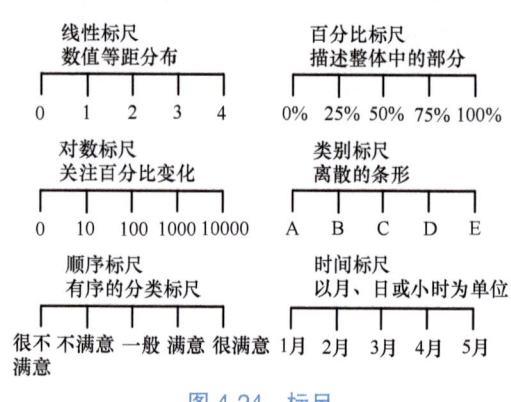

图 4-24 标尺

### 2. 分类标尺

分类标尺包括类别标尺和顺序标尺。分类标尺通常和数字标尺一起使用，为不同的分类提供视觉分隔。例如，对于条形图可以在水平轴上使用数字标尺，在垂直轴上用分类标尺，这样就可以显示不同分组的数量和大小，如图 4-25 所示。分类间的间隔和数值没有关系，为了提高可读性，可以进行调整。

对于分类的顺序标尺来说，顺序十分重要。比如，将某超市各地区的销售额数据按从高到低的顺序显示，能帮助用户轻松地掌握各地区的销售情况。

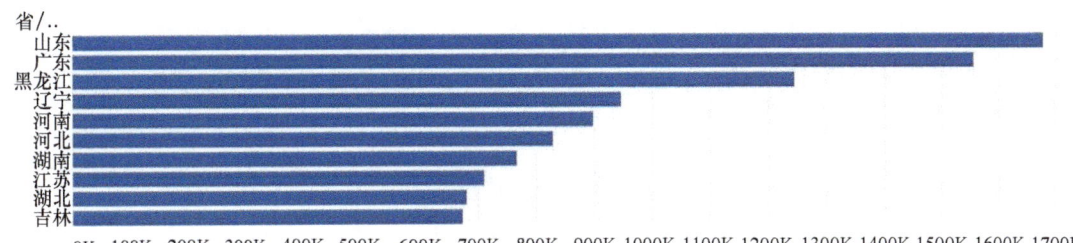

图 4-25　某超市各地区的销售额条形图

#### 3. 时间标尺

时间是连续变量，不仅可以把时间数据画到线性标尺上，也可以将其分成月份或者季度，作为离散变量处理。时间也可以是周期性的，每年有四个季度。

### 4.5.3　背景信息

背景信息可以帮助用户更好地理解数据相关的 5W 信息（何人、何事、何时、何地、为何），使数据更清晰，并且能正确引导读者。可视化所选择的视觉通道、坐标系和标尺都可以隐性地提供背景信息。由于人们的一些潜意识，比如在失业、就业统计中，失业用负数表示，就业用正数表示；再比如，明亮、活泼的对比色和深暗的、中性的混合色表达的内容不同，所以在可视化过程中，设计者应该合理运用背景信息。如果信息没有得到巧妙地暗示，就需要通过标注坐标轴、制定度量单位、添加额外说明等方法来告诉用户图表中数据及每种视觉暗示代表什么，否则数据抽象之后用户将难以理解其形状、大小和颜色。

目前的可视化软件越来越灵活，但是软件只是帮助设计者初步画出可视化图形，软件本身并不能理解数据的背景信息，因此仍需设计者自己研究和做出正确的选择。

### 4.5.4　整合可视化组件

在可视化过程中，视觉通道、坐标系、标尺以及背景信息都是设计者拥有的原材料，这些原材料整合在一起，就得到了值得期待的完整的可视化图形。

视觉通道是读者看到的主要部分，坐标系和标尺可使其结构化，创造出空间感，背景信息则使数据有生命，使其更容易被读者理解，从而更有价值。比如，在一个直角坐标系中，横轴上用分类标尺，纵轴上用数字标尺，长度作为视觉通道，就得到了柱形图。在极坐标系中，旋转角度用时间标尺，半径用百分比标尺，面积作为视觉通道，就可以画出南丁格尔玫瑰图。在地理坐标系中使用位置信息，则会得到地图中的一个个点。

为了完成从数据到可视化的飞跃，应知道每一个组件是如何发挥作用的，怎样才能发挥最佳。数据量越大，可视化的选择就越多，但必须在了解数据的基础上找到最合适的方法，才能得到有价值的可视化图表。

## 4.6　习题

1. 数据可视化的目的是什么？
2. 什么情况可以采用鱼眼策略进行可视化？举例说明。

3. 描述 Haber 和 McNabb 提出的泛可视化流水线与 Card、Mackinlay 和 Shneiderman 提出的信息可视化流程的对应关系和主要差异，说明哪些阶段是某个流水线独有的，用户交互在可视化流程中的作用是什么？
4. 自选数据集，参考数据可视化的基本任务进行可视化。
5. 什么是可视化隐喻？举一个可视化隐喻的例子。
6. 简要画出可视化流程概念图，并对其进行说明。
7. 数据可视化中可以通过哪些方式来说明背景信息？举例说明。
8. 谈谈你对数据可视化中美学因素的认识。

# 第 5 章

# Tableau 基础

## 5.1 Tableau 下载与安装

登录 Tableau 官方网站 http：//www.tableau.com/zh-cn/products/trial（建议使用 Google Chrome 或者 Firefox 浏览器），滑动页面至底部，下载 Tableau Desktop 最新免费试用版。按照提示安装 Tableau Desktop，安装完毕后，打开 Tableau Desktop 并填写注册表单，激活免费试用版。如图 5-1 所示。

图 5-1　Tableau Desktop 激活过程

一般用户必须付费购买产品密钥；全球高校的老师和学生通过申请可获得 Tableau Desktop 免费使用一年的产品密钥。教师登录网址 https：//www.tableau.com/zh-cn/academic/teaching 申请，学生登录网址 https：//www.tableau.com/zh-cn/academic/students 申请。申请中要详细填写个人信息并提供相应证明材料。获得产品密钥后，选择 Tableau Desktop "帮助" 菜单下的 "产品激活" 命令，在弹出的对话框中输入产品密钥激活产品。

产品激活后，可使用软件进行相应操作。Tableau Desktop 软件界面包括开始页面、数据源页面和工作簿页面。

### 1. 开始页面

Tableau Desktop 的开始页面由三个窗格组成，分别是 "连接" "打开" 和 "示例工作簿",如图 5-2 所示。在开始页面中,可以连接到"文件",包括 Microsoft Excel 文件等;可以连接到存储在数据库中的数据,如 Microsoft SQL Server;也可以快速打开之前保存到"我的 Tableau 存储库"目录的数据源。

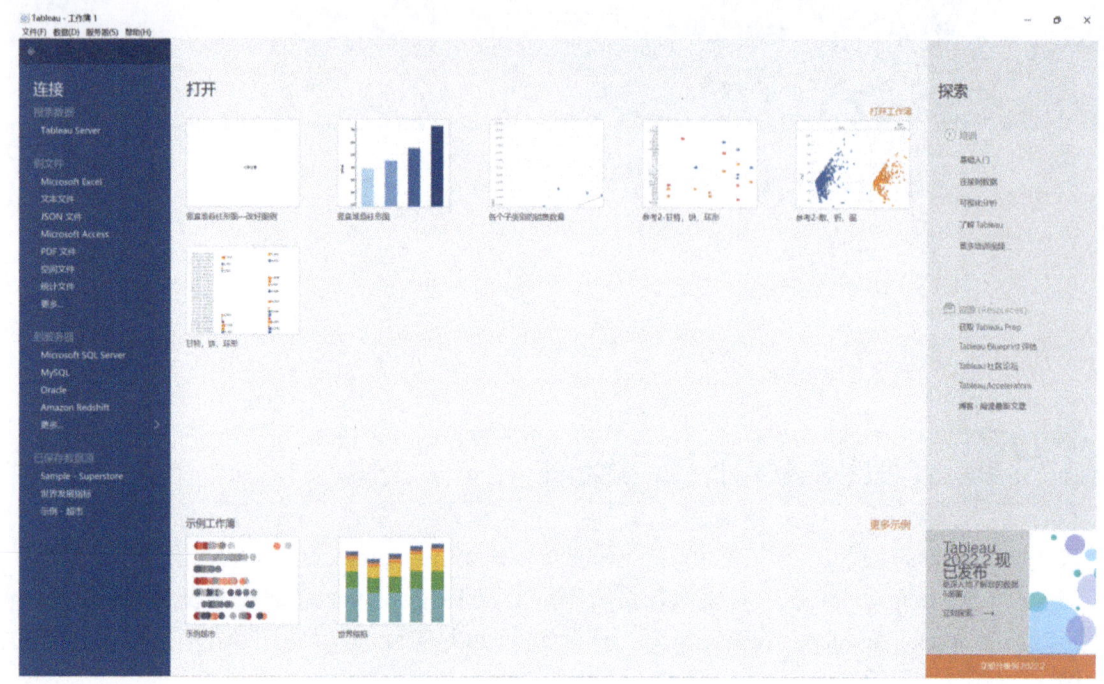

图 5-2　Tableau Desktop 开始页面

### 2. 数据源页面

与数据连接后,Tableau 将进入数据源页面。该页面的外观和可用选项会根据连接到的数据类型而异,通常由三个主要区域组成:左侧窗格、画布和网格,如图 5-3 所示。

(1)左侧窗格　主要显示所连接到的数据的详细信息。对于基于文件的数据,左侧窗格显示文件名和文件中的工作表;对于关系数据,左侧窗格显示服务器、数据库或架构及数据库中的表。

(2)画布　连接数据后,将一个或多个表拖到画布区域的顶部可设置数据源。当连接到多维数据集后,数据源页面的顶部会显示可用的目录或要从中进行选择的查询和多维数据集。

(3)网格　用来查看数据源中的字段及前 1000 行数据(行数可设置),还可以对数据源进行修改,如排序和隐藏字段、重命名字段、创建计算、更改列或行排序、添加别名等。此外,根据连接到的数据类型,单击"元数据网格"按钮 可以导航到元数据网格。它会将数据源中的字段显示为行,以便快速检查数据源的结构并执行日常管理任务,如重命名字段和一次性隐藏多个字段。

### 3. 工作薄页面

与 Excel 工作薄类似,Tableau 工作薄包含一个或多个工作表,工作表有普通工作表、仪表板、故事三类。如图 5-4 所示,打开 Tableau 自动创建工作表 1,通过鼠标单击带 + 的图标即可创建新的工作表、仪表板或故事。

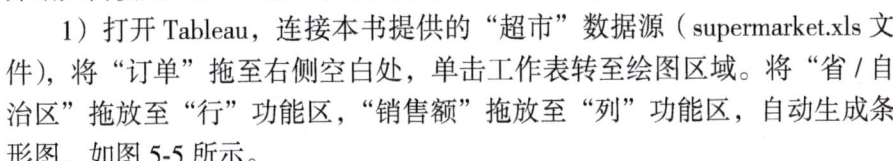

图 5-3 Tableau 数据源页面

图 5-4 工作簿页面

三类工作表的区别和联系如下：

1）普通工作表又称为视图，是可视化分析的最基本单元。

2）仪表板是多个工作表和一些对象（图像、文本、网页和空白等）的组合，可以按照一定的方式组合布局，揭示数据关系和内涵。

3）故事是按顺序排列的工作表或仪表板的集合，故事中各个单独的工作表或仪表板称为"故事点"。

新建工作簿可通过选择"文件"→"新建"命令实现。

## 5.2 初级可视化分析

初级可视化

Tableau 操作简单，进行简单的拖放就可以生成各种类型的图表，如条形图、饼图、直方图、折线图、散点图、甘特图等。下面以条形图为例，介绍如何使用 Tableau 进行初级可视化。具体步骤如下。

1）打开 Tableau，连接本书提供的"超市"数据源（supermarket.xls 文件），将"订单"拖至右侧空白处，单击工作表转至绘图区域。将"省/自治区"拖放至"行"功能区，"销售额"拖放至"列"功能区，自动生成条形图，如图 5-5 所示。

2）单击"行"功能区的下拉三角形，选择"排序"，在弹出的菜单中，选择"字段""降序""销售额"，使其按照销售额大小降序排列。再单击"行"功能区的下拉三角形，选择"筛选器""顶部""按字段"，依据销售额总和选取排名前 10 的省份，如图 5-6 所示。

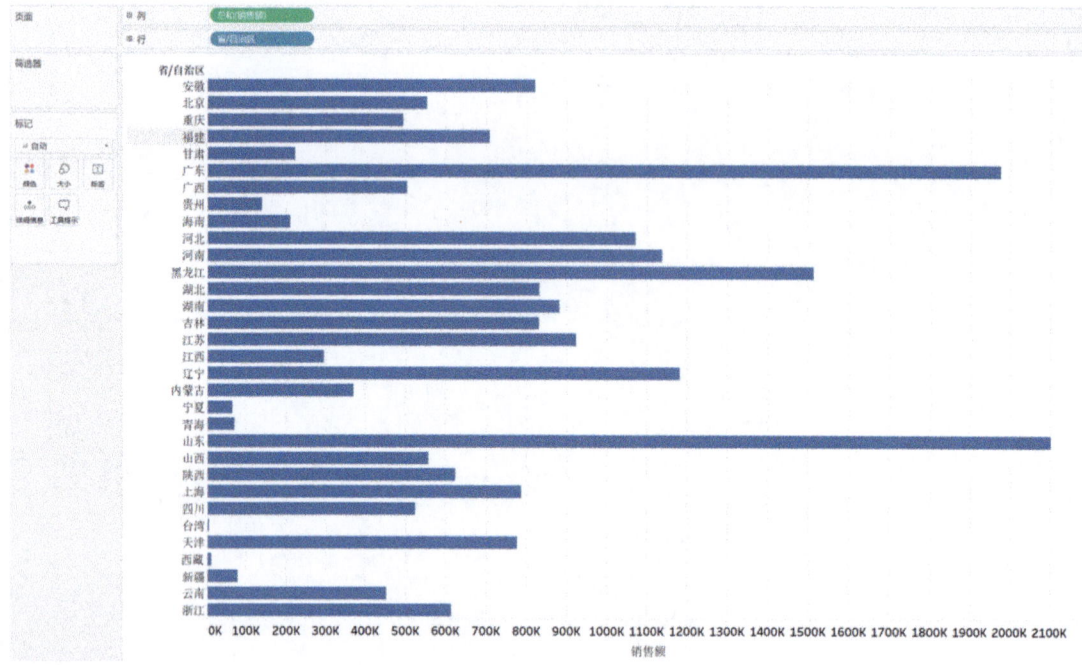

图 5-5　创建条形图

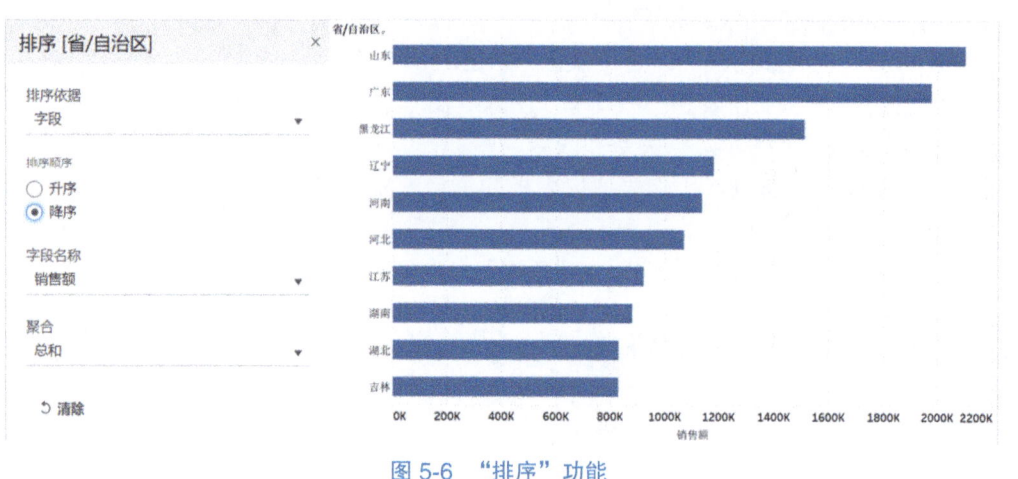

图 5-6　"排序"功能

3）单击"列"功能区的下拉三角形，选择"度量"→"平均值"，可以将销售额按照平均数重新度量，结果如图 5-7 所示。

4）为了显示纵坐标的值，可以将"销售额"拖放到"标记"卡下的"标签"，并单击该字段下拉三角形，改成"度量"→"平均值"，以正确反映条形图所表示的数据大小，如图 5-8 所示。

Tableau 其他工具栏按钮说明见表 5-1。

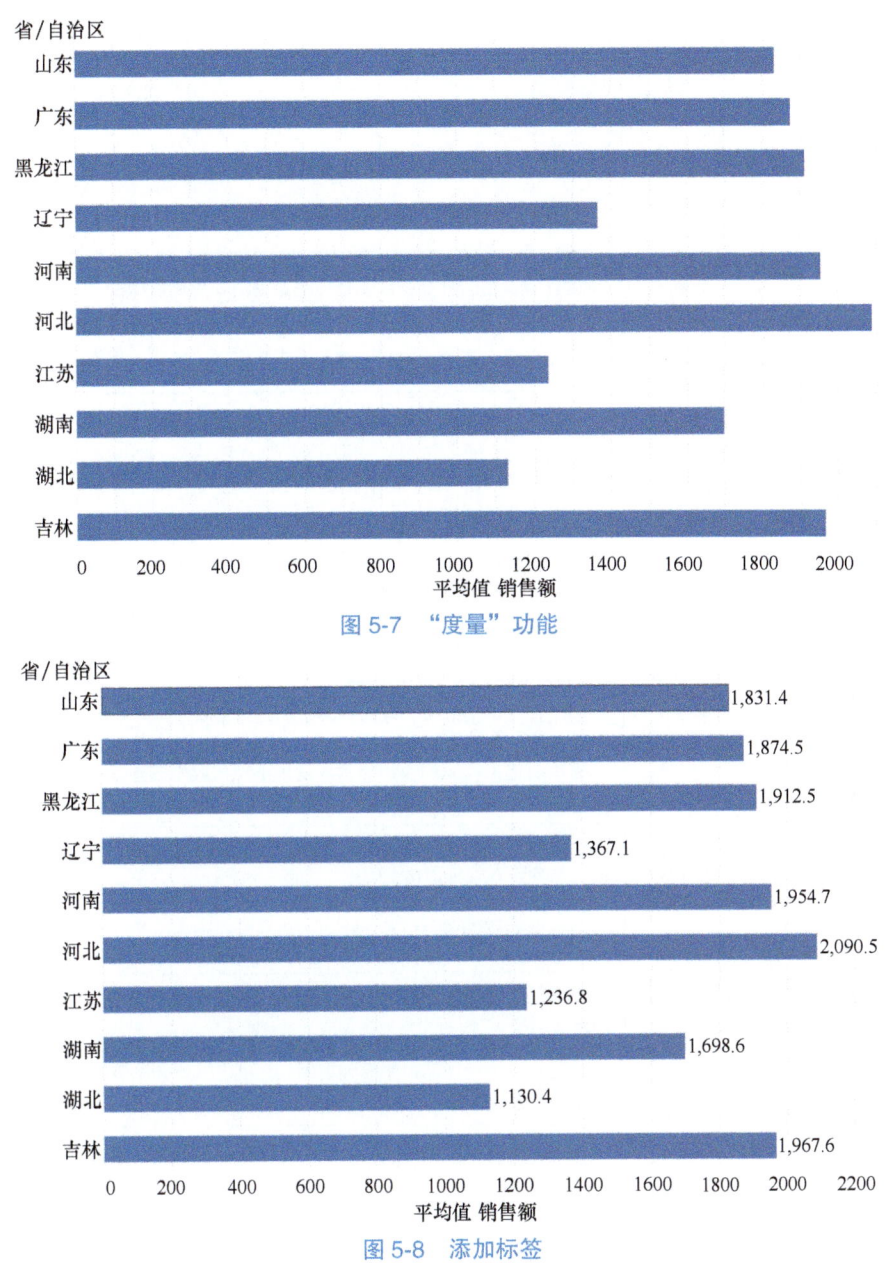

图 5-7 "度量"功能

图 5-8 添加标签

表 5-1 Tableau 工具栏按钮

| 工具栏按钮 | 名称 | 说明 |
|---|---|---|
| | Tableau 图标 | 导航到开始页面 |
| ← | 撤销 | 取消工作簿中的最新操作,可以无限次撤销,返回到上次打开工作簿时的状态,即使是在保存之后 |
| → | 重做 | 重复使用"撤销"按钮反转最后一个操作,可以重做无限次 |
| | 保存 | 保存对工作簿进行的更改 |

(续)

| 工具栏按钮 | 名称 | 说明 |
|---|---|---|
|   | 连接 | 打开"连接"窗格,可以在其中创建新连接,或者从存储库中打开已保存的连接 |
|   | 暂停自动更新 | 进行更改时控制是否更新视图 |
|   | 运行更新 | 运行手动数据查询,以便在关闭自动更新后用所做的更改对视图进行更新 |
|   | 新建工作表 | 新建空白工作表,使用下拉列表中的选项可创建新工作表、仪表板或故事 |
|   | 复制工作表 | 创建含有与当前工作表完全相同视图的新工作表 |
|   | 清除 | 清除当前工作表,使用下拉列表中的选项清除视图的特定部分,如筛选器、格式设置 |
|   | 交换 | 交换"行"和"列"功能区上的字段。单击此按钮,还会交换"隐藏空行"和"隐藏空列"设置 |
|   | 升序排序 | 根据视图中的度量,以所选字段的升序来排序 |
|  | 降序排序 | 根据视图中的度量,以所选字段的降序来排序 |
|   | 突出显示 | 启用所选工作表的突出显示。使用下拉列表中的选项定义突出显示值的方式 |
|   | 成员分组 | 通过组合所选值来创建组。选择多个维度时,确定是对特定维度进行分组,还是对所有维度进行分组 |
|  | 显示标记标签 | 在显示和隐藏当前工作表的标记标签之间切换 |
|   | 固定轴 | 在仅显示特定范围的锁定轴及基于视图的最小值和最大值调整范围的动态轴之间切换 |
|   | 适合选择器 | 指定在应用程序窗口中调整视图大小的方式,包括普通、适合宽度、适合高度和整个视图 |
|   | 显示/隐藏卡 | 显示或隐藏工作表中的特定卡。在下拉列表中选择要隐藏或显示的每个卡 |
|   | 演示模式 | 使用此模式时,隐藏工具栏、功能区和"数据"窗格,仅显示视图,类似于演示幻灯片 |
| 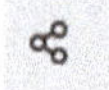  | 分享 | 与其他人共享工作簿,将工作簿发布到 Tableau Server 或 Tableau Cloud |

## 5.3 分层、分组、集

### 1. 分层

分层是一种自上而下的组织形式,如日期类型的字段默认有"年 - 季度 - 月 - 日"的分层结构。Tableau 允许用户自定义分层结构,字段图标为 。以下为创建"产品"分层的具体步骤。

1）打开 Tableau，连接"超市"数据源，将"订单"拖至右侧空白处，单击工作表转至绘图区域。右击"类别"，在弹出的菜单中选择"分层结构"→"创建分层结构"，在弹出的对话框中输入分层结构的名称"产品"，再单击"确定"按钮，如图 5-9 所示。

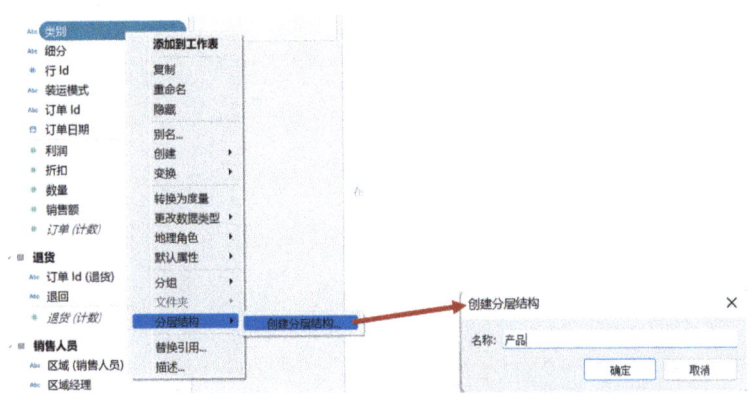

创建分层结构

图 5-9　创建"产品"分层结构

2）右击"子类别"，在弹出的菜单中选择"分层结构"→"添加到分层结构"→"产品"，如图 5-10 所示。

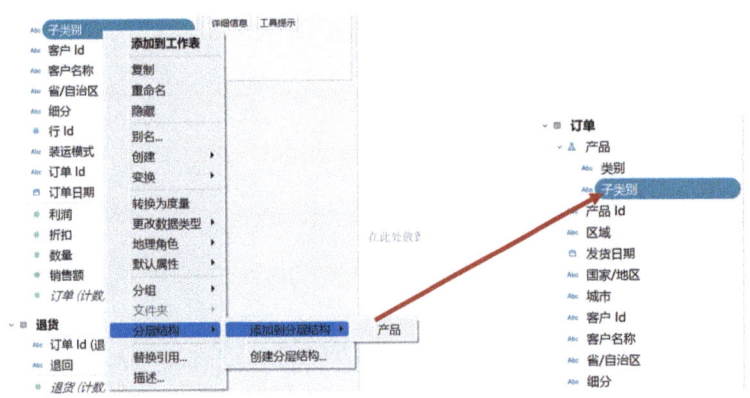

图 5-10　添加其他分层

3）分层结构通过重新组合字段间的上下层关系，实现数据的向上钻取或向下钻取，体现了数据粒度的细化和综合程度变化。单击功能区中的 ⊞ 或 ⊟ 按钮可以完成向下或向上钻取，比如"产品"分层结构可以实现由第一层"类别"下钻到第二层"子类别"，如图 5-11 所示。

4）当不需要"产品"分层结构时，可以右击"产品"，在弹出的菜单中选择"移除分层结构"。

## 2. 分组

分组是将数据按照某种相似的度量分类，组内的个体有某方面的共同特点，组间数据有着一定差异，通过分组能够对比不同大类的数据情况。组不能参与计算，因此不能出现在公式中。

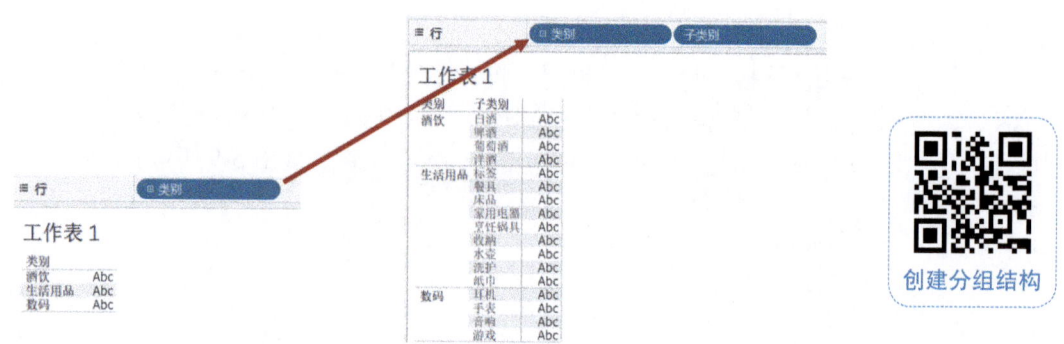

图 5-11 "产品"分层结构向下钻取

下面以本书提供的"超市"数据为例,对"区域"进行"南方和北方"分组,比较南北方的销售额和利润。将"区域"中的"东北""华北""西北"视为北方,"华东""西南""中南"视为南方,具体步骤如下:

1)打开 Tableau,连接"超市"数据源,将"订单"拖至右侧空白处,单击工作表转至绘图区域。将"区域"拖到"行"功能区,按住 <Ctrl> 键,选择"东北""华北""西北",右击选择"组",如图 5-12 所示。

2)右击"东北、华北、西北",在弹出的菜单中选择"编辑别名"命令,在弹出的对话框中输入"北方",单击"确定"按钮,如图 5-13 所示。

3)依照同样方法,将"华东""西南""中南"创建为"南方"分组。

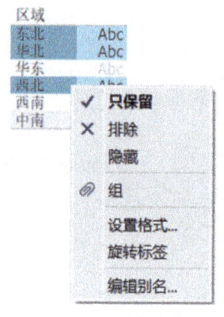

图 5-12 创建分组

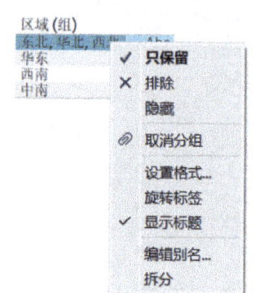

图 5-13 编辑别名

4)右击区域(组)字段,在弹出的菜单中选择"重命名",输入"北方 or 南方",如图 5-14 所示。

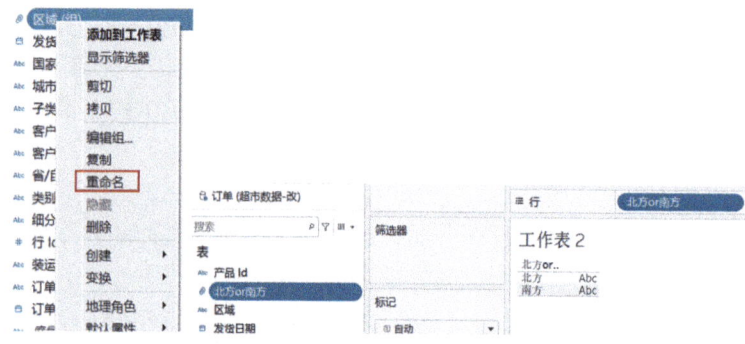

图 5-14 完成创建"北方 or 南方"分组

5）新建空白工作表，依次双击"销售额""利润""北方 or 南方"；将"标记"下的"自动"改为"圆"；按住 <Ctrl> 键，分别拖拽"北方 or 南方"到"标记"下的"标签"和"颜色"；单击"标记"中的"大小"，向右滑动滑块，使图形变大，如图 5-15 所示。

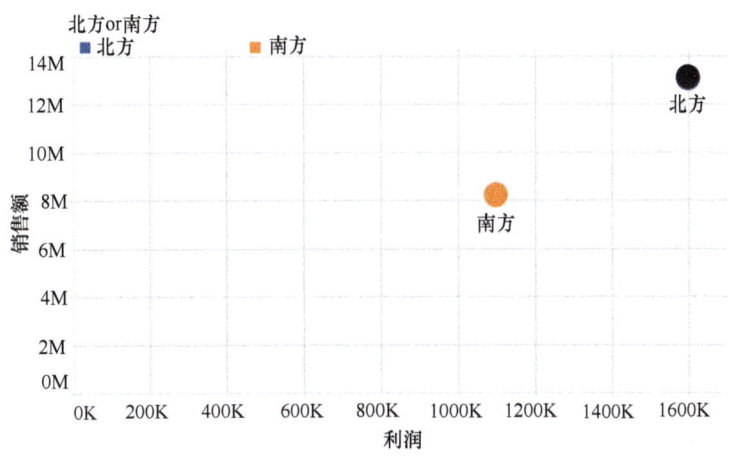

图 5-15　北方和南方的销售额和利润

根据图 5-15，可以清楚地观察到北方在销售额和利润两方面都优于南方。

### 3. 集

集是根据字段条件筛选的数据子集，它可以基于计算添加建立，也可以参与计算字段的编辑。创建集就是选择满足字段条件的记录作为数据子集，实现对不同记录的选取。集可以当作筛选器的另一种形式，筛选器只显示筛选后的结果，而集将所有数据划分为内和外，符合条件的是内，其余是外，用于集内外成员的对比分析。

创建集

下面以本书附带的"超市"数据为例，比较高利润客户和低利润客户的销售额。根据业务情况，将高利润客户定义为利润大于或等于 100 元的客户，其他为低利润客户。具体步骤如下。

1）打开 Tableau，连接"超市"数据源，将"订单"拖至右侧空白处，单击工作表转至绘图区域。右击"订单日期"，选择"创建"→"集"命令，如图 5-16 所示。

2）如图 5-17 所示，在弹出的"编辑集"对话框中，"名称"输入"高利润客户"，选择"条件"选项卡，在该选项卡中选择"按字段""利润""平均值"">="，文本框中输入"100"，最后单击"确定"按钮。

3）拖动"订单日期"到"列"功能区，"销售额"到"行"功能区；右击"列"功能区的"年（订单日期）"，在弹出的菜单中选择"月　2015 年 5 月"，如图 5-18 所示。

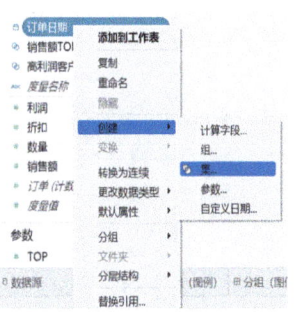

图 5-16　创建集

4）双击已创建的"高利润客户"集，生成折线图，如图 5-19 所示。

## 数据可视化

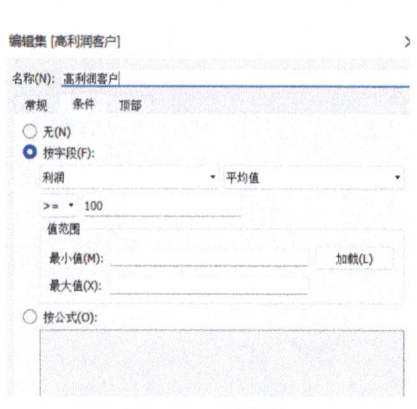

图 5-17 编辑集

图 5-18 下钻时间到月

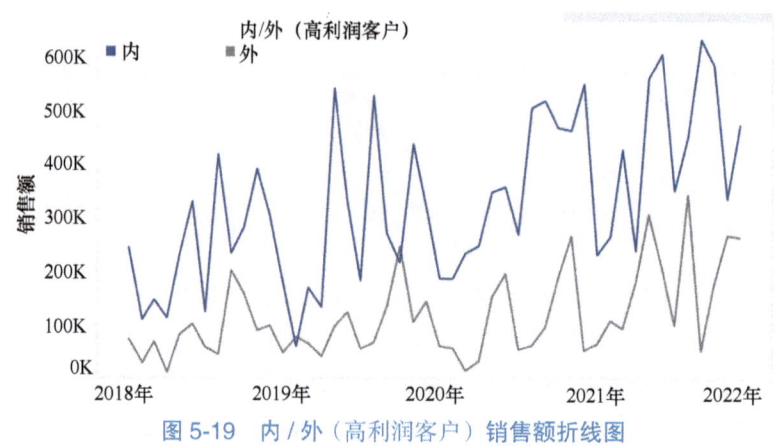

图 5-19 内/外（高利润客户）销售额折线图

## 5.4 参数

参数是用户自定义的，可在集、筛选器、计算字段中替换常量的动态值。参数在工作簿中是全局变量，可以同时运用于多个工作表。下面展示参数创建过程及其在集中的应用。

1）打开 Tableau，连接"超市"数据源，将"订单"拖至右侧空白处，单击工作表转至绘图区域。右击"销售额"，在弹出的菜单中选择"创建"→"参数"命令，如图 5-20 所示。

2）在弹出的"编辑参数"对话框中，"名称"输入"top"，"数据类型"选择"整数"，"当前值"输入 10，"允许的值"选择"范围"，"最小值"输入 1，"最大值"输入 10，"步长"输入 1，表示参数控件可以在 1~10 之间的整数变化，设置完成后单击"确定"按钮，参数会随使用它的任何计算一起更新，如图 5-21 所示。

创建参数

3）若要删除参数，可在左侧窗格中右击该参数，在弹出的快捷菜单中选择"删除"命令。

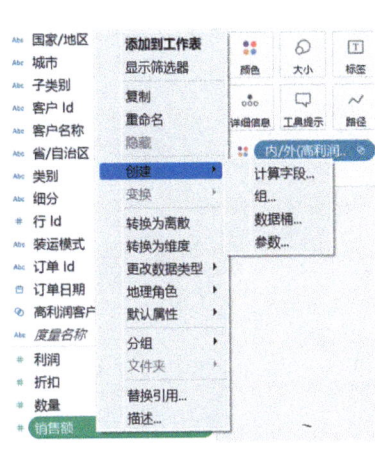

图 5-20 创建参数

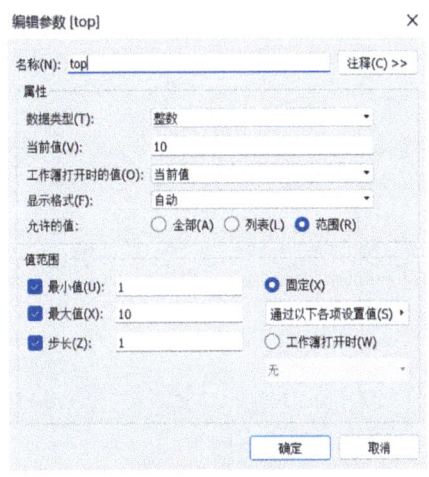

图 5-21 编辑参数

4）参考 5.3 节创建集的步骤，右击"订单日期"创建集，设置内容如图 5-22 所示，单击"确定"按钮，"销售总额排名前 10 位客户"的集创建完成。

5）拖动"订单日期"到"列"功能区，"销售额"到"行"功能区；右击"列"功能区的"年（订单日期）"，在弹出的菜单中选择"月 2015 年 5 月"，双击集"销售额 top10"生成折线图，如图 5-23 所示。

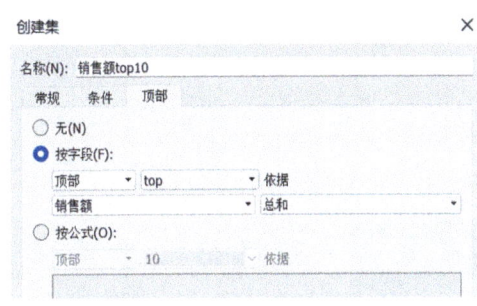

图 5-22 "销售额 top10"集对话框

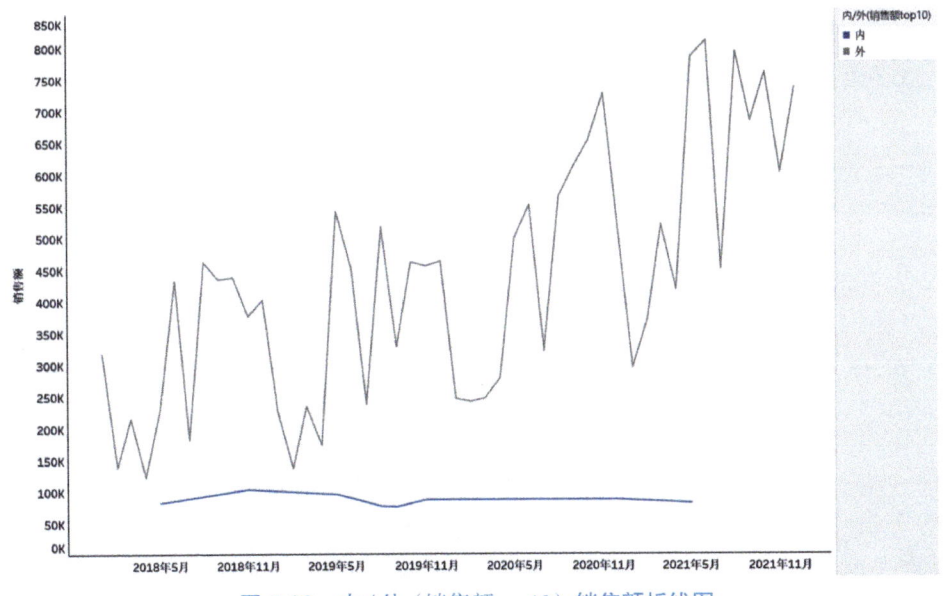

图 5-23 内/外（销售额 top10）销售额折线图

6）右击参数"top"，在弹出的菜单中选择"显示参数"，参数控件将显示在视图区域右上角。在参数控件中调整 top 的值，可观察销售额折线的变化。例如，图 5-24 所示为 top=8 的折线图。

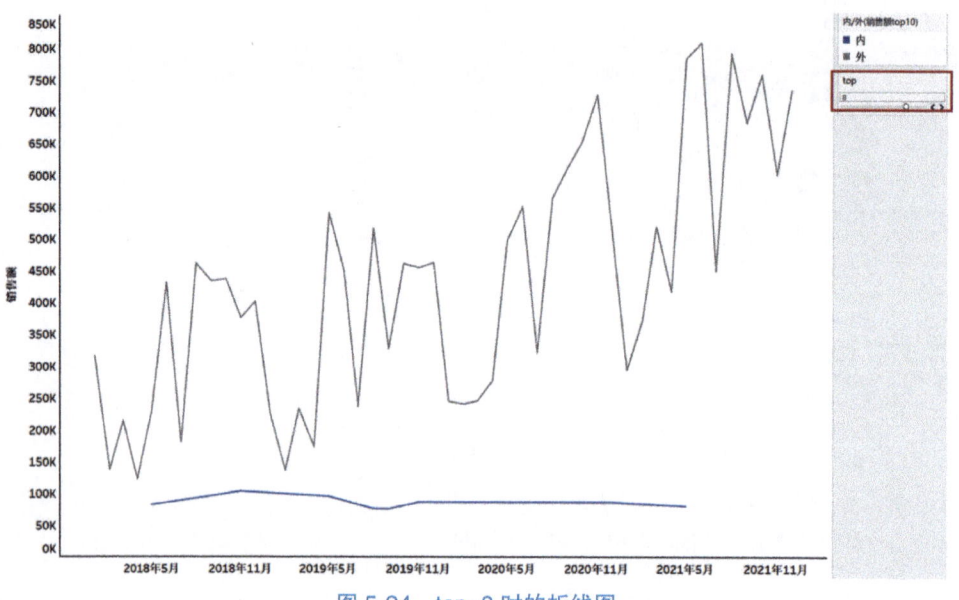

图 5-24　top=8 时的折线图

## 5.5　函数及快速表计算

### 1. 函数

Tableau 中常用的函数有六类，包括数字函数、字符串函数、日期时间函数、逻辑函数、聚合函数、类型转换函数。

1）数字函数示例见表 5-2。

表 5-2　数字函数示例

| 函数 | 语法 | 示例 |
| --- | --- | --- |
| ABS（） | ABS（number） | 返回给定数字的绝对值<br>ABS（-5）= 5 |
| ACOS（） | ACOS（number） | 返回给定数字的反余弦，结果以弧度表示<br>ACOS（-1）= 3.14159255358979 |
| ASIN（） | ASIN（number） | 返回给定数字的反正弦，结果以弧度表示<br>ASIN（1）= 1.5707953257949 |
| CEILING（） | CEILING（number） | 将数字舍入为值相等或更大的最近整数<br>CEILING（3.1415）= 4 |
| DEGREES（） | DEGREES（number） | 将以弧度表示的给定数字转换为度数<br>DEGREES（PI（）/2）= 90.0 |
| DIV（） | DIV（整数1，整数2） | 返回将整数1除以整数2的除法运算的整数部分<br>DIV（11，3）= 3 |

（续）

| 函数 | 语法 | 示例 |
|---|---|---|
| EXP（） | EXP（number） | 返回 e 的给定数字次幂<br>EXP（2）=7.389 |
| LOG（） | LOG（number,［base］） | 返回数字以给定底数为底的对数 |
| FLOOR（） | FLOOR（number） | 将数字舍入为值相等或更小的最近整数<br>FLOOR（3.34578）=3 |
| MAX（） | MAX（number, number） | 返回两个参数（必须为相同类型）中的较大值<br>MAX（2, 7）=7 |
| MIN（） | MIN（number, number） | 返回两个参数（必须为相同类型）中的较小值<br>MIN（2, 7）=2 |
| POWER（） | POWER（number, power） | 计算数字的指定次幂<br>POWER（3, 4）=81 |
| ROUND（） | ROUND（number,［decimals］） | 将数字四舍五入为指定位数，decimals 表示小数位数精度<br>ROUND（3.1415, 3）=3.142 |
| SQRT（） | SQRT（number） | 返回数字的二次方根<br>SQRT（25）=5 |
| SQUARE（） | SQUARE（number） | 返回数字的二次方<br>SQUARE（4）=16 |

2）字符串函数示例见表 5-3。

表 5-3　字符串函数示例

| 函数 | 语法 | 示例 |
|---|---|---|
| CONTAINS（） | CONTAINS（string, substring） | 如果给定字符串包含指定子字符串，则返回 true<br>CONTAINS（"hello", "ll"）=true |
| ENDWITH（） | ENDWITH（string, substring） | 如果给定字符串以指定子字符串结尾，则返回 true<br>ENDWITH（"Chinese", "nese"）=true |
| FIND（） | FIND（string, substring,［start］） | 查找后方字符串是否在前一个字符串里面，如果是位置在哪<br>FIND（"calculation", "alcu"）=2<br>从第三位开始往后找 a，找到的 a 排在第 7 位<br>FIND（"calculation", "a", 3）=7 |
| LEFT（） | LEFT（string, number） | 返回字符串最左侧一定数量的字符<br>LEFT（"MATAdor", 3）="MAT" |
| LEN（） | LEN（string） | 返回字符串长度<br>LEN（"MOTAR"）=5 |
| LOWER（） | LOWER（string） | 所有字符变为小写<br>LOWER（"TAbleau"）="tableau" |
| UPPER（） | UPPER（string） | 所有字符变为大写<br>UPPER（"tableau"）="TABLEAU" |
| LTRIM（） | LTRIM（string） | 去掉左边空格<br>LTRIM（"　tableau"）="tableau" |

(续)

| 函数 | 语法 | 示例 |
|---|---|---|
| RTRIM（） | RTRIM（string） | 去掉右边空格<br>RTRIM（"tableau   "）="tableau" |
| TRIM（） | TRIM（string） | 去掉两端空格<br>TRIM（"  tableau  "）="tableau" |
| REPLACE（） | REPLACE（string，substring，replacement） | 替换掉相同成分，可以区分大小写<br>REPLACE（"version8.4"，"8.4"，"9.3"）="version9.3" |
| RIGHT（） | RIGHT（string，number） | 返回字符串最右侧一定数量的字符<br>RIGHR（"CALCULATION"，4）="TION" |
| SPLIT（） | 返回字符串中的一部分字符串 | 返回字符串中的子字符串，并使用分隔符将字符串分为一系列标记。如果标记编号为正，则从字符串的左侧开始计算标记，反之从右侧开始计算<br>SPLIT（"a-b-c-d"，"-"，2）="b"<br>SPLIT（"a-b-c-d"，"-"，-2）="c" |

3）日期时间函数示例见表 5-4。

表 5-4　日期时间函数示例

| 函数 | 使用方法 | 示例 |
|---|---|---|
| DATEADD（） | DATEADD（date_part，interval，date） | 返回指定日期，该日期的指定 date_part 中添加了指定的数字 interval<br>DATEADD（"month"，3，#2004-04-15#）=2004-07-15 |
| DATEDIFF（） | DATEDIFF（date_part，date1，date2） | 返回两个日期差<br>DATEDIFF（"day"，#2013-09-22#，#2013-09-24#）=2 |
| DATENAME（） | DATENAME（date_part，date） | 以字符串形式返回给定日期的一部分，该部分由 date part 定义<br>DATENAME（"month"，#2015-05-09#）=June； |
| DATEPART（） | DATEPART（date_part，date） | 以整数形式返回给定日期的一部分，该部分由 date part 定义<br>DATEPART（"day"，#2015-07-09#）=9 |
| DAY（） | DAY（date） | 以整数形式返回给定日期的日<br>DAY（#2021-04-11#）=11 |
| MONTH（） | MONTH（date） | 以整数形式返回给定日期的月份<br>MONTH（#2001-09-19#）=9 |
| YEAR（） | YEAR（date） | 以整数形式返回给定日期的年份 |
| ISDATE（） | ISDATE（string） | 如果给定字符串为有效日期，则返回 true<br>ISDATE（"2001-10-11"）=true |
| MAKEDATETIME（） | MAKEDATETIME（date，time） | 返回合并日期和时间的 date，time<br>MAKEDATETIME（#2015-02-03#，#07：34：20#）=2015/2/3 07：34：20 |
| NOW（） | NOW（） | 返回当前日期和时间<br>NOW（）=2020/7/15 07：34：20 |
| TODAY（） | TODAY（） | 返回当前日期<br>TODAY（）=2020/7/15 |

4）逻辑函数。

其中 IF 函数与 CASE 函数常被用作与参数合作，进行动态选择。
- ISDATE（string）。如果给定字符串为有效日期，则返回 true。
- IFNULL（expr1，expr2）。如果 <expr1> 不为 null，则返回该表达式，否则返回 <expr2>。
- IIF（[Profit]>0，'Profit'，'Loss'）。若[Profit]> 0，则返回 Profit，否则返回 Loss。
- IF [利润]>0 THEN "VALUE" END。如果[利润]>0，那么新增字段内容显示 VALUE。

例如，创建一个计算字段，函数如下：

```
IF [数量]>10
THEN "good"
ELSEIF [数量]>5
THEN "common"
ELSE "low"
END
```

该函数表示：当销售数量大于 10 时，字段内容显示 good；当数量大于 5 而小于或等于 10 时，字段显示 common，其余则显示 low。
- CASE [类别] WHEN "酒饮" THEN "1" WHEN "生活用品" THEN "2" ELSE "3" END

如果类别是"酒饮"，则返回 1；如果类别是"生活用品"，则返回 2；如果类别是其他，则返回 3。

5）聚合函数示例见表 5-5。

表 5-5 聚合函数示例

| 函数 | 语法 | 示例 |
| --- | --- | --- |
| AVG（） | AVG（expression） | 求平均值<br>AVG（2，3，7）=4 |
| SUM（） | SUM（expression） | 求所有值的总和，SUM 只能用于数字字段，会忽略 Null 值 |
| CORR（） | CORR（expression1，expression2） | 计算皮尔森相关系数<br>CORR（Sales，Profit） |
| COVAR（） | COVAR（expression1，expression2） | 计算样本协方差<br>COVAR（[Sales]，[Profit]） |
| COVARP（） | COVARP（expression 1，expression2） | 计算总体协方差<br>COVARP（[Sales]，[Profit]） |
| COUNT（） | COUNT（expression） | 返回组中的项目数，不对 Null 值计数<br>COUNT（2，7，7，Null）=3 |
| COUNTD（） | COUNTD（expression） | 返回组中不同项目的数量，不对 Null 值计数<br>COUNT（2，7，7，Null）=2 |
| MAX（） | MAX（expression） | 求最大值<br>MAX（2，3，7）=7 |
| MIN（） | MIN（expression） | 求最小值<br>MIN（2，3，7）=2 |
| MEDIAN（） | MEDIAN（expression） | 求中位数，只能用于数字字段，会忽略 Null 值<br>MEDIAN（2，3，7）=3 |

## 2. 快速表计算

表计算是使用数据库中的数据进行计算。创建表计算，首先应定义计算目标值和计算对象值，然后在"表计算"对话框中使用"计算类型"下拉列表和"计算对象"下拉列表定义。

以本书提供的"超市"数据为例，计算每一年各区域对利润总额的贡献百分比。

1）打开 Tableau，连接"超市"数据源，将"订单"拖至右侧空白处，单击工作表转至绘图区域。

2）将"订单日期"拖至"列"功能区，将"区域"拖至"行"功能区。

3）将"利润"拖至"标记"卡上的"文本"，将"销售额"拖至"标记卡"上的"颜色"。

4）在"标记"卡上，右击"总和（利润）"，并选择"快速表计算"→"合计百分比"，如图 5-25 所示。

5）在"标记"卡上，右击"总和（利润）"，并选择"编辑表计算"，在弹出的对话框中将计算依据改为"表（向下）"，表向下指按照列计算百分比，即分别按照每一年计算合计百分比，如图 5-26 所示。

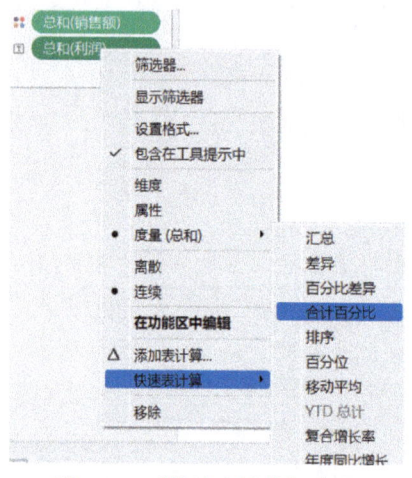

快速表计算

图 5-25 "快速表计算"选项

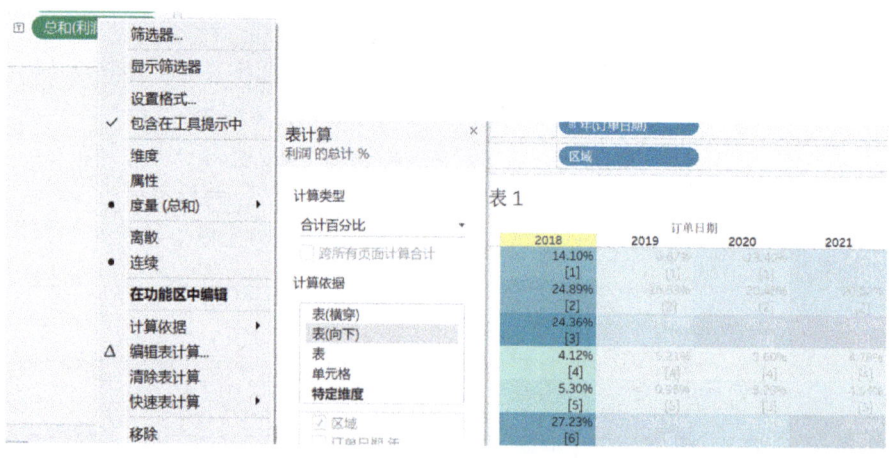

图 5-26 "编辑表计算"选项

6）设置完成后单击右上角关闭即可，如图 5-27 所示。

| 区域 | 2018 | 2019 | 2020 | 2021 |
|---|---|---|---|---|
| 东北 | 14.10% | 6.67% | 13.40% | 9.53% |
| 华北 | 24.89% | 16.63% | 20.48% | 20.52% |
| 华东 | 24.36% | 31.79% | 29.23% | 26.53% |
| 西北 | 4.12% | 5.21% | 5.60% | 4.78% |
| 西南 | 5.30% | 0.95% | 5.29% | 4.64% |
| 中南 | 27.23% | 38.75% | 26.01% | 34.00% |

销售额 200,193 — 2,090,779

图 5-27　每年各区域的利润百分比

### 3. 创建计算字段

计算字段是以数据源为基础，用函数和运算符构造公式。新建的计算字段会出现在数据面板中，可以拖拽至工作区构建视图或构建新字段。返回值分为数值型、字符型等。下面以本书提供的"超市"数据为例，创建利润率字段，步骤如下。

1）打开 Tableau，连接"超市"数据源，将"订单"拖至右侧空白处，单击工作表转至绘图区域。将"区域"拖拽到"列"功能区，"类别""子类别"拖拽到"行"功能区。单击"分析"→"创建计算字段"。

2）编辑计算字段名称"利润率"，下边输入公式 SUM（［利润］）/SUM（［销售额］），其中"利润"和"销售额"字段可以从左边数据窗格拖拽进来，单击"应用""确定"，创建字段完成，如图 5-28 所示。

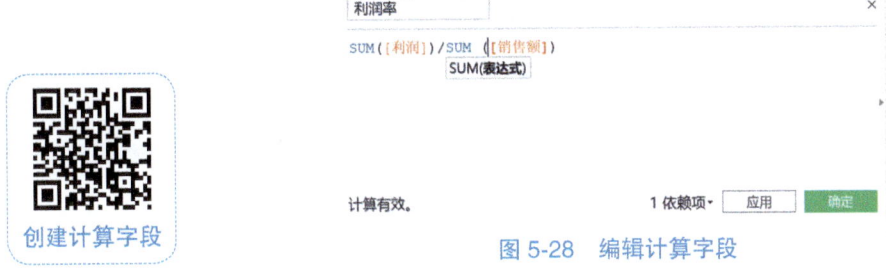

图 5-28　编辑计算字段

3）将计算字段"利润率"拖至"标记"卡下的"颜色"和"标签"，将"标记"卡下的"自动"改为"方形"。

4）右击"标记"卡下的"聚合（利润率）"设置格式，将数字改为"百分比"，小数位数是 0 位，如图 5-29 所示。

由此可以得到各区域各类别产品的利润率，如图 5-30 所示。可以看出，所有地区洋酒均不盈利，多数地区产生了亏损，其中华东地区的洋酒利润率最低，其次是西南和西北；床品只有华北地区盈利，其余地区均亏损，东北地区亏损的最多；西南地区耳机产生了亏损，其余地区盈利；各地区烹饪锅具利润率均较高。企业可以根据上述分析结果制定相应的营销对策。

# 数据可视化

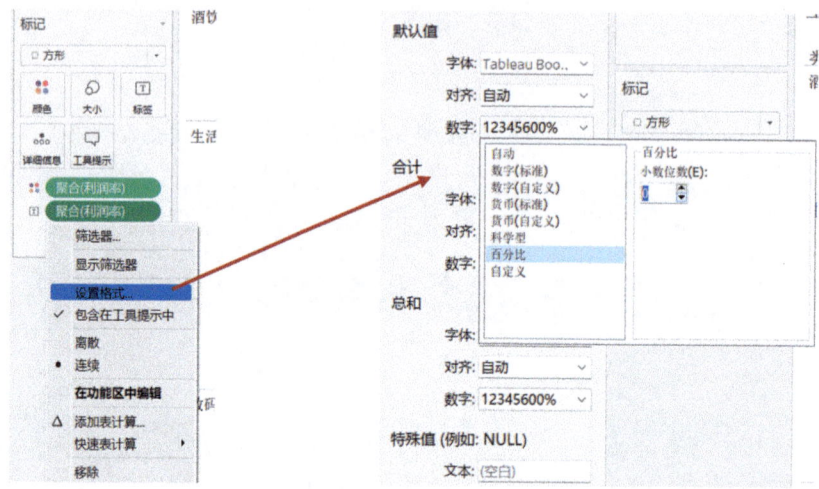

图 5-29 设置标签数字的格式

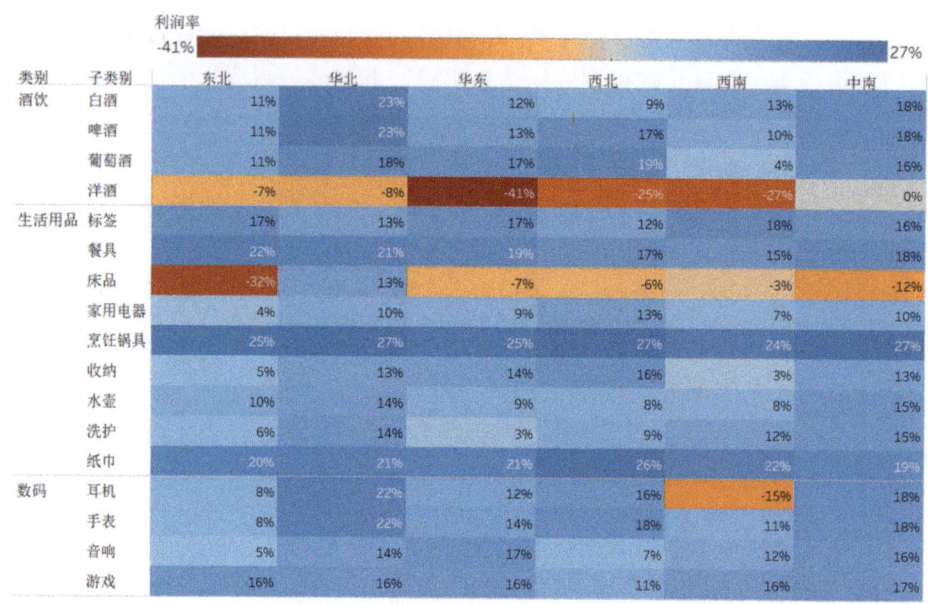

图 5-30 各区域各类别产品的利润率

## 5.6 仪表板和故事线

### 1. 仪表板

仪表板是多个工作表和对象（图像、文本、网页和空白等）的组合，可以按照一定的方式对其布局，以揭示数据关系和内涵。工作表和仪表板中的数据是相连的，修改工作表时，包含该工作表的任何仪表板都会更改，反之亦然。

首先创建好"各区域各类别产品的利润率""各子类别的利润""各子类别的销售额"工作表，在此基础上创建仪表板，具体步骤如下：

1）单击"仪表板"→"新建仪表板"或者在工作簿底部，单击"新建仪表板"图标，将仪表板重命名为"各子类别产品利润分析"。设置仪表板的大小，宽度为2100px，高度为1300px，使其铺满整个页面。

创建仪表板

2）拖动"对象"选项卡下的"空白"至右侧区域，创建一个容器，用于仪表板整体排版及布局优化。从左侧的"工作表"中，将"各区域各类别产品的利润率"拖到右侧仪表板。按住 <Shift> 键可以移动仪表板上的图，或者将左侧"对象"卡下"平铺"改为"浮动"来移动图，如图 5-31 所示。

3）若要查看"子类别"中的某几类，则可以单击图，单击右上方的下拉三角选择"筛选器"→"子类别"，把"白酒"和"葡萄酒"去除，如图 5-32 和图 5-33 所示。

4）双击左下方"对象"中的"文本"添加文本框，输入"各区域各类别产品的利润率"作为标题，调整标题字号、颜色、位置，如图 5-34 所示。

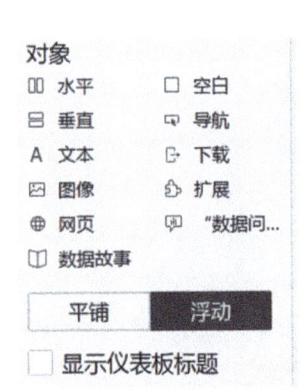

图 5-31 仪表板的"对象"卡

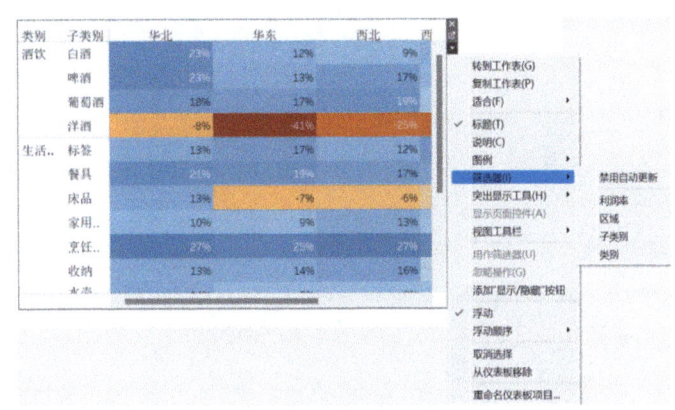

图 5-32 仪表板的"筛选器"

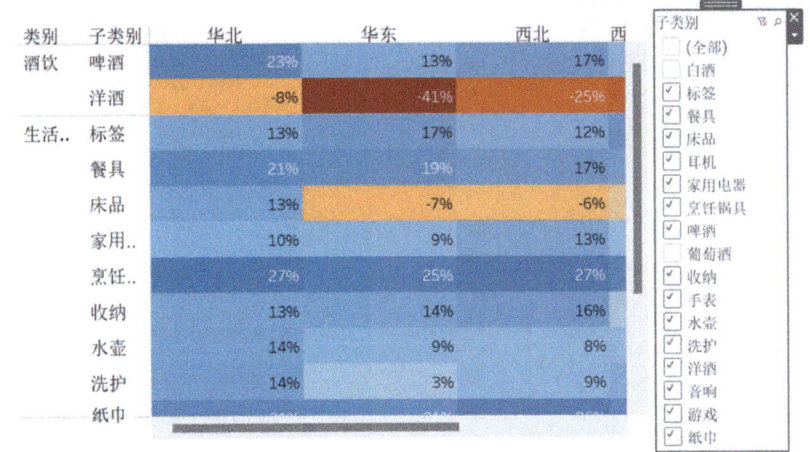

图 5-33 筛选结果

5）从左侧的"工作表"中，将"各子类别的利润"拖到右侧仪表板，适当调整大小，如图 5-35 所示。

仪表板中的数据可以通过添加"筛选器""突出显示""转到 URL""更改参数"等

操作进行联动,示例可参考本书 11.1.1 节。

图 5-34 仪表板中添加文本

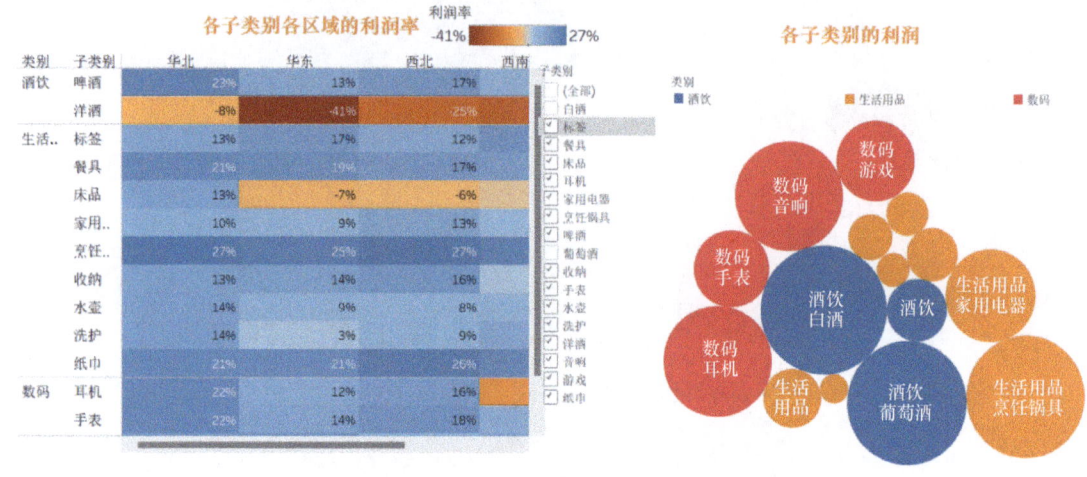

图 5-35 仪表板创建完成

2. 故事线

故事是按顺序排列的工作表或仪表板的集合,用来传达信息,提供上下文,演示决策与结果的关系。故事中各个单独的工作表或仪表板称为"故事点"。用于创建、命名和管理工作表和仪表板的方法也适用于故事。将故事发布到 Tableau Public、Tableau Server 或 Tableau Online 时,用户可以与故事进行交互,揭示新的发现结果或提出有关数据的新问题。下面展示创建故事的具体步骤。

1)选择"故事"→"新建故事"或者在工作簿底部单击"新建故事"图标 。

2)单击左下方的"大小"下拉三角形,单击"固定大小"下拉列表,

创建故事

选择"自动",屏幕将会自动调整大小来显示仪表板内容。

3)从左侧将仪表板拖到右侧的故事点中,并添加说明"各子类别产品利润分析",如图 5-36 所示。

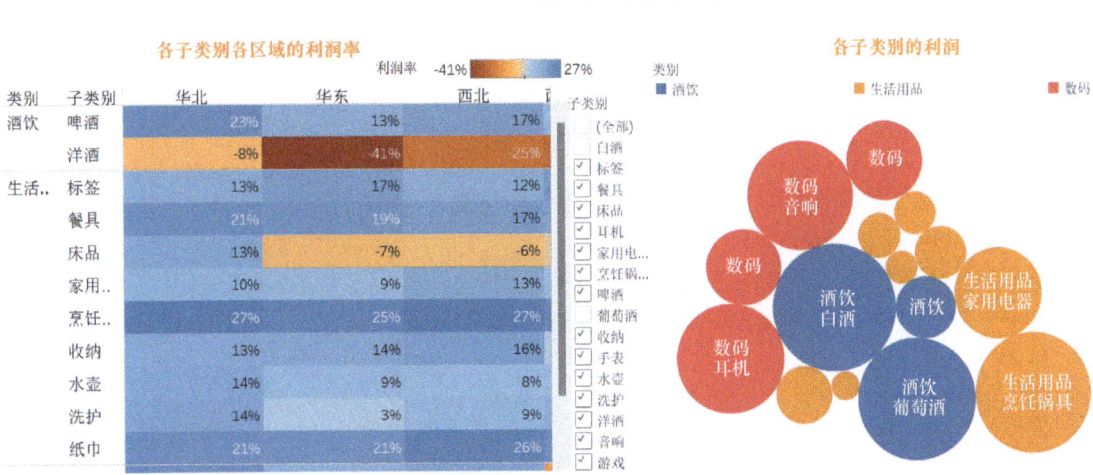

图 5-36　添加第一个故事点

4)单击左侧"空白",新建故事点,添加新的仪表板或工作表。本例添加一个工作表,并添加说明"各子类别的销售额",如图 5-37 所示。

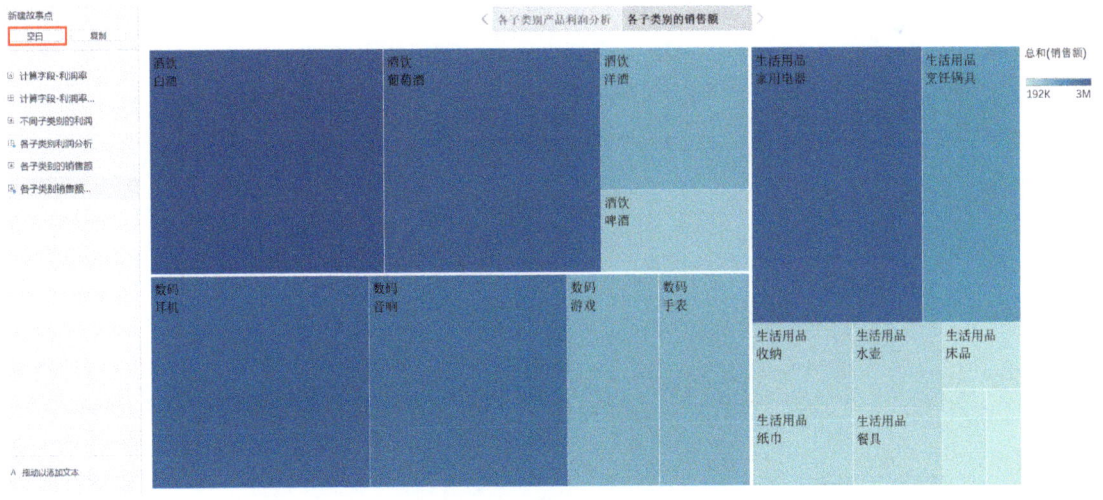

图 5-37　故事线创建完成

通过单击上方的">"和"<"可以切换不同的故事点。当鼠标指针放在图上时,会显示相关的具体信息。故事线可以用来讲解故事、案例,比演示文稿更加灵活、清晰,有助于演讲者和听众更好地理解内容。

## 5.7 习题

1. 阐述工作表、仪表板和故事线的区别与联系。
2. 分层、分组和集的内涵是什么？有什么区别？
3. 以本书附带的"超市"数据为例，创建"产品"分层结构、"高利润客户和低利润客户"分组（利润边界根据数据自行设定），并进行不同分层和分组的销售情况对比分析。
4. 以本书附带的"超市"数据为例，创建代表利润额排名前 10 的"top"参数，并生成 top=5 时的折线图。
5. 以本书附带的"超市"数据为例，利用表计算展示每年各区域利润对利润总额的贡献百分比。

# 第 6 章

# Python 基础

## 6.1 Python 基本语法

Python 是一种功能强大、较为完善的通用型语言，相比于其他编程语言，Python 代码简单，上手容易，可读性强，所以一直非常受欢迎。

### 6.1.1 用变量存储信息

类似于容器用来盛放食物，变量也可以用来存储不同的信息。信息主要包括六种类型：整数、浮点数、字符串、列表、元组和字典。这些信息以变量作为存储载体，成为操作主体和代码构件。

1. 信息的类型

1）整数（integer）：0，3，6，27。
2）浮点数（float）：2.14，0.26，63.21，-2.737。
3）字符串（string）："Hello Python"，"&"，"66"。
4）列表（list）：[1，2，6，23]，[ ]，["Java"，"Ruby"，"Pandas"]。
5）元组（tuple）：(1，2，3)，( )，("NumPy"，12，"0")。
6）字典（dictionary）：{"green"：0，"red"：1，"color"："mix"}。

2. 存储信息的方法

使用"="将存储信息赋值给变量，存储信息在"="右边，变量在"="左边，变量名称一般为英文字母或英文字母与数字的组合。例如：a="66"；A12=[1，2，6，23]；dict={"green"：0，"red"：1，"color"："mix"}。

3. 变量命名的基本规则

1）不能以数字开头。
2）不能过长。
3）不能包含特殊的符号（下画线"_"除外）。

## 6.1.2 基本函数介绍

函数是一段有特定功能、可以重复使用的代码。Python 中的函数是将常用的代码以固定格式封装成一个独立的模块，只要知道模块的名字就可以调用。本节从创建函数和函数赋值两方面介绍有关函数的基础知识。

1. 创建函数

函数由三部分组成：函数名、函数体和参数。函数名是调用函数时使用的名称；函数体是函数从参数输入到输出的操作过程；参数用来存储传递给函数体的信息。例如：

```
def function_creation(name1,name2):
    a=name1-name2
    b=name2*name2
    c=name1+name1
    d=a*b-c
    return d
```

在上面例子中，函数名是 function_creation，函数体是后五行代码，参数是 name1 和 name2。调用函数时，将参数 name1 和 name2 用具体数值代替，如 function_creation（20，30），就可以得到具体返回值。当然也可以定义没有返回值的函数。

2. 函数赋值

（1）传递普通参数值　调用函数时，要根据参数的不同类型向参数传递具体信息，实现函数的正确调用。例如，调用函数 function_creation，若参数赋值 function_creation（1，a），则系统会报错，只有当两个参数都是数值时，系统才能正常运行。

（2）设置默认值参数　调用函数时，为了不用频繁地给参数赋值，可以设置默认值参数。当需要改变参数值时，可对该参数重新赋值。默认值参数的定义方法如下：

```
def function_creation(name1,name2=10):
    a=name1-name2
    b=name2*name2
    c=name1+name1
    d=a*b-c
    return d
```

调用函数时，如果不需要对参数 name2 重新赋值，只需要写出 function_creation（name1）的调用形式即可。

（3）设置可变数目的参数　可变数目的参数包括关键字参数和非关键字参数。

```
def function_creation(name1,name2,**kwagrs):
    a=name1-name2
    b=name2*name2
    c=name1+name1
    d=[a,b,c,name3,name4]
    return d
```

上面参数中 **kwagrs 表示可变数目的关键字参数,最前面的 ** 表示参数 kwagrs 可以存储任何数量的关键字参数,即 function_creation(name1,name2,name3=6,name4=20),并且将关键字参数 name3=6 和 name4=20 保存在字典中。

```
def function_creation(name1,name2,*agrs):
a=name1-name2
b=name2*name2
c=name1+name1
d=[a,b,c,name3,name4]
return d
```

上面参数中 *agrs 表示可变数目的非关键字参数,表示信息可以直接放在参数列表的末尾,不需要用参数进行赋值处理,即 function_creaton(name1,name2,20,8,6),非关键字参数值 20、8 和 6 将被保存在元组中,该元组不能编辑。

### 6.1.3　导入模块和包

Python 各种用途的包都放在类库中。类库分为标准库和网络库,标准库中的包不需要安装就可以使用,网络库中的包需要安装才可以使用(可以通过 Anaconda prompt 或者 cmd 命令提示窗输入 pip install+ 包的名称安装)。一个包可以包含多个模块,模块就是包含类、函数和实例的 Python 文件。因此在 Python 类库中,包就好比是一个文件夹,模块就是文件夹中的文件。

如果要使用任何已经安装的包或模块,则需要用 import 语句来导入。例如:

| | |
|---|---|
| import module | # 导入模块 module |
| import package.module as mod | # 导入包 package 中的模块 module,并将模块 module 简记成 mod |
| from package import module | # 从包 package 中导入模块 module |
| from module import function | # 从模块 module 中导入函数 |
| from module import class | # 从模块 module 中导入类 |
| from module import* | # 从模块 module 中导入全部内容 |

为完成可视化图表的绘制,需要导入很多包和模块。例如:

| | |
|---|---|
| import pyecharts | # 导入用于生成图表的类库 pyecharts |
| import seaborn as sns | # 导入可视化库 seaborn 并将其简记成 sns |
| import numpy as np | # 导入 NumPy 数值计算扩展包并将其简记成 np |
| import pandas as pd | # 导入 pandas 数据分析包并将其简记成 pd |
| import matplotlib as mpl | # 导入 Matplotlib 绘图库并将其简记成 mpl |
| import plotly as py | # 导入 Plotly 绘图库并将其简记成 py |
| import math | # 导入数学模块 |

## 6.2　NumPy 数值计算基础

NumPy 是 Python 的一个开源的数值计算扩展库,具有 MATLAB 和 R 的大多数数值运算功能。在使用 NumPy 库前，须将其加载到内存中，语句为 import numpy，通常将其简化为 np，即 import numpy as np。

### 6.2.1 创建数组

#### 1. 一维数组

一维数组即向量，下面是创建一维数组的常见方法代码：

```python
import numpy as np   #导入numpy包
np.array([1,2,3,4])  #一维数组
```
```
array([1, 2, 3, 4])
```

```python
np.array([1,2,3,np.nan]) #包含缺失值的数组
```
```
array([ 1.,  2.,  3., nan])
```

```python
np.arange(7) #数组序列，数值从0开始，不包括右端
```
```
array([0, 1, 2, 3, 4, 5, 6])
```

```python
np.arange(1,4,0.5) #等差数列（元素间隔差0.5，包含起始值，不包含终止值）
```
```
array([1. , 1.5, 2. , 2.5, 3. , 3.5])
```

```python
np.linspace(1,8,5) #等距数列（元素个数5个，包含起始值，也包含终止值）
```
```
array([1.  , 2.75, 4.5 , 6.25, 8.  ])
```

```python
np.random.rand(5) #元素在0-1之间的随机数组
```
```
array([0.48226941, 0.9097792 , 0.23247385, 0.34130743, 0.88137406])
```

```python
np.random.rand(5) #元素在0-1之间的随机数组，且元素服从正态分布
```
```
array([0.32729491, 0.56195043, 0.61335534, 0.73926084, 0.75309402])
```

#### 2. 二维数组（多维数组）

二维数组即矩阵，其可以推广到多维情形。代码如下：

```python
np.array([[1,3],[3,4],[5,2]])
```
```
array([[1, 3],
       [3, 4],
       [5, 2]])
```

```python
A=np.array([[1, 2], [4, 5]])
np.diag(A)    #对角阵
```
```
array([1, 5])
```

```python
np.zeros((3,3))   #零矩阵
```
```
array([[0., 0., 0.],
       [0., 0., 0.],
       [0., 0., 0.]])
```

```python
np.ones((3,3))      #1矩阵
```
```
array([[1., 1., 1.],
       [1., 1., 1.],
       [1., 1., 1.]])
```

```python
np.eye(3)      #单位阵
```
```
array([[1., 0., 0.],
       [0., 1., 0.],
       [0., 0., 1.]])
```

## 6.2.2 数组的属性和操作

常用的数组操作代码如下：

```python
a = np.array([[1, 2, 3], [4, 5, 6], [7, 8, 9]])
a      #查看a数组
```
```
array([[1, 2, 3],
       [4, 5, 6],
       [7, 8, 9]])
```

```python
a.T      #数组的转置
```
```
array([[1, 4, 7],
       [2, 5, 8],
       [3, 6, 9]])
```

```python
a.size      #数组中元素个数
```
```
9
```

```python
a.shape      #查看数组的每个维度的维数大小
```
```
(3, 3)
```

```python
#重设数组的维度，第一个参数是原数组，第二个是要变成的形状
np.reshape([1,2,3,4,5,6],(2,3))
#2代表行，3代表列，2X3=6是原数组元素个数
```
```
array([[1, 2, 3],
       [4, 5, 6]])
```

```python
np.arange(4).reshape((2,2))
```
```
array([[0, 1],
       [2, 3]])
```

```python
#重设尺寸，与reshape类似，区别是resize改变原数组，reshape不改变，相当于做了一份拷贝
b=np.arange(10)
b.reshape(2,5)
b      #看原数组是否变化
```
```
array([0, 1, 2, 3, 4, 5, 6, 7, 8, 9])
```

```python
b.resize(2,5)
b      #看原数组是否变化
```
```
array([[0, 1, 2, 3, 4],
       [5, 6, 7, 8, 9]])
```

### 6.2.3 数组的索引和切片

多维数组（ndarray）是 NumPy 的组成核心，可以通过索引值（从 0 开始）来访问 ndarray 中的特定位置元素。索引从左到右，默认从 **0** 开始；从右到左，默认从 **–1** 开始。类似于 t[1:3]，从字符串序列中取出一部分元素重新组成一个新字符串（切片过程），数组切片与字符串一样，会形成一个新的数组。

#### 1. 一维数组

一维数组通过冒号分隔切片参数 start：stop：step 来进行切片操作。

（1）一个参数：x[i]　例如 x[2]，返回值是与该索引相对应的单个元素。代码如下：

```python
import numpy as np
a=[1,2,3,4,5,6,7,8]
print(a)
```

[1, 2, 3, 4, 5, 6, 7, 8]

```python
a[2]
```

3

```python
a[-1]
```

8

（2）两个参数：a[i:j]　a[i:j] 表示取索引值为 i 到 j−1 之间的数形成新的 list。例如，a[1:4] 代表索引值 1~3 的数列，输出 [2, 3, 4]。

i 缺少时默认为 0，如 a[:6] 代表列表中的索引值 0~6，即第 1 项到第 6 项之间的所有数。

j 缺少时默认为到最后一项，如 a[2:] 代表列表中的索引值 2~7，即第 3 项到第 8 项之间的所有数。

当 i、j 都缺少时，a[:] 就相当于完整复制 a。

代码如下：

```python
a[1:4]
```

[2, 3, 4]

```python
a[:6] # 默认左边从 0 开始，左闭右开
```

[1, 2, 3, 4, 5, 6]

```python
a[2:] # 默认右边以最后一个结尾
```

[3, 4, 5, 6, 7, 8]

```python
a[:]
```

[1, 2, 3, 4, 5, 6, 7, 8]

（3）三个参数：a[i:j:s]　s 表示步长，默认为 1（−1 时表示翻转读取），所以 a[i:j:1]

相当于a[i:j]。代码如下：

```
print(a[0:4:2])  #步长为2（间隔一个位置）来截取
```
[1, 3]

```
print(a[2:])
```
[3, 4, 5, 6, 7, 8]

```
a[::-1]    #从后向前截取元素（步长为1）
```
[8, 7, 6, 5, 4, 3, 2, 1]

```
print(a[2::-1])      #从索引2向前截取元素（步长为1）
```
[3, 2, 1]

#### 2. 二维数组

对于二维数组，切片语法仍然适用，行和列需要分别定义。首先创建一个二维数组，代码如下：

```
import numpy as np
d= np.array([[0,1,2,3],[10,11,12,13],[20,21,22,23],[30,31,32,33]])
d
array([[ 0,  1,  2,  3],
       [10, 11, 12, 13],
       [20, 21, 22, 23],
       [30, 31, 32, 33]])
```

1）提取某个元素，代码如下：

```
d[2,3]  #第3行第4列的元素
```
23

2）提取某行或某列元素，代码如下：

```
d[0,:]   #只提取索引为0的一行
```
array([0, 1, 2, 3])

```
d[:,2]   #只提取索引为2的一列
```
array([ 2, 12, 22, 32])

3）提取某几行某几列元素，代码如下：

```
print(d[1:3,2:4])  #提取第2至3行、第3至4列的元素
```
[[12 13]
 [22 23]]

```
d[[1,3],2:4]    #提取第2和4行、第3至4列的元素
array([[12, 13],
       [32, 33]])

print(d[:2, :3])
[[ 0  1  2]
 [10 11 12]]

print(d[:, :2])#提取所有行，第1、2列
[[ 0  1]
 [10 11]
 [20 21]
 [30 31]]
```

## 6.2.4 数组的运算

NumPy 常用的数组运算命令见表 6-1。

表 6-1　NumPy 数组运算

| 运算名称 | 函数 | 说明 |
| --- | --- | --- |
| 加 | add（） | numpy.add（a，b）#结果和 a+b 相同<br>（注意：a、b 数组类型必须相同） |
| 减 | subtract（） | numpy.subtract（a，b）#结果和 a-b 相同<br>（注意：a、b 数组类型必须相同） |
| 乘 | multiply（） | numpy.multiply（a，b）#结果和 a*b 相同<br>（注意：a、b 数组类型必须相同） |
| 除 | divide（） | numpy.divide（a，b）#结果和 a/b 相同<br>（注意：a、b 数组类型必须相同） |
| 平均值 | np.mean（） | numpy.mean（a）#求 a 的均值<br>numpy.mean（a，axis=0））#axis=0，计算每一列的均值<br>numpy.mean（a，axis=1））#计算每一行的均值 |
| 标准差 | np.std（） | numpy.std（a）#求 a 的标准差<br>numpy.std（a，axis=0））#axis=0，计算每一列的标准差<br>numpy.std（a，axis=1））#计算每一行的标准差 |
| 方差 | np.var（） | numpy.var（a）#求 a 的方差<br>numpy.var（a，axis=0））#axis=0，计算每一列的方差<br>numpy.var（a，axis=1）#计算每一行的方差 |
| 开方 | np.sqrt（） | numpy.sqrt（a）#求 a 的开方<br>numpy.sqrt（a，axis=0））#axis=0，计算每一列的开方<br>numpy.sqrt（a，axis=1））#计算每一行的开方 |
| 最小值 | np.min（） | numpy.min（a）#求 a 的最小值<br>numpy.min（a，axis=0））#axis=0，计算每一列的最小值<br>numpy.min（a，axis=1））#计算每一行的最小值 |

(续)

| 运算名称 | 函数 | 说明 |
|---|---|---|
| 最大值 | np.max() | numpy.max(a) #求a的最大值<br>numpy.max(a,axis=0)) #计算每一列的最大值<br>numpy.max(a,axis=1)) #计算每一行的最大值 |
| 无穷大 | np.inf | numpy.inf #表示+∞，没有确切的数值，类型为浮点型 |
| 以e为底的指数 | np.exp() | numpy.exp(a) #将a中每个数都变成以e为底的指数 |
| 对数 | np.log() | numpy.log(a) #求a的对数，默认以e为底 |

## 6.2.5 NumPy库的函数

NumPy库的常用函数如下。

### 1. arange()函数

arange(start，stop，step)。

start：数组起始值。

stop：数组终止值（通常不包括终止值）。

step：数组元素之间的间隔值。

调用函数arange()，获得的返回值是一个包含起始值，但不包含终止值的数组。例如：

```python
import numpy as np  #导入numpy包
a=np.arange(4)
a
```

```
array([0, 1, 2, 3])
```

```python
b=np.arange(0,5.1,1)
b
```

```
array([0., 1., 2., 3., 4., 5.])
```

```python
c=np.arange(1,8,2)
c
```

```
array([1, 3, 5, 7])
```

### 2. linspace()函数

linspace(start，stop，num，endpoint)

start：数组起始值。

stop：数组终止值（通常包括终止值）。

num：数组的长度（数组中的元素个数），默认值60。

endpoint：是否包括数组终止值，默认为True。

调用函数linspace()，获得的返回值是一个既包含起始值又包含终止值的数组，且元素之间的步长（间隔）是相同的。关键字参数 num 代表数组的长度，包含起始值和终止值，其默认长度是 60。endpoint 默认数组包含终止值。例如：

```
import numpy as np  #导入Numpy包
a=np.linspace(1,5,5)
a
```

```
array([1., 2., 3., 4., 5.])
```

```
b=np.linspace(1,8,5)
b
```

```
array([1.  , 2.75, 4.5 , 6.25, 8.  ])
```

```
c=np.linspace(1,8,4,endpoint=False)
c
```

```
array([1.  , 2.75, 4.5 , 6.25])
```

### 3. rand（ ）和 randn（ ）函数

rand（$d_0$, $d_1$, …, $d_n$）

randn（$d_0$, $d_1$, …, $d_n$）

参数 $d_0$, $d_1$, …, $d_n$ 都是数值。调用函数 rand（ ），获得的返回值是一个或一组 0~1 的随机数或随机数组。

函数 randn（ ）的返回值与 rand（ ）类似，区别是生成的样本服从标准正态分布。例如：

```
import numpy as np  #导入numpy包
np.random.rand(1)  # np.random表示导入numpy内置包random
```

```
array([0.18260885])
```

```
np.random.rand(4)
```

```
array([0.94640505, 0.8598751 , 0.35863068, 0.1211114 ])
```

```
np.random.rand(2,2)
```

```
array([[0.82725948, 0.22733141],
       [0.70117523, 0.52401548]])
```

```
np.random.rand(2,3)  #0-1的随机样本
```

```
array([[0.33486385, 0.92789157, 0.56159826],
       [0.56904442, 0.77920941, 0.31099517]])
```

```
np.random.randn(2,3)  #样本服从标准正态分布
```

```
array([[ 2.42262767,  1.67323276,  0.49729139],
       [-2.42838149, -1.36244753,  0.20732734]])
```

#### 4. 内置函数

NumPy 库中包含大量的内置函数,如 sin ( )、cos ( )、exp ( )、power ( ) 等。使用方法如下:

```python
import numpy as np
x=np.linspace(0,2*np.pi,100)  #2*np.pi表示2π
y1=np.sin(x)
y2=np.cos(x)
y3=np.exp(x)
y4=np.power(x,2)  # power (底数,指数)
```

## 6.3　pandas 统计分析基础

pandas 是使用 Python 语言开发的用于数据处理和数据分析的第三方库。它提供了日常应用中的众多数据分析方法,不仅可以实现复杂的处理逻辑,还可以实现震撼的可视化效果。

### 6.3.1　序列

#### 1. 创建序列(向量、一维数组)

使用列表创建一个含有 $n$ 个数值的向量 $X=(x_1, x_2, \cdots, x_n)$。这些列表可以是数字的,也可以是字符串的,还可以是混合的。

#### 2. 生成序列

```python
import pandas as pd  #加载数据分析包
pd.Series()  #生成空序列

Series([], dtype: float64)
```

#### 3. 根据列表构建序列

```
X=[1,3,12,4.1,50]
S1=pd.Series(X)
print(S1)

0     1.0
1     3.0
2    12.0
3     4.1
4    50.0
dtype: float64
```

```
sex=['女','男','女','女','男']
S2=pd.Series(sex)
print(S2)

0    女
1    男
2    女
3    女
4    男
dtype: object
```

### 4. 序列合并

```
pd.concat([S1,S2],axis=0) #按行合并序列
```

```
0     1.0
1     3.0
2    12.0
3     4.1
4    50.0
0       女
1       男
2       女
3       女
4       男
dtype: object
```

```
pd.concat([S1,S2],axis=1) #按列合并序列
```

|   | 0    | 1 |
|---|------|---|
| 0 | 1.0  | 女 |
| 1 | 3.0  | 男 |
| 2 | 12.0 | 女 |
| 3 | 4.1  | 女 |
| 4 | 50.0 | 男 |

### 5. 序列切片

与 NumPy 切片类似，具体可参考 6.2.3 节。

```
S1[2]
```

```
12.0
```

```
S2[2:]
```

```
2    女
3    女
4    男
dtype: object
```

## 6.3.2 数据框

Pandas 用 DataFrame（ ）生成数据框。

### 1. 生成数据框

```
pd.DataFrame() #生成空数据框
```

### 2. 根据列表创建数据框

```
X=[1,3,12,4.1,50]
pd.DataFrame(X) #索引默认为流水号0.1.2.3.4
```

|   | 0 |
|---|---|
| 0 | 1.0 |
| 1 | 3.0 |
| 2 | 12.0 |
| 3 | 4.1 |
| 4 | 50.0 |

```
sex=['女','男','女','女','男']
pd.DataFrame(sex,columns=['sex'],index=['a','b','c','d','e']) #列名设置为sex,索引设为a.b.c.d.e
```

|   | sex |
|---|---|
| a | 女 |
| b | 男 |
| c | 女 |
| d | 女 |
| e | 男 |

```
pd.DataFrame(data=[[1,'list'],[2,'trains'],[3,'test'],[4,'trains']],columns=['var2','var3'])
#以list形式按行提供数据
```

|   | var2 | var3 |
|---|---|---|
| 0 | 1 | list |
| 1 | 2 | trains |
| 2 | 3 | test |
| 3 | 4 | trains |

### 3. 根据字典创建数据框

```
df1=pd.DataFrame({'var1':'1.0','var2':[1,2,3,4],'var3':['test','train','test','train'],'var4':'cons'})
df1
```

|   | var1 | var2 | var3 | var4 |
|---|---|---|---|---|
| 0 | 1.0 | 1 | test | cons |
| 1 | 1.0 | 2 | train | cons |
| 2 | 1.0 | 3 | test | cons |
| 3 | 1.0 | 4 | train | cons |

### 4. 数据框的基本信息

```
df1.info() # 数据框的基本信息
```

```
<class 'pandas.core.frame.DataFrame'>
Index: 4 entries, a to d
Data columns (total 4 columns):
 #   Column  Non-Null Count  Dtype
---  ------  --------------  -----
 0   var1    4 non-null      object
 1   var2    4 non-null      int64
 2   var3    4 non-null      object
 3   var4    4 non-null      object
dtypes: int64(1), object(3)
memory usage: 160.0+ bytes
```

### 5. 浏览数据框

```
# 浏览前2条记录
df1.head(2)
```

|   | var1 | var2 | var3 | var4 |
|---|------|------|------|------|
| 0 | 1.0  | 1    | test | cons |
| 1 | 1.0  | 2    | train| cons |

```
# 浏览最后1条记录
df1.tail(1)
```

|   | var1 | var2 | var3 | var4 |
|---|------|------|------|------|
| 3 | 1.0  | 4    | train| cons |

### 6. 增加数据框列

```
df1['abc']=df1['var2']**2   #将var2列值的二次方作为新列abc列值
df1
```

|   | var1 | var2 | var3 | var4 | abc |
|---|------|------|------|------|-----|
| a | 1.0  | 1    | test | cons | 1   |
| b | 1.0  | 2    | train| cons | 4   |
| c | 1.0  | 3    | test | cons | 9   |
| d | 1.0  | 4    | train| cons | 16  |

### 7. 删除数据框列

```
df_=df1.drop(columns=['var1','var3'])  #删除数据列
df_ #默认不改变原数据框
```

|   | var2 | var4 |
|---|------|------|
| a | 1    | cons |
| b | 2    | cons |
| c | 3    | cons |
| d | 4    | cons |

## 8. 修改数据框列名

```
df=df1.rename(columns={'var2':'a','var1':'b'})#修改数据框列名
df
```

|   | b | a | var3 | var4 |
|---|---|---|------|------|
| a | 1.0 | 1 | test | cons |
| b | 1.0 | 2 | train | cons |
| c | 1.0 | 3 | test | cons |
| d | 1.0 | 4 | train | cons |

## 9. 筛选数据框列

```
df1[['var1','var3']]#筛选2个数据框列
```

|   | var1 | var3 |
|---|------|------|
| a | 1.0 | test |
| b | 1.0 | train |
| c | 1.0 | test |
| d | 1.0 | train |

## 10. 设置某列为索引

```
df1.set_index('var2')#设置var2列为索引
```

| var2 | var1 | var3 | var4 |
|------|------|------|------|
| 1 | 1.0 | test | cons |
| 2 | 1.0 | train | cons |
| 3 | 1.0 | test | cons |
| 4 | 1.0 | train | cons |

```
df1.reset_index(inplace = True) # 将索引还原为变量, inplace = True表示在原数据框上修改
df1
```

|   | index | var1 | var2 | var3 | var4 |
|---|-------|------|------|------|------|
| 0 | 0 | 1.0 | 1 | test | cons |
| 1 | 1 | 1.0 | 2 | train | cons |
| 2 | 2 | 1.0 | 3 | test | cons |
| 3 | 3 | 1.0 | 4 | train | cons |

## 11. 读入数据时建立索引

```
import pandas as pd
df=df=pd.read_excel(".\supermarket.xls",index_col="客户名称")
#注意：读者需要替换文件地址，右击excel，选择"复制文件地址"即可获取。
df.head(3)
```

| 客户名称 | ROW ID | 订单 ID | Date | 发货日期 | 装运模式 | 客户 ID | 细分 | 城市 | 省/自治区 | 国家/地区 | 区域 | 产品 ID | Category | 子类别 | Sales | Quantity | Discount | Profit |
|---|---|---|---|---|---|---|---|---|---|---|---|---|---|---|---|---|---|---|
| 李娜 | 1 | CN-2021-1248911 | 2021-04-27 | 2021-04-29 | 二级 | 李娜-14032 | 公司 | 杭州 | 浙江 | 中国 | 华东 | life goods-水壶-10002717 | life goods | 水壶 | 229.696 | 3 | 0.5 | -53.704 |
| 王丽 | 2 | CN-2021-7787822 | 2021-06-15 | 2021-06-19 | 标准级 | 王丽-10123 | 消费者 | 内江 | 四川 | 中国 | 西南 | life goods-纸巾-10004832 | life goods | 纸巾 | 225.440 | 2 | 0.4 | 33.270 |
| 王丽 | 3 | CN-2021-7787822 | 2021-06-15 | 2021-06-19 | 标准级 | 王丽-10123 | 消费者 | 内江 | 四川 | 中国 | 西南 | life goods-收纳-10001505 | life goods | 收纳 | 131.920 | 2 | 0.4 | 5.700 |

## 12. 数据框排序

```
df1.sort_index() #默认按照索引排序
```

|   | var1 | var2 | var3 | var4 |
|---|------|------|------|------|
| a | 1.0  | 1    | test | cons |
| b | 1.0  | 2    | train| cons |
| c | 1.0  | 3    | test | cons |
| d | 1.0  | 4    | train| cons |

```
df1.sort_values(by='var3') #按var3列排序
```

|   | var1 | var2 | var3 | var4 |
|---|------|------|------|------|
| a | 1.0  | 1    | test | cons |
| c | 1.0  | 3    | test | cons |
| b | 1.0  | 2    | train| cons |
| d | 1.0  | 4    | train| cons |

```
df1.sort_values(['var2','var3']) #多列排序时用列表表示
```

|   | var1 | var2 | var3 | var4 |
|---|------|------|------|------|
| a | 1.0  | 1    | test | cons |
| b | 1.0  | 2    | train| cons |
| c | 1.0  | 3    | test | cons |
| d | 1.0  | 4    | train| cons |

## 13. 数据分组及汇总

```
df=pd.read_excel(".\supermarket.xls")
#注意：读者需要替换文件地址，右击excel，选择"复制文件地址"即可获取。
df1=df[["Category","Sales","Quantity","Profit"]]#只保留Category、Sales、Quantity、Profit这四列
df2=df1.groupby(['Category']).sum()#按照Category分组，sum表示合计加总
df2
```

| Category   | Sales      | Quantity | Profit      |
|------------|------------|----------|-------------|
| digital    | 7123029.060| 9564     | 977836.124  |
| drink      | 7521285.438| 10728    | 784552.692  |
| life goods | 6684722.908| 26774    | 932961.290  |

## 14. 提取时间（年、月、日）

```
df=pd.read_excel(".\supermarket.xls")
df['Date']=df['Date'].dt.year #提取年份
df.head(3)
```

| ROW ID | 订单ID | Date | 发货日期 | 装运模式 | 客户ID | 客户名称 | 组分 | 城市 | 省/自治区 | 国家/地区 | 区域 | 产品ID | Category | 子类别 | Sales | Quantity | Discount | Profit |
|--------|--------|------|----------|----------|--------|----------|------|------|-----------|-----------|------|--------|----------|--------|-------|----------|----------|--------|
| 0 | 1 | CN-2021-1248911 | 2021 | 2021-04-29 | 二级 | 李娜-14032 | 李娜 | 公司 | 杭州 | 浙江 | 中国 | 华东 | life goods-水壶-10002717 | life goods | 水壶 | 229.696 | 3 | 0.5 | -53.704 |
| 1 | 2 | CN-2021-7787822 | 2021 | 2021-06-19 | 标准级 | 王丽-10123 | 王丽 | 消费者 | 内江 | 四川 | 中国 | 西南 | life goods-纸巾-10004832 | life goods | 纸巾 | 225.440 | 2 | 0.4 | 33.270 |
| 2 | 3 | CN-2021-7787822 | 2021 | 2021-06-19 | 标准级 | 王丽-10123 | 王丽 | 消费者 | 内江 | 四川 | 中国 | 西南 | life goods-收纳-10001505 | life goods | 收纳 | 131.920 | 2 | 0.4 | 5.700 |

## 6.4 Matplotlib 数据可视化基础

Matplotlib 是 Python 中最出色的绘图库之一，可以设计和输出二维以及三维数据，提供常规的笛卡儿坐标、极坐标、球坐标等，并绘制出二维、三维图表，其绘制的图片质量可达到科技论文的印刷质量，而且图片美观，能高效地展示数据结果以及相关数据间的含义。pyplot 是 Matplotlib 的子包，提供了一个类似 MATLAB 的绘图框架，可以实现快速绘图，并设置图表中的各种细节。

### 6.4.1 创建画布和子图

在 Matplotlib 中，调用 figure（）函数能够创建画布并在上面绘图。创建多个 figure（）对象可以同时展示多个图。子图可以通过 add_subplot 或 subplot 方法来创建，add_subplot 先创建一个画布，然后在该画布基础上建立子图填充图表；subplot 直接利用 Matplotlib 下的 pyplot 模块创建子图。

#### 1. 使用 Matplotlib 中的 figure（）函数创建画布

**函数名称**：figure（）。
**函数功能**：创建画布。
**调用签名**：figure（num，figsize，dpi，facecolor，edgecolor，frameon）。
**参数说明**：
num 规定当前图形的编号或名称，数据为整数或字符串，默认为 None。
figsize 规定宽度和高度（单位是英寸），数据为浮点数二元组，默认为［6.4，4.8］。
dpi 规定图形的分辨率，即每英寸的像素数，数据为浮点数，默认为 72。
facecolor 规定图片的背景颜色，数据为颜色值，默认为 white。
edgecolor 规定图片的边界颜色，数据为颜色值，默认为 white。
frameon 规定是否显示边框，数据为布尔值，默认为 True。
代码示例如下：

创建画布

```python
import matplotlib.pyplot as plt    #导入pyplot库
import numpy as np
x=np.arange(0,9,0.1)
#第一个figure
plt.figure(num=1,figsize=(2,2),dpi=500,facecolor='yellow')
plt.plot(x,np.cos(x))
#第二个figure
plt.figure(num=3,figsize=(3,2),dpi=500,facecolor='blue')
plt.plot(x,np.tan(x))
```

运行结果如图 6-1 所示。

#### 2. 使用 Matplotlib 库中的 add_subplot（）函数创建子图

**函数名称**：add_subplot（）。
**函数功能**：创建子图。
**调用签名**：fig.add_subplot（nrows，ncols，index）。

**参数说明：**

nrows 规定将当前画布划分几行，数据为整数。
ncols 规定将当前画布划分几列，数据为整数。
index 规定选定具体的某个子区域，数据为整数，默认为 1。

例如，add_subplot（2，3，3）表示在当前画布创建一个两行三列的绘图区域（见图 6-2），并选择第三个位置绘制子图。

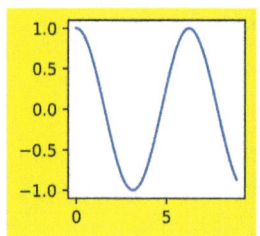
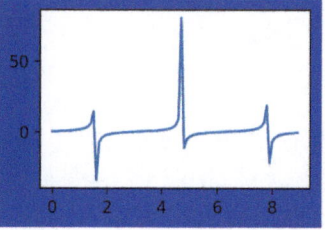

图 6-1　创建画布示例

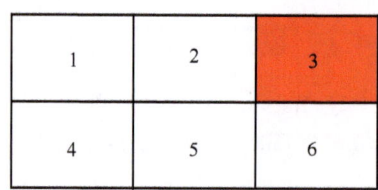

图 6-2　各子图位置

代码示例如下：

```python
import matplotlib.pyplot as plt    #导入pyplot库
import numpy as np
x=np.arange(0,9,0.1)
#新建figure对象
fig=plt.figure()   #创建名为fig的画布
#子图1
ax1=fig.add_subplot(2,2,1)
ax1.plot(x,2*x,label='y=2x',color='red')
ax1.legend()    #显示图例
#子图2
ax2=fig.add_subplot(2,2,2)
ax2.plot(x,5*x,label='y=5x',color='blue')
ax2.legend()    #显示图例
```

创建子图 1

运行结果如图 6-3 所示。

在上述例子中，add_subplot（2，2，1）表示把当前画布分成两行两列，该子图创建在其中的第一个位置（左上方）；add_subplot（2，2，2）表示把画布分成两行两列，该子图创建在第二个位置（右上方）。

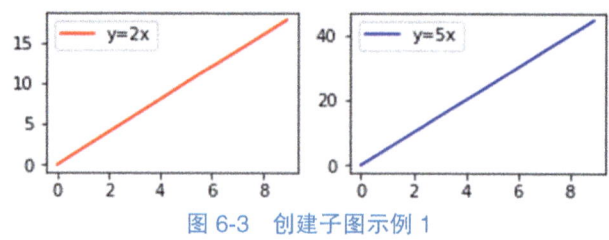

图 6-3　创建子图示例 1

**3. 使用 Matplotlib 库中的 subplot（ ）函数创建子图**

**函数名称：** subplot（ ）。
**函数功能：** 创建子图。

**调用签名**：plt.subplot（nrows，ncols，index）。
**参数说明**：
nrows 规定将当前画布划分几行，数据为整数。
ncols 规定将当前画布划分几列，数据为整数。
index 规定选定具体的某个子区域，数据为整数，默认为 1。
代码示例如下：

创建子图 2

```python
import matplotlib.pyplot as plt    #导入pyplot库
import numpy as np
x=np.arange(0,9,0.1)
plt.subplot(2,2,1)
plt.plot(x,2*x)    #第一个子图在2*2的第1个位置
plt.subplot(2,2,4)
plt.plot(x,4*x)    #第二个子图在 2*2的第4个位置
plt.show
```

运行结果如图 6-4 所示。

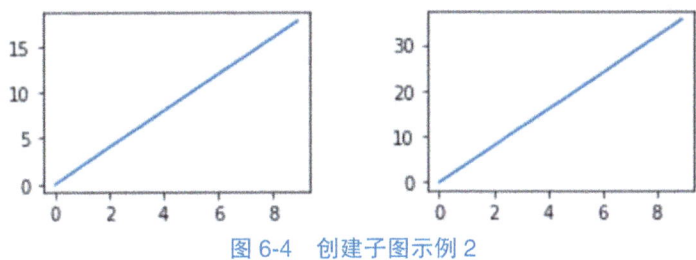

图 6-4　创建子图示例 2

## 6.4.2　添加画布属性

画布属性见表 6-2。

表 6-2　画布属性

| | |
|---|---|
| 添加图标题 | plt.title（ ）　　例：plt.title（'人口统计表'）<br>或 ax.set_title（ ） |
| 添加 x、y 坐标轴标签 | plt.xlabel（ ）　　例：plt.xlabel（'时间'）<br>plt.ylabel（ ）　　plt.ylabel（'Sales'）<br>或 ax.set_xlabel（ ），ax.set_ylabel（ ） |
| 添加刻度 | 1. 刻度位置<br>ax=plt.gca（ ）　　# 获取当前坐标轴<br>#x 轴每 16 个刻度显示，y 轴每 3 个刻度显示<br>ax.xaxis.set_major_locator（MultipleLocator（16））<br>ax.yaxis.set_major_locator（MultipleLocator（3））<br>2. 刻度标签<br># 整数：%d；小数：%m.nf；科学计数：%m.nE<br>ax.xaxis.set_major_formatter（FormatStrFormatter（'%1.2f'））<br>'%1.2f' 表示输出的刻度至少占 1 个字符且保留 2 位小数 |

(续)

| 设置坐标轴刻度字号 | plt.xticks（fontsize=14）<br>plt.yticks（fontsize=14） |
|---|---|
| 坐标轴网格 | ax.grid（axis='x'，which='major'，其他属性设置）<br>#axis='x' 表示只画 x 轴的网格，which='major' 表示只画主刻度的网格；其他属性包括：linewidth 网格线条宽度；linestyle 网格线虚线或实线，color 网格线条颜色；alpha 网格线透明度（取值 0~1） |
| 坐标轴边框线 | ax.spines［'left'］.set_color（'red'）# 左侧轴设置为红色<br>ax.spines［'right'］.set_color（'blue'）# 右侧轴设置为蓝色<br>ax.spines［'top'］.set_linewidth（2）# 设置顶部轴线宽<br>ax.spines［'bottom'］.set_linestyle（'--'）# 设置底部轴线的样式 |
| 隐藏坐标轴 | ax.axis（'off'） |
| 设置坐标轴范围 | plt.xlim（）    例：plt.xlim（-2，2）<br>plt.ylim（）    plt.xlim（-6，6） |
| 设置图例 | plt.legend（） |

## 6.4.3 绘图保存与显示

### 1. 保存图像

使用 Matplotlib 库中的 savefig（）函数保存图像，具体如下。

**函数名称**：savefig（）。

**函数功能**：保存图像。

**调用签名**：plt.savefig（fname，dpi，facecolor，edgecolor，format，transparent）

或 fig.savefig（fname，dpi，facecolor，edgecolor，format，transparent）。

**参数说明**：

fname 规定包含文件名路径的字符串，如果 format 参数设为 None 且 frame 参数是一个字符串，则输出格式将根据文件名的扩展名导出。

dpi 规定图形的分辨率，即每英寸的像素数，为浮点数，默认值为 72。

facecolor 规定图形表面颜色，数据为颜色值，默认"auto"，表示使用当前图形的表面颜色。

edgecolor 规定图形边缘颜色，数据为颜色值，默认"auto"，表示使用当前图形的边缘颜色。

format 规定文件格式，如 png、pdf、svg 等，数据为字符串，默认 None。

transparent 规定将图片背景设置为透明，图形也会透明，除非通过关键字参数指定表面颜色或边缘颜色。数据为布尔值，默认 False。

### 2. 显示图像

使用 plt.show（）或 fig.show（）函数显示图像。

如果 plt.show（）位于 plt.savefig（）之前，则保存的是空白图片，所以 plt.show（）应在 plt.savefig（）之后。

## 6.4.4 文本注解

使用 Matplotlib 库中的 text（）函数添加文本注解。

**函数名称**：text（）。

**函数功能**：添加文本注解。
**调用签名**：Matplotlib.pyplot.text（x，y，s，fontdict，**kwargs）。
**参数说明（部分）**：
x，y 表示坐标，数据类型为浮点数。
s 表示文本，数据类型为字符串。
fontdict 表示数据类型为字典，默认 None，默认值由 rcParams 确定。
**其他常用参数**：
fontsize 规定字体大小，数据类型为浮点数或字符串。
fontweight 规定字体粗细，数据为 0~1000 的整数或字符串。
fontstyle 规定字体类型，数据类型为字符串。
verticalalignment 规定垂直对齐方式，缩写 va，数据类型为字符串。
horizontalalignment 规定水平对齐方式，缩写 ha，数据类型为字符串。
rotation 规定旋转角度，数据类型为浮点数或字符串。
alpha 规定透明度，数据为 0~1 的浮点数。
color 规定字体颜色，数据为颜色值。
backgroundcolor 规定字体背景颜色，数据为颜色值。
bbox 规定给标题增加外框，数据类型为字典。

## 6.4.5 颜色使用

数据可视化过程中颜色的使用会影响读者对可视化图形的理解，合理使用颜色至关重要。本节将介绍 Matplotlib 中颜色的七种使用方法，方便读者灵活运用。

#### 1. 基本颜色

Matplotlib 中常用的颜色有以下八种，其字母表示和缩写如图 6-5 所示。

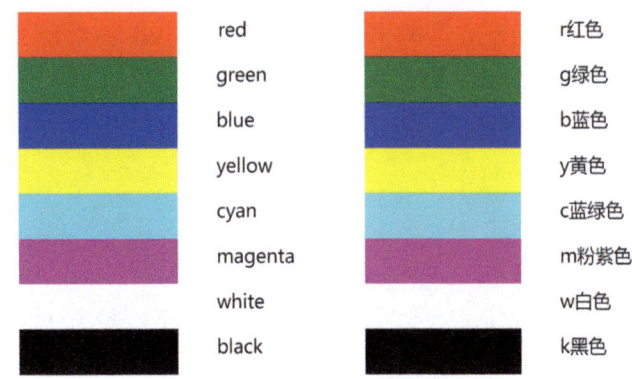

图 6-5　Matplotlib 中常用的颜色

代码示例如下：

```python
import matplotlib.pyplot as plt    #导入pyplot库
import numpy as np
colors=['r','g','y','b']
plt.pie(x=[1,2,3,4],colors=colors )
```

运行结果如图 6-6 所示。

#### 2. T10 调色盘

在 Matplotlib 中，默认的颜色盘通过参数 rcParams ["axes.prop_cycle"] 来指定，初始调色盘是 T10 调色盘，包含图 6-7 所示的 10 种颜色。它适用于离散分类，其颜色名称以 tab: 为前缀。

代码示例如下：

```
plt.pie(x=[1,2,3,4], colors=['tab:blue','tab:orange','tab:green','tab:red'])
```

运行结果如图 6-8 所示。

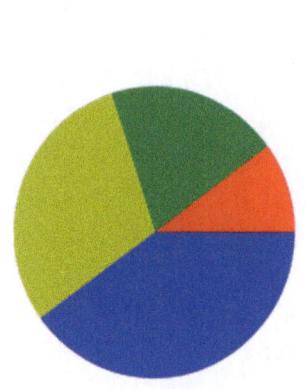

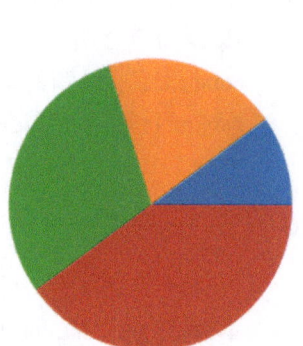

图 6-6　基本颜色展示　　　　图 6-7　T10 调色盘　　　　图 6-8　T10 调色盘展示

#### 3. xkcd 调色盘

xkcd 调色盘是通过对上万名参与者调查总结出的 964 种常用的颜色。官方网站：https://xkcd.com/color/rgb/ 中的部分颜色显示如图 6-9 所示。

在 Matplotlib 中，通过 "xkcd：颜色名称" 使用，不区分大小写，代码示例如下：

```
plt.pie(x=[1,2,3,4], colors=['xkcd:blue','xkcd:orange','xkcd:green','xkcd:red'])
```

运行结果如图 6-10 所示。

#### 4. X11/CSS4 颜色名称

X11 系列颜色通过名称来对应具体的颜色编码，后来的 CSS4 颜色代码也是在其基础上发展而来，部分颜色示例如图 6-11 所示。

CSS4 颜色如图 6-12 所示。

在 Matplotlib 中，X11/CSS4 相关的颜色名称和十六进制编码存储在一个字典中，可以通过以下代码查看：

```
import matplotlib._color_data as mcd
for key in mcd.CSS4_COLORS:
    print('{}: {}'.format(key, mcd.CSS4_COLORS[key]))
```

# 第6章 Python基础

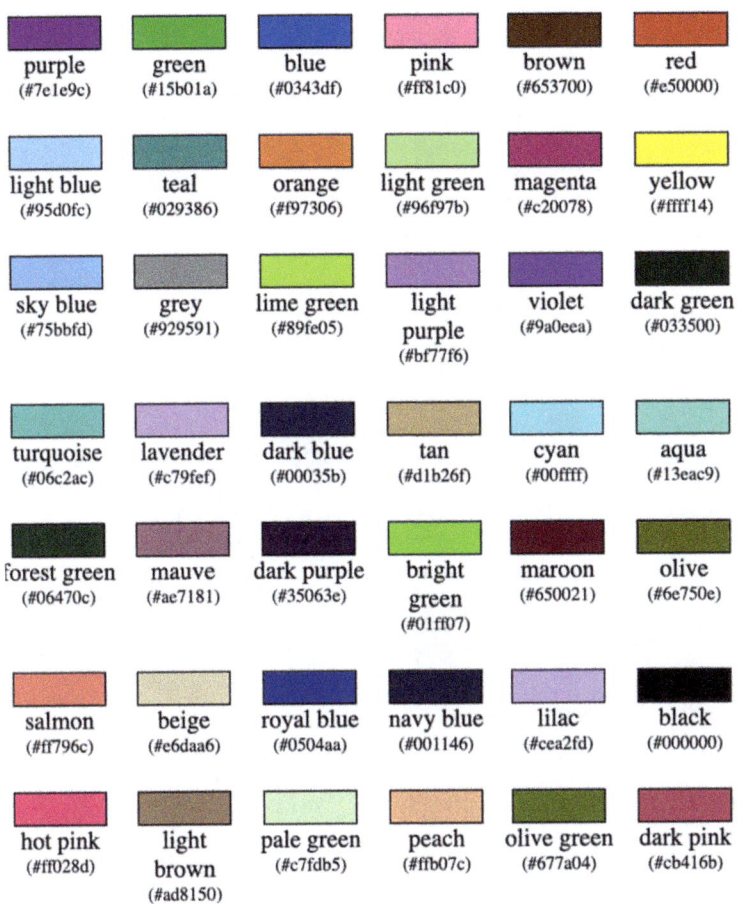

图 6-9 xkcd 调色盘

图 6-10 xkcd 调色盘展示

**X11 color names**

| Name | Hex (RGB) | Red (RGB) | Green (RGB) | Blue (RGB) | Hue (HSL/HSV) | Satur. (HSL) | Light (HSL) | Satur. (HSV) | Value (HSV) |
|---|---|---|---|---|---|---|---|---|---|
| Alice Blue | #F0F8FF | 94% | 97% | 100% | 208° | 100% | 97% | 6% | 100% |
| Antique White | #FAEBD7 | 98% | 92% | 84% | 34° | 78% | 91% | 14% | 98% |
| Aqua | #00FFFF | 0% | 100% | 100% | 180° | 100% | 50% | 100% | 100% |
| Aquamarine | #7FFFD4 | 50% | 100% | 83% | 160° | 100% | 75% | 50% | 100% |
| Azure | #F0FFFF | 94% | 100% | 100% | 180° | 100% | 97% | 6% | 100% |
| Beige | #F5F5DC | 96% | 96% | 86% | 60° | 56% | 91% | 10% | 96% |
| Bisque | #FFE4C4 | 100% | 89% | 77% | 33° | 100% | 88% | 23% | 100% |
| Black | #000000 | 0% | 0% | 0% | 0° | 0% | 0% | 0% | 0% |
| Blanched Almond | #FFEBCD | 100% | 92% | 80% | 36° | 100% | 90% | 20% | 100% |
| Blue | #0000FF | 0% | 0% | 100% | 240° | 100% | 50% | 100% | 100% |
| Blue Violet | #8A2BE2 | 54% | 17% | 89% | 271° | 76% | 53% | 81% | 89% |
| Brown | #A52A2A | 65% | 16% | 16% | 0° | 59% | 41% | 75% | 65% |
| Burlywood | #DEB887 | 87% | 72% | 53% | 34° | 57% | 70% | 39% | 87% |

图 6-11 部分 X11 颜色示例

# 数据可视化

图 6-12 CSS4 颜色

通过颜色名称来使用 X11/CSS4 颜色，代码示例如下：

```
plt.pie(x=[1,2,3,4], colors=['aliceblue','antiquewhite','aqua','aquamarine'])
```

运行结果如图 6-13 所示。

### 5. 十六进制颜色代码

Matplotlib 支持使用十六进制颜色代码以精确地指定颜色。代码示例如下：

```
plt.pie(x=[1,2,3,4], colors=['#1f77b4', '#ff7f0e', '#2ca02c', '#d62728'])
```

运行结果如图 6-14 所示。

### 6. RGB/RGBA 元组

所有颜色都由 RGB 三原色构成。在 Matplotlib 中，可以通过一个元组来表示 red、green、blue 三原色的比例，还可以用一个可选的 alpha 值来表示透明度，取值范围均为 0~1。代码示例如下：

```
plt.pie(x=[1,2,3,4], colors=[(0.1, 0.2, 0.5), (0.1, 0.3, 0.5), (0.1, 0.4, 0.5), (0.1, 0.5, 0.5)])
```

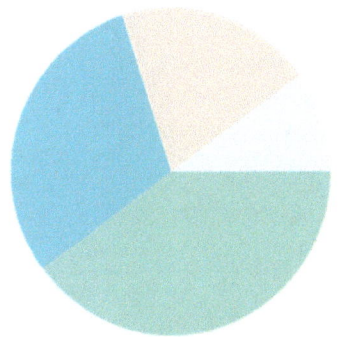

图 6-13　CSS4 颜色展示

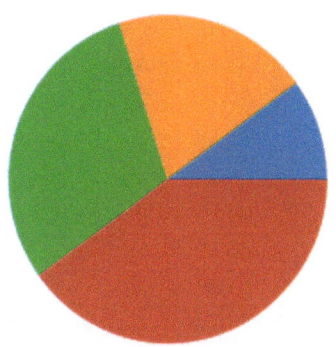

图 6-14　十六进制颜色展示

运行结果如图 6-15 所示。

### 7. 灰度颜色

在 Matplotlib 中，通过 0~1 的浮点数来对应灰度梯度。在使用时，为了有效区分，需要通过引号将其转换为字符，代码示例如下：

```
plt.pie(x=[1,2,3,4], colors=['0','0.25','0.5','0.75'])
```

运行结果如图 6-16 所示。

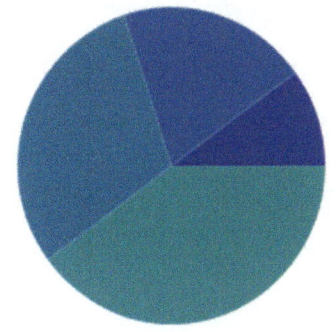

图 6-15　RGB/RGBA 元组展示

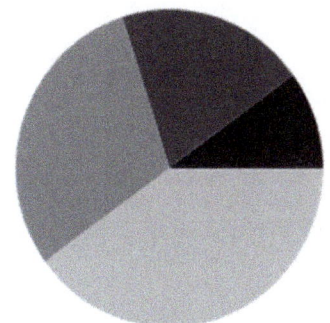

图 6-16　灰度颜色展示

### 8. 调色板

有些图表支持使用调色板（colormap）的方式配置一组颜色，从而在可视化中通过色彩的变化表达更多信息。在 Matplotlib 中，colormap 共有五种类型。

（1）顺序（sequential）　通常使用单一色调，逐渐改变亮度和颜色，用于表示有顺序的信息。

（2）发散（diverging）　改变两种不同颜色的亮度和饱和度，这些颜色在中间以不饱和的颜色相遇；当绘制的信息具有关键中间值（如地形）或数据偏离零时，可使用此值。

（3）循环（cyclic）　改变两种不同颜色的亮度，在中间和开始或结束时以不饱和的颜色相遇。用于在端点处环绕的值，如相角、风向或一天中的时间。

（4）定性（qualitative）　常是杂色，用来表示没有排序或关系的信息。

（5）杂色（miscellaneous） 一些在特定场景使用的杂色组合，如彩虹、海洋、地形等。

各类型 colormap 示例如图 6-17 所示，使用时可参考官方文档：https://matplotlib.org/stable/tutorials/colors/colormaps.html。

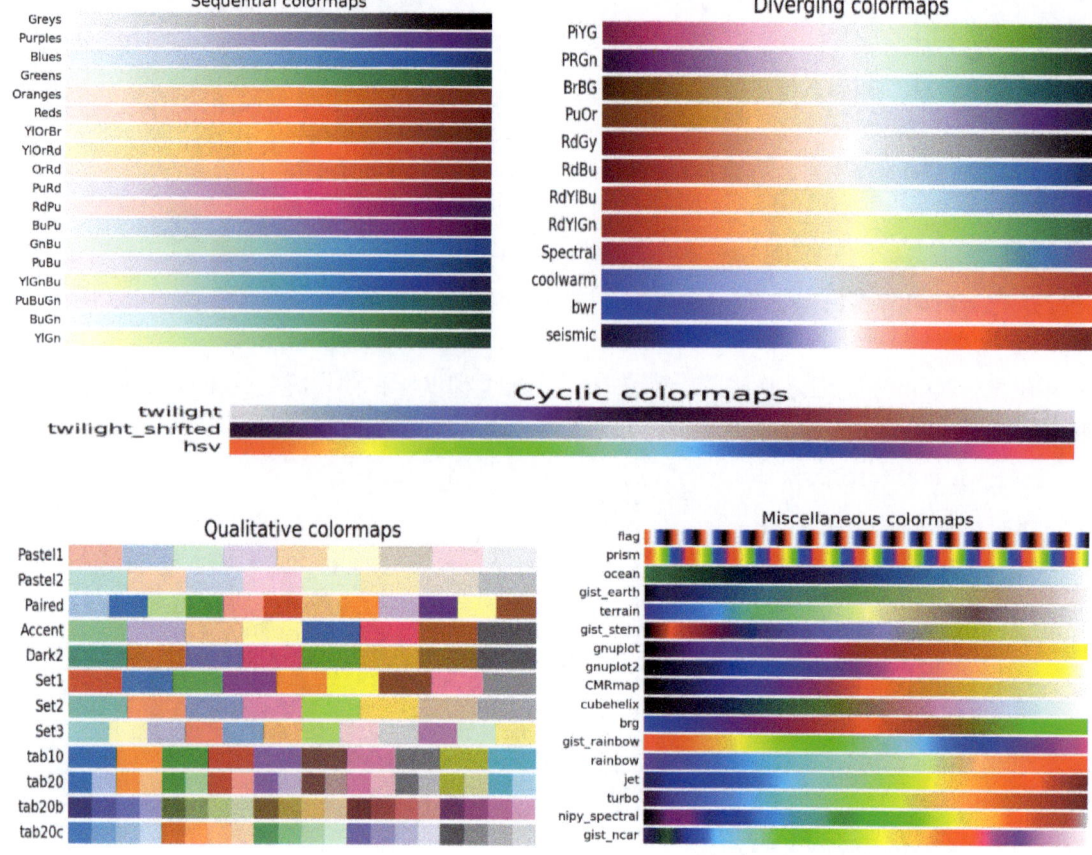

图 6-17 colormap 示例

## 6.5 pyecharts 可视化

pyecharts 是 Python 中用于生成 ECharts 图表的类库，其在制作可交互图表方面具有良好的效果，相比其他可视化库更易上手。pyecharts 作图灵活美观，代码量少，可以绘制折线图、柱状图、饼图、漏斗图、地图、极坐标图等多种图形。使用 pyecharts 只需在 Python 中安装相应库，安装命令为：pip install pyecharts。

### 6.5.1 pyecharts 的使用方法

pyecharts 中基本所有图表都是这样绘制的：
chart_name=Type（） 　　　　　　　　#初始化具体类型图表

```
chart_name.add()                    # 添加数据及配置项
chart_name.render()                 # 生成本地文件（html/svg/jpeg/png/pdf/gif）
chart_name.render_notebook          # 在 jupyter notebook 中显示
```

pyecharts 中添加数据有两种方式，一种是普通方式；另一种是链式调用。链式调用是 pyecharts 常用的程序书写方法，它将图表的实例化、添加数据、设置参数、输出结果放在一句代码执行，简单方便。下面以一个简单的实例展示链式调用。

```
from pyecharts.charts import Bar
from pyecharts import options as opts
from pyecharts.faker import Faker
(Bar()            #1.实例化
    .add_xaxis(Faker.choose())              #2.添加 x 轴标签
    .add_yaxis("商家A",Faker.values())       # 添加 y 轴数据 - 商家 A
    .add_yaxis("商家B",Faker.values())       # 添加 y 轴数据 - 商家 B
    .set_global_opts(
            title_opts=opts.TitleOpts(title="Bar-Brush示例",
subtitle="我是副标题"),
            brush_opts=opts.BrushOpts())      # 添加通用设置项
    ).render_notebook()         # 输出图表结果
#BrushOpts 代表区域选择组件配置项,即图中右上角 4 个图形
```

运行结果如图 6-18 所示。

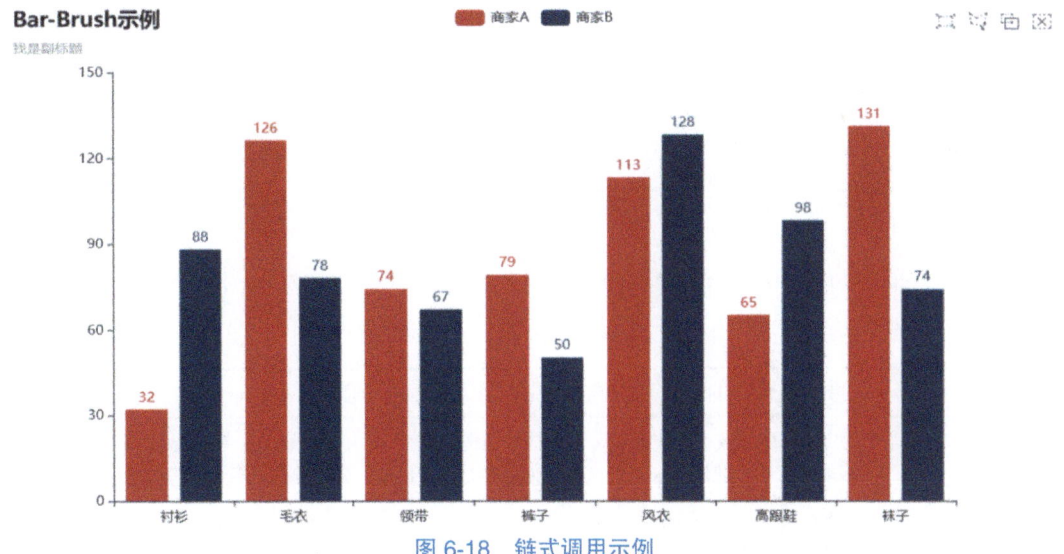

图 6-18　链式调用示例

pyecharts 提供了全局配置项和系列配置项，并提供了七种图表类型。

（1）全局配置项　最常用的配置项，包括初始化配置项、标题配置项、坐标轴配置项、图例配置项等。

（2）系列设置项　设置图表的具体参数，包括文字样式配置项、标签配置项、线样式配置项等。

图表类型有基本图表、直角坐标系图表、树形图表、地理图表、3D 图表、组合图表、HTML 组件。

### 6.5.2 全局配置项和系列配置项

全局配置项通过 set_global_opts 实现，系列配置项通过 set_series_opts 实现。标题、图例为全局参数；数据标签为系列参数。

#### 1. 设置标题

使用 set_global_opts（title_ops=opts.TitleOpts（参数））设置标题，参数见表 6-3。

表 6-3 set_global_opts 标题参数

| | |
|---|---|
| title | 大标题，数据为字符串 |
| subtitle | 副标题，数据为字符串 |
| pos_left | 标题距离左边的位置，值可以取像素值、百分比或 'left'、'center'、'right'（此时组件会根据相应的位置自动对齐） |
| pos_right | 标题距离右边的位置，值可以取像素值、百分比或 'left'、'center'、'right'（此时组件会根据相应的位置自动对齐） |
| pos_top | 标题距离上边的位置，值可以取像素值、百分比或 'top'、'middle'、'bottom'（此时组件会根据相应的位置自动对齐） |
| pos_bottom | 标题距离下边的位置，值可以取像素值、百分比或 'top'、'middle'、'bottom'（此时组件会根据相应的位置自动对齐） |
| padding | 标题内边距，单位 px，默认各方向内边距为 6 |
| item_gap | 主副标题之间的距离，默认 10 |
| title_textstyle_opts | 主标题字体样式配置项 |
| subtitle_textstyle_opts | 副标题字体样式配置项 |

#### 2. 设置图例

使用 set_global_opts（legend_opts=opts.LegendOpts（参数））设置图例，参数见表 6-4。

表 6-4 set_global_opts 图例参数

| | |
|---|---|
| type_ | 图例的类型。'plain' 是普通图例；'scroll' 是可滚动翻页的图例，默认 plain |
| selected_mode | 图例选择的模式，控制是否可以通过单击图例改变系列的显示状态。True 表示开启图例选择，False 表示关闭，默认 True。也可设成 'single' 或 'multiple'，表示单选或多选模式 |
| is_show | 是否显示图例组件。默认 True |
| pos_left | 图例离容器左边的距离，值可以取像素值、百分比或 'left'、'center'、'right'（此时组件会根据相应的位置自动对齐） |
| pos_right | 图例离容器右边的距离，值可以取像素值、百分比或 'left'、'center'、'right'（此时组件会根据相应的位置自动对齐） |
| pos_top | 图例离容器上边的距离，值可以取像素值、百分比或 'top'、'middle'、'bottom'（此时组件会根据相应的位置自动对齐） |

(续)

| | | |
|---|---|---|
| pos_bottom | 图例离容器下边的距离，值可以取像素值、百分比或 'top'、'middle'、'bottom'（此时组件会根据相应的位置自动对齐） | |
| orient | 图例列表的布局朝向，数据为字符串，可选 'horizontal' 或 'vertical' | |
| align | 图例标记和文本的对齐，数据为字符串，可选 'auto'、'left'、'right'。默认 'auto'（根据组件的位置和 orient 决定） | |
| padding | 图例内边距，单位 px，默认各方向内边距为 6 | |
| item_gap | 图例每项之间的间隔。横向布局时为水平间隔，纵向布局时为纵向间隔。默认间隔为 10 | |
| item_width | 图例标记的图形宽度。默认宽度为 26 | |
| item_height | 图例标记的图形高度。默认高度为 14 | |
| inactive_color | 图例关闭时的颜色。默认是 #ccc | |

### 3. 设置数据标签

使用 set_series_opts（label_opts=opts.LabelOpts（参数））设置数据标签，参数见表 6-5。

表 6-5 set_series_opts 数据标签参数

| | |
|---|---|
| is_show | 是否显示标签，默认 True |
| position | 标签的位置，可选 'top'、'left'、'right'、'bottom'、'inside'、'insideLeft'、'insideRight'、'insideTop'、'insideBottom'、'insideTopLeft'、'insideBottomLeft'、'insideTopRight'、'insideBottomRight'，默认 'top' |
| color | 文字的颜色，数据为颜色值。如果设为 'auto'，则为视觉映射得到的颜色，如系列色 |
| distance | 距离图形元素的距离 |
| font_size | 文字的字体大小，默认 12 |
| font_style | 文字的字体风格，数据为字符串 'normal'、'italic'、'oblique' |
| font_weight | 文字的字体粗细，数据为字符串 'normal'、'bold'、'bolder'、'lighter' |
| font_family | 文字的字体系列，可选 'serif'、'monospace'、'Arial'、'Courier New'、'Microsoft YaHei' 等 |
| rotate | 标签旋转，正值代表逆时针，范围从 −90°~90° |
| margin | 刻度标签与轴线之间的距离，默认 8 |
| horizontal_align | 文字水平对齐方式，默认自动。可选 'left'、'center'、'right' |
| vertical_align | 文字垂直对齐方式，默认自动。可选 'top'、'middle'、'bottom' |

代码示例如下：

```
(Bar()
    .add_xaxis(['1月','2月','3月','4月','5月','6月','7月','8月','9月','10月','11月','12月'])
    .add_yaxis('数量'  ##系列的名称
             ,[1000,2000,3000,5000,8000,3   ),5800,7900,12000,10000,9000,8000] )##系列的数值
    .set_global_opts(title_opts=opts.TitleOpts(title='我是大标题'
                                              ,subtitle='我是副标题'
                                              ,pos_left='20%'   #标题的位置,距离左边20%距离
                                              ,item_gap=10#主副标题之间的距离
```

设置标题、图例和标签

# 数据可视化

```
                   ,title_textstyle_opts=opts.TextStyleOpts(color='red'
                                                  ,font_size=12
                                                  ,font_weight='bold')    #大标题文字的格式配置
                   ,subtitle_textstyle_opts=opts.TextStyleOpts(color='blue'
                                ,font_style='normal' #可选: 'normal', 'italic', 'oblique'
                                ,font_weight='normal' #粗细 'normal', 'bold', 'bolder', 'lighter'
                                ,font_family='monospace' # 还可以是 'serif' , 'monospace', 'Arial',
                                                          #'Courier New', 'Microsoft YaHei', ...
                                ,font_size=12
                                ,background_color='grey' #文字背景颜色
                                ,border_color='black'   #文字块边框颜色
                                  )###小标题文字的格式配置
                   )
                 ,legend_opts=opts.LegendOpts(type_=None # 'plain': 普通图例. 缺省就是普通图例.
                                              # 'scroll': 可滚动翻页的图例. 当图例数量较多时可以使用.
                                ,pos_left='right' #图例横向的位置,right表示在右侧, 也可以为百分比
                                ,pos_top='middle' #图例纵向的位置,middle表示中间, 也可以为百分比
                                ,orient='vertical' #horizontal #图例的方式
                                ))
     .set_series_opts(label_opts=opts.LabelOpts(position='insideTop' #设置数据标签所在的位置 'top', 'left', 'right', 'bottom',
                                 # 'inside', 'insideLeft', 'insideRight', 'insideTop', 'insideBottom',
                                 # 'insideTopLeft', 'insideBottomLeft', 'insideTopRight', 'insideBottomRight'
                                 ,color='white' #数据标签的颜色
                                 ,font_size=12 )##设置数据标签的格式
                   )
).render_notebook()
```

运行结果如图 6-19 所示。

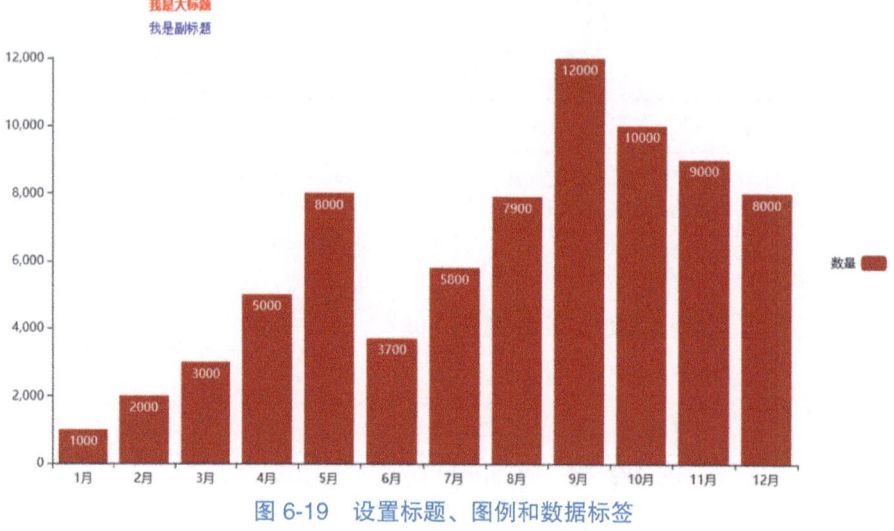

图 6-19　设置标题、图例和数据标签

## 6.6　习题

1. 如何导入 NumPy 数值包和 pandas 数据分析包？
2. a 是一个数组，a[1:4]、a[2:]、a[:]、a[:6] 分别代表什么意思？
3. 解释 NumPy 库中 arrange（）和 linspace（）的用法及区别。
4. 读取数据框的基本信息、读取数据框前 3 条、后 4 条的代码分别是什么？
5. 增加、删除数据框列，修改数据框列名，设置某列为索引，数据框排序函数的代码分别是什么？
6. 使用 add_subplot（）函数或 subplot（）函数创建 2×3 的画布，并将 $y=x^2$ 作为子图，尝试调整子图的位置和大小。

# 第 7 章

## 有关比例的可视化

## 7.1 在比例中寻求什么

比例是总体中各个部分占总体的比值，用来反映总体的构成。将总体理解为 1 或者 100%，各个部分的比值总和为 1。在比例中，通常想要得到总体分布、最大值和最小值。最大值和最小值很容易就能看出来，在按大小排列的数据中，两端即为最大值与最小值。例如，食物中各部分卡路里含量最多和最少的部分。对于最大值与最小值，仅需要排列数据即可得出。

实际中，人们更关注的是比例的分布及其相互关系。例如，某班级中男同学和女同学的人数占比，午餐中碳水化合物、蛋白质、维生素的占比等。

## 7.2 整体中的各个部分

### 7.2.1 饼图

饼图最早由 William Playfair 于 1801 年发布，是生活中十分常见的图表。饼图采用了饼的隐喻，用一个圆代表整体，然后将它分成多个扇形（楔形），就像切蛋糕一样。每一个扇形代表整体中的一部分，各个扇形百分比之和应为 100%。扇形面积越大代表这一部分占比越多。当需要展示不同子类别占总体的比例时，饼图是一个很好的选择。

#### 1. Tableau 绘制饼图

以本书提供的"超市"数据为例，采用 Tableau 绘制饼图，展示各区域订单数的占比，步骤如下：

1）打开 Tableau，连接"超市"数据（supermarket.xls 文件），选择需要使用的数据表"订单"，单击工作表转至绘图区域。

饼图 1

2）将左侧数据列中的"区域"字段拖拽到"列"功能区，将"订单（计数）"字段拖拽到"行"功能区，此时绘图区域自动绘制各区域订单数柱状图，如图 7-1 所示。

## 数据可视化

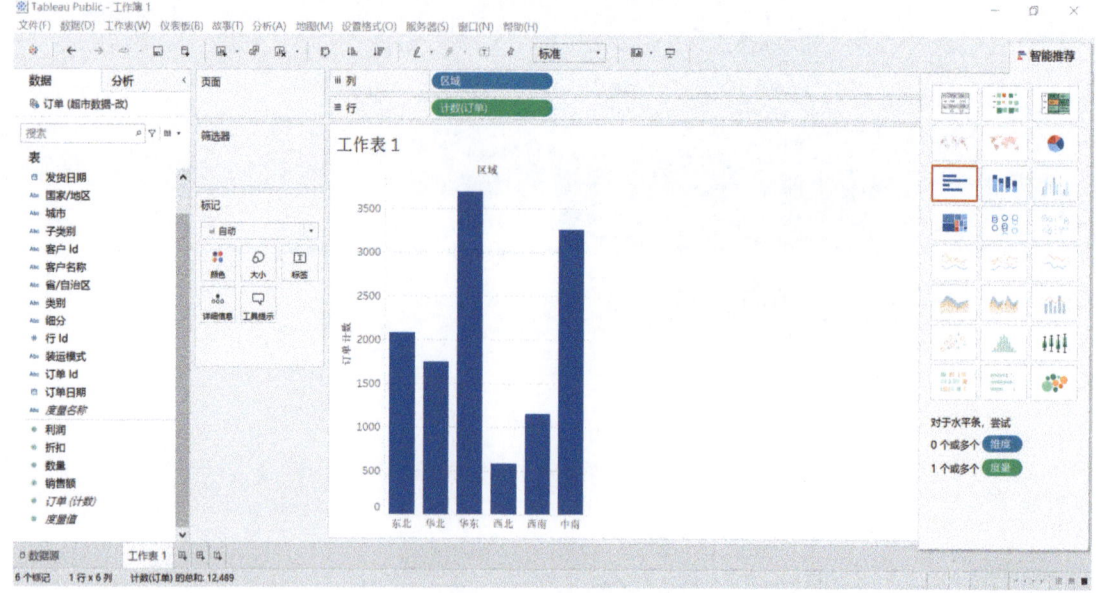

图 7-1 订单数柱状图

3）选择右侧智能推荐中的"饼图"选项生成饼图，按住 <Ctrl+Shift+B> 组合键调节饼图的大小，将左侧数据列中的"区域"字段拖拽至"标记"卡下的"标签"，将"订单（计数）"字段拖拽至"标记"卡下的"标签"。

4）单击标签中的"计数（订单）"字段，用鼠标右键选中"快速表计算"，在出现的选项中选择"合计百分比"，完成饼图绘制，如图 7-2 所示。

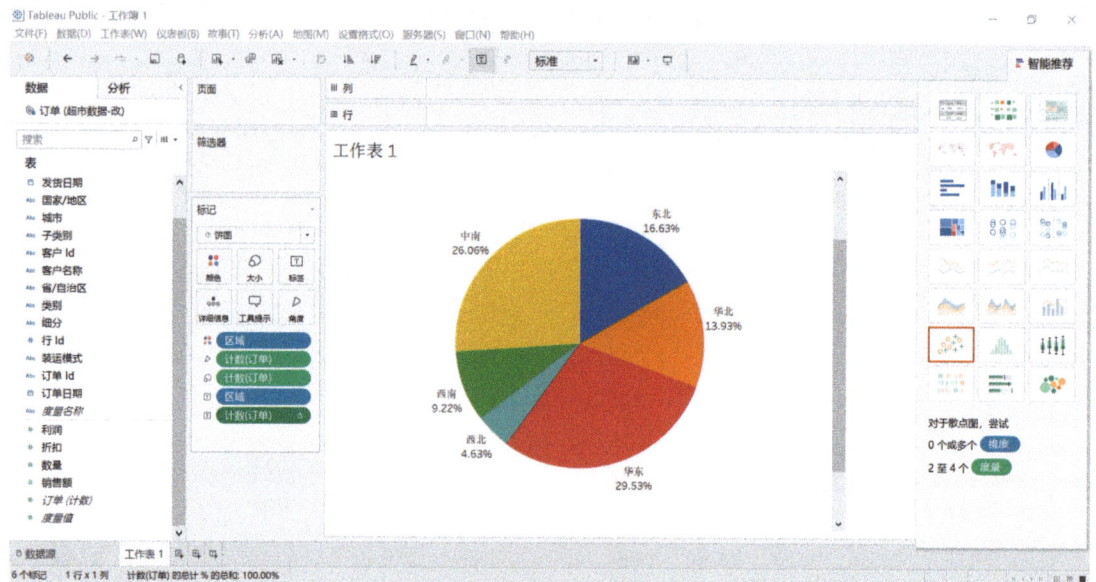

图 7-2 Tableau 绘制的饼图

### 2. Python 绘制饼图

使用 Matplotlib 库中的 pie（ ）函数来绘制饼图，具体如下。

## 第 7 章 有关比例的可视化

**函数名称**:pie( )。
**函数功能**:绘制饼图。
**调用签名**:matplotlib.pyplot.pie(x,explode,labels,colors,autopct,pctdistance,wedgeprops,**kwargs)。

**参数说明(部分)**:

x 指楔形尺寸,浮点型数组。

explode 是指定偏移每个楔块的半径,数组,默认值:无。如果不是无,则是一个 len(x) 数组。

labels 是为每个楔块提供标签的一系列字符串,列表类型,默认值:无。

colors 指每个扇形的颜色,数组类型,默认值:无。

autopct 指用数值标记楔块,标签将放在楔子内,字符串或函数,默认值:无。如果是格式字符串,则标签为 fmt%pct,例如 %d%% 表示整数百分比,%0.1f%% 表示一位小数百分比,%0.2f%% 表示两位小数百分比。如果是函数,则调用。

pctdistance 指圆心与标签之间距离与半径的比率,大于 1 时标签会显示在圆外,默认值为 0.6。

wedgeprops 指参数字典传递给 wedge 对象,字典类型,默认值:无。例如,wedgeprops={'width':0.3} 使得饼图 0.7 倍半径是空白。

**代码示例如下**:

```
import matplotlib as mpl
import matplotlib.pyplot as plt
mpl.rcParams["font.family"]='Arial'   # 默认字体类型
mpl.rcParams["mathtext.fontset"]='cm' # 数学文字字体
# 生成数据
labels=["A level","B level","C level","D level"]
students=[0.35,0.15,0.2,0.3]
plt.pie(students, labels=labels)
plt.show()
```

运行结果如图 7-3 所示。

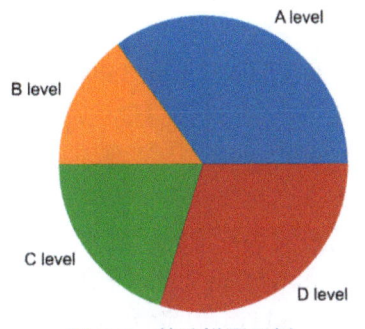

图 7-3　基础饼图示例

以本书提供的"超市"数据为例,绘制各区域订单数占比的饼图,代码如下:

129

## 数据可视化

```python
import pandas as pd
import matplotlib.pyplot as plt
plt.rcParams['font.family']=['sans-serif']   # 用于正常显示中文
plt.rcParams['font.sans-serif']=['SimHei']
plt.rcParams['axes.unicode_minus']=False     # 用于正常显示符号

df=pd.read_excel('.\supermarket.xls')
#注意:读者需要替换文件地址,右击excel,选择"复制文件地址"即可获取
#统计各区域订单数量
new=df.groupby(["区域"])['区域'].count().reset_index(name="count")
plt.pie(
    new['count'],           # 以 count 为数据
    labels=new['区域'],     # 设置区域为标签
    autopct='%3.1f%%'       # 显示三位整数一位小数
)
plt.title('各区域订单数量占比')  # 设置标题
plt.show()  # 显示图表
```

饼图2

运行结果如图 7-4 所示。

### 7.2.2 环形图

环形图也被称为面包圈图,是由两个及两个以上大小不一的饼图叠在一起,除去中间的部分所构成的图形。它和饼图十分相似,不同之处在于环形图的里面是一个空心圆环。

饼图是用圆形及圆内扇形的面积来表示数值大小的图形,主要用于表示总体中各组成部分所占的比例。与之对比,环形图中间留有空白,可以用多个环展示多个样本,既可以表示每个样本中各部分的占比,又可以对多个样本的结构同时进行对比。但环形图展示的类别不能过多,否则比较起来会比较困难。

图 7-4 Python 绘制的超市饼图

#### 1. Tableau 绘制环形图

环形图实际上是在饼图的基础上形成的,在 Tableau 中绘制环形图是通过将两个大小不同的饼图叠加在一起,然后将其中较小的饼图颜色改为空白来呈现圆环的效果。下面在 7.2.1 节所绘制饼图的基础上使用 Tableau 绘制环形图,步骤如下:

1)打开在 7.2.1 节中使用 Tableau 绘制的饼图,将左侧数据列中的"数量"字段拖拽到"行"功能区,再将左侧数据列中的"数量"字段拖拽到"行"功能区(即连续拖动两次)。在"行"功能区中,逐个用鼠标右键选中拖拽好的度量值,将度量改为最小值,此时得到两个相同的饼图,如图 7-5 所示。

环形图1

2)在"标记"卡下对第二个饼图进行操作,删除所有标记,此时第二个饼图变为灰色实心圆,如图 7-6 所示。

# 第 7 章 有关比例的可视化

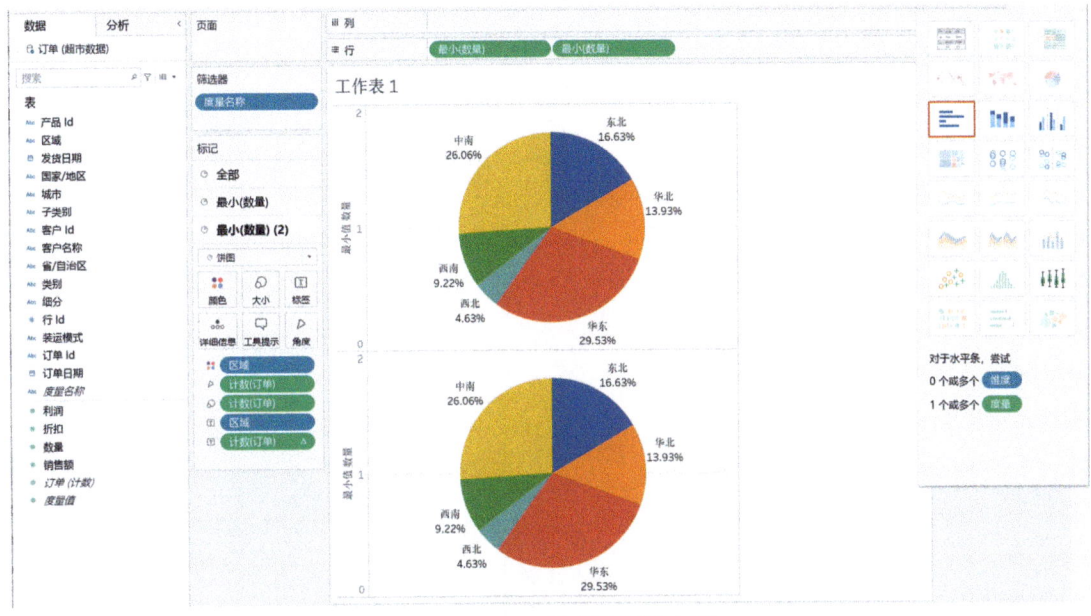

图 7-5　Tableau 绘制环形图步骤 1

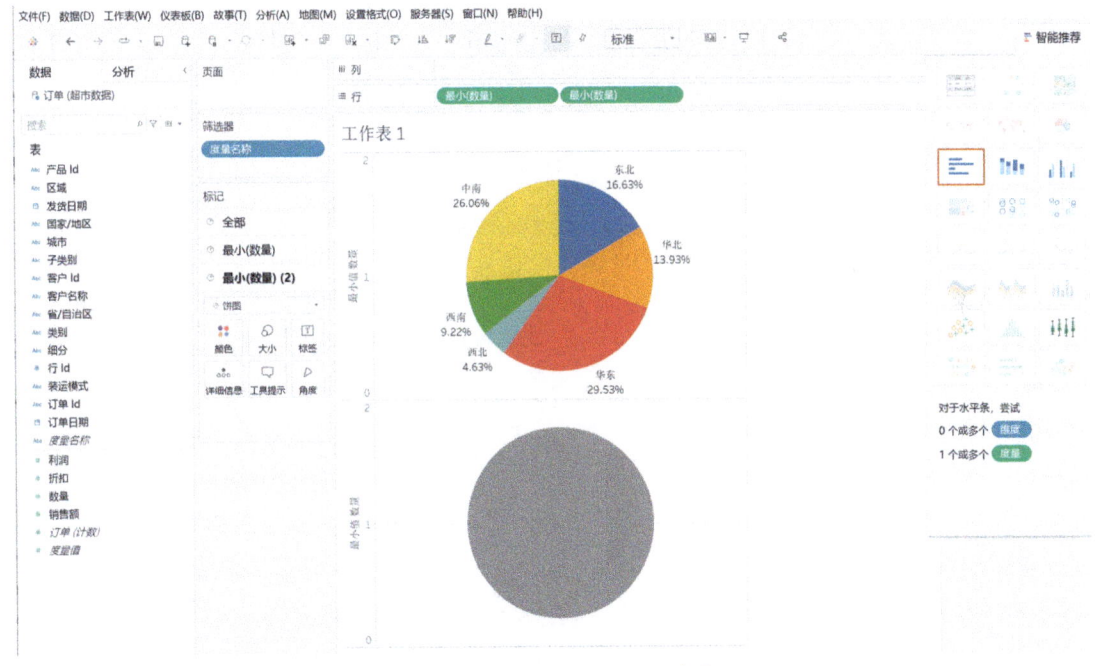

图 7-6　Tableau 绘制环形图步骤 2

3）单击第二个饼图，通过调节"标记"卡下的"大小"来调整第二个饼图的大小，使其小于第一个饼图，如图 7-7 所示。

4）右击第二个图表的纵轴，选择双轴，将两个饼图进行双轴操作。此时两个饼图重叠在一起。将第二个饼图的颜色改为白色，此时就得到了一个环形图。

5）对环形图进行美化，将"订单（计数）"字段拖拽至第二个饼图"标记"卡下的"标

131

签"选项，此时环形图中心显示了订单总数，如图 7-8 所示。

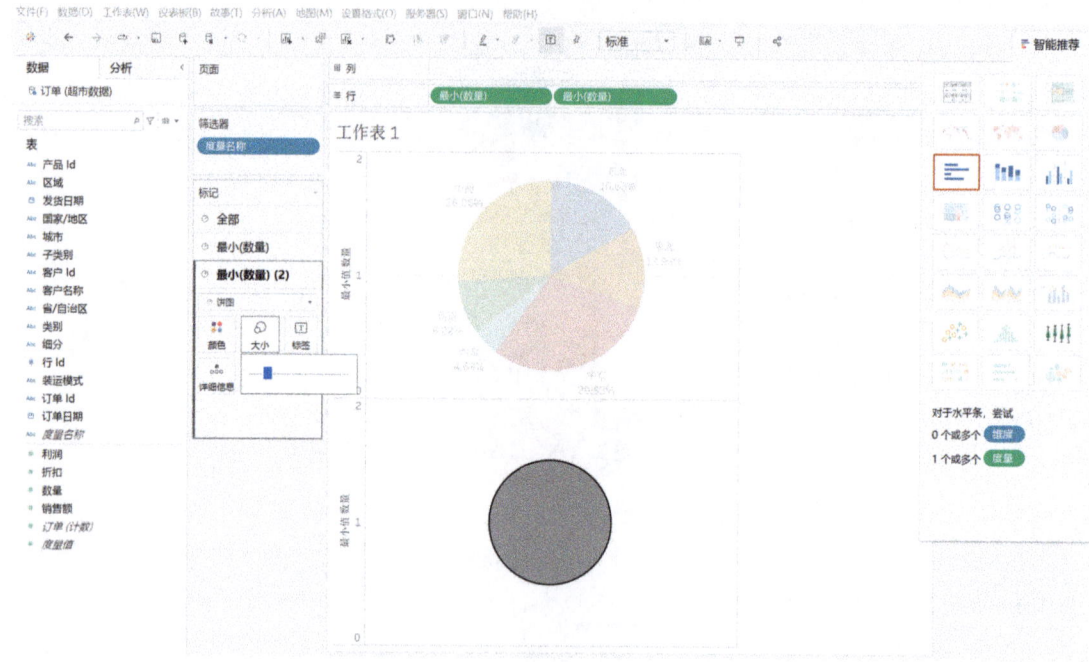

图 7-7　Tableau 绘制环形图步骤 3

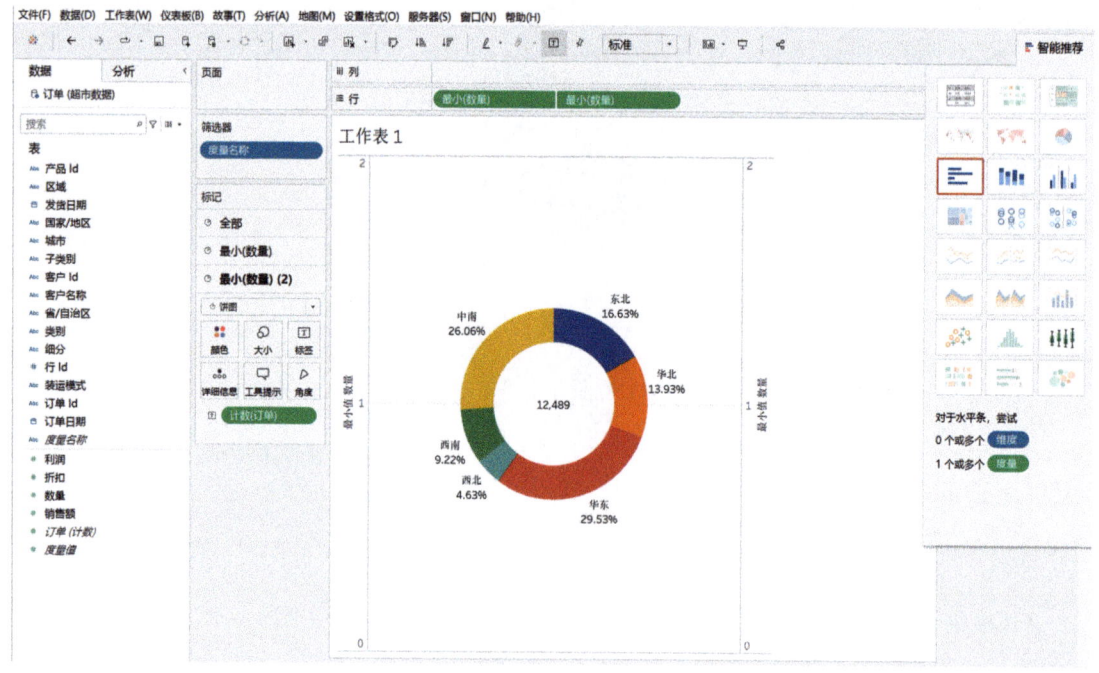

图 7-8　Tableau 绘制的环形图

2．Python 绘制环形图

使用 Matplotlib 库中的 pie（）函数绘制环形图，可以画两个饼图，也可以利用

wedgeprops 属性来绘制。下面以本书提供的"超市"数据为例,利用 wedgeprops 属性绘制各区域订单数量占比的环形图,代码如下:

```python
import pandas as pd
import matplotlib.pyplot as plt
import matplotlib as mpl
mpl.rcParams['font.size']=13
plt.rcParams['font.family']=['sans-serif']
plt.rcParams['font.sans-serif']=['SimHei']
plt.rcParams['axes.unicode_minus']=False

fig=plt.figure(dpi=500)
df=pd.read_excel('.\supermarket.xls')
new=df.groupby(["区域"])['区域'].count().reset_index(name="count")
plt.pie(
    new['count'],    # 以 count 为数据
    pctdistance=0.8,    #扇形百分比显示的位置
    wedgeprops={'width':0.5}    # 饼图0.5倍半径是空白
)
plt.title('各区域订单数量占比', fontsize=16)  # 标题
plt.text(0, 0,df.shape[0], ha='center', va='center', fontsize=14) # 中心显示订单总数
plt.show()    #显示图表
```

运行结果如图 7-9 所示。

## 7.2.3 矩形树图

矩形树图(Treemap)也称为板块层级图,是一种利用嵌套式矩形来展示树状结构数据的方法。该方法通过矩形的面积、排列和颜色来显示复杂的数据关系,并具有群组、层级关系展现功能,能够直观地对同级进行比较。矩形树图中外部矩形代表父类别,内部矩形代表子类别。所有矩形的面积之和代表了整体的大小,各个小矩形的面积表示每个子数据的占比,小矩形面积越大,表示子数据在整体中的占比越大。

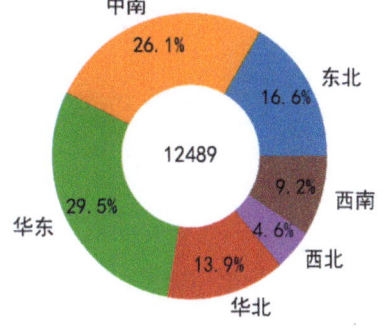

图 7-9 Python 绘制的超市环形图

需要注意的是,当各类别的差异不明显时(如矩形大小相同或颜色相同),矩形树图难以体现出不同类别的差异,用户将很难区分它们。如果分类节点过多,也很难清晰地展示。所以在构建矩形树图时,必须考虑所涉及的类别数量、大小和颜色映射。

1. Tableau 绘制矩形树图

以本书提供的"超市"数据为例,采用 Tableau 绘制矩形树图,展示各区域订单数量的占比,步骤如下:

1)打开 Tableau,连接"超市"数据,单击工作表区域进行绘制。

2）将左侧数据列中的"区域"字段拖拽到"列"功能区，将"订单（计数）"字段拖拽到"行"功能区，此时绘图区域自动绘制各区域订单数柱状图，在右侧智能推荐栏中选择"树状图"样式，如图7-10所示。

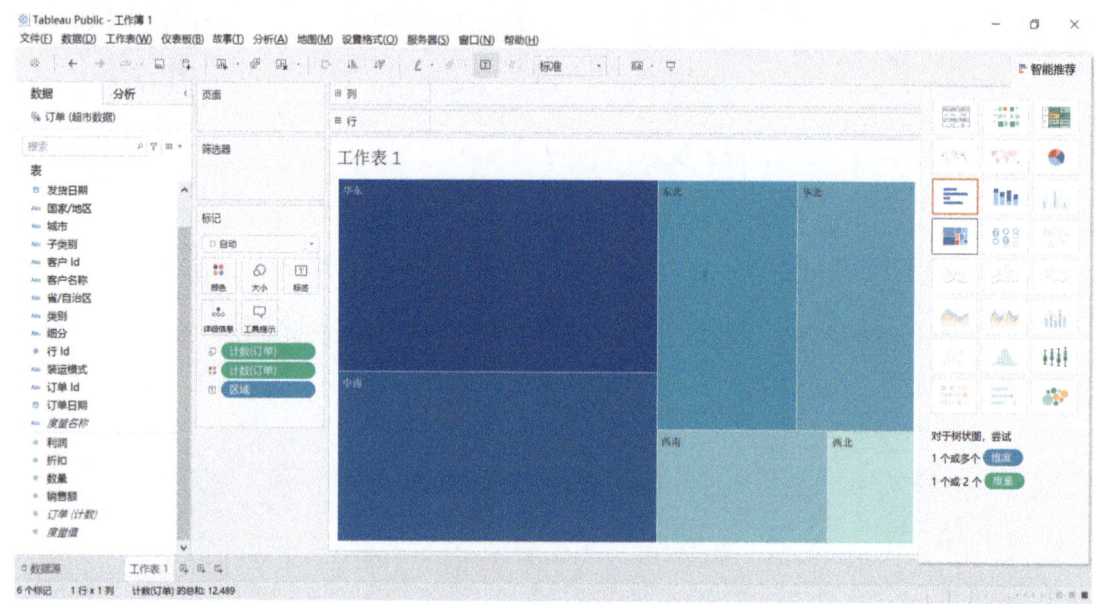

图7-10　订单数柱状图

3）将"订单（计数）"字段拖拽至"标记"卡下的"标签"选项，选择"标签"中的"计数（订单）"字段，右击选中"快速表计算"，在出现的选项列中选择"合计百分比"，完成树状图绘制，如图7-11所示。

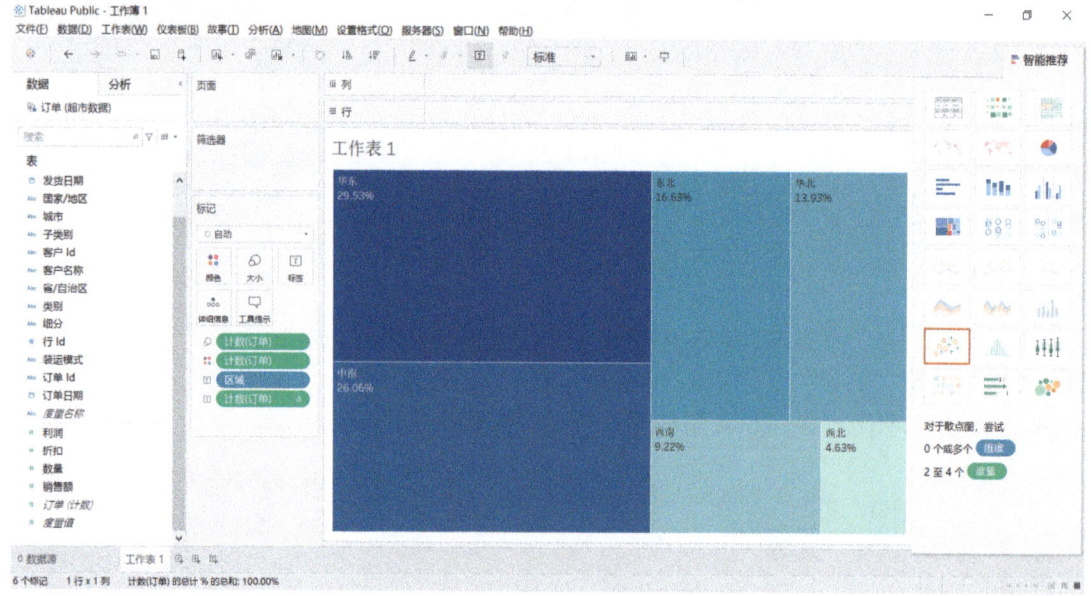

图7-11　Tableau绘制的矩形树图

## 2. Python 绘制矩形树图

使用 squarify 包中的 plot（ ）函数绘制矩形树图。

**函数名称**：plot（ ）。
**函数功能**：绘制矩形树图。
**调用签名**：squarify.plot（sizes, norm_x, norm_y, color, label, value, pad, **kwargs）。
**参数说明（部分）**：
sizes 指树图子块的面积大小，列表类型。
norm_x 指默认将 x 轴的范围限定在 0~100 之内，数值类型。
norm_y 指默认将 y 轴的范围限定在 0~100 之内，数值类型。
color 指自定义设置树图子块的填充色，列表类型。
label 是为每个子块指定标签，列表类型。
value 是为每个子块添加数值大小的标签，列表类型。
pad 指树图子块是否分离，布尔型，默认 False。

基础矩形树图

**代码示例如下**：

```
import squarify
sizes=[50,20,12,6]
colors=['red','blue','green','grey']
squarify.plot(sizes,label=sizes,color=colors,alpha=0.5,pad=True)
plt.show()
```

运行结果如图 7-12 所示。

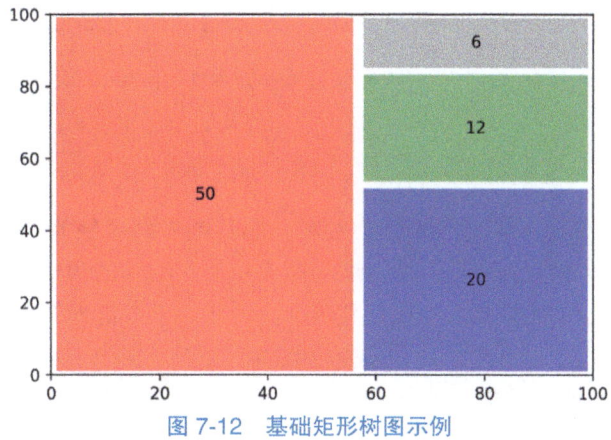

图 7-12　基础矩形树图示例

以本书提供的"超市"数据为例，绘制各区域订单量的矩形树图，代码如下：

```
import squarify
import pandas as pd
import matplotlib.pyplot as plt
import matplotlib as mpl
mpl.rc("font",family='YouYuan')
```

矩形树图 2

```
df=pd.read_excel('.\supermarket.xls')
# 处理数据,统计各区域订单数量
new=df.groupby(["区域"])['区域'].count().reset_index(name="count")
# 数据类型转换
sizes=new['count'].tolist()
# 计算百分比
percent=list(map(lambda x:'{:.2%}'.format(x/sum(sizes)),sizes))
labels=["东北","华中","华东","华北","西北","西南"]
colors=[plt.cm.Spectral(i/float(len(labels))) for i in range(len(labels))]
squarify.plot(sizes,alpha=0.5,label=labels,value=percent,color=colors,
pad=True)
```

运行结果如图 7-13 所示。

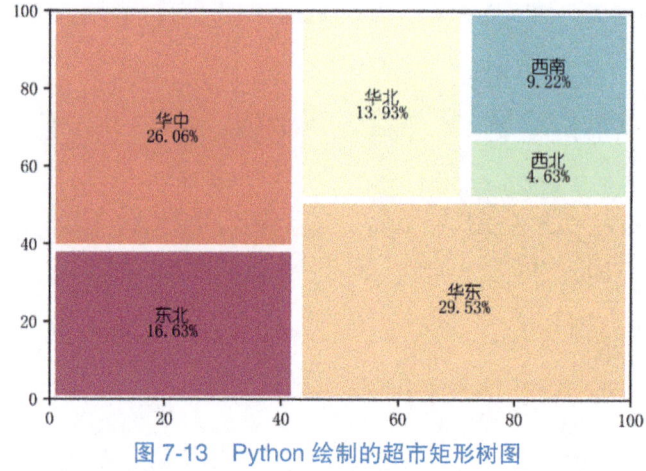

图 7-13　Python 绘制的超市矩形树图

### 7.2.4　旭日图

旭日图也称为太阳图,是一种圆环镶接图。旭日图中每个级别的数据通过一个圆环表示,离原点越近代表圆环级别越高,最内层的圆表示层次结构的顶级,然后一层一层去看数据的占比情况。越往外,级别越低,且分类越细。因此,它既能像饼图一样表现局部和整体的占比,又能像矩形树图一样表现层级关系。例如,公司结构中子母公司的附属关系以及子公司之间的并列关系。旭日图的本质是树状关系,因此也被称为极坐标下的矩形树图。

需要注意的是,旭日图不适合数据分类过多、有负值或零值的数据展示。当数据的比例相差比较接近时,由于人眼判别有难度,因此应采用其他图形进行可视化。

Tableau 绘制旭日图比较烦琐,这里只介绍 Python 绘制旭日图的方法。使用 Plotly 库中的 sunburst() 函数绘制旭日图。Plotly 是一个交互式的、开源的绘图库,支持 40 余种图表类型,涵盖统计、金融、地理、科学和 3D 图表。Plotly 通过 JavaScript 构建,能基于 Web 显示交互式的可视化效果。

**函数名称**：sunburst()。
**函数功能**：绘制旭日图。

调用签名：plotly.express.sunburst（data_frame，names，parents，values，path，color）。
**参数说明（部分）：**
data_frame 指旭日图展示的数据，数据框类型。
names 指扇形部分的标签，数组类型。
parents 指旭日图中的父项，数组类型。
values 指扇形部分的值，数组类型。
path 指扇形部分的层次结构，路径为从根到叶，数组类型。
color 是为图中的标记指定颜色，列表类型。
绘制旭日图有多种方式，下面列举两种。

基础旭日图 1

**方式一代码如下：**

```
import pandas as pd
import plotly.express as px
data=dict(
    character=["Flow","Cain","Seth","Enos","Noam","Abel","Awan","Enoch","Azura"],
    parent=["Eve","Eve","Eve","Seth","Seth","Eve","Eve","Awan","Eve"],
    value=[10,14,12,10,4,6,2,4,3]
)
fig=px.sunburst(
    data,
    names='character',
    parents='parent',
    values='value'
)
fig.show()
```

运行结果如图 7-14 所示。

**方式二代码如下：**

```
import pandas as pd
import plotly.express as px
data=dict(
    character=["Flow","Cain","Seth","Enos","Noam","Abel","Awan","Enoch","Azura"],
    parent=["Eve","Eve","Eve","Seth","Seth","Eve","Eve","Awan","Eve"],
    value=[10,14,12,10,4,6,2,4,3]
)
fig=px.sunburst(
    data,
    path=['parent','character'],
    values='value'
)
fig.show()
```

运行结果如图 7-15 所示。

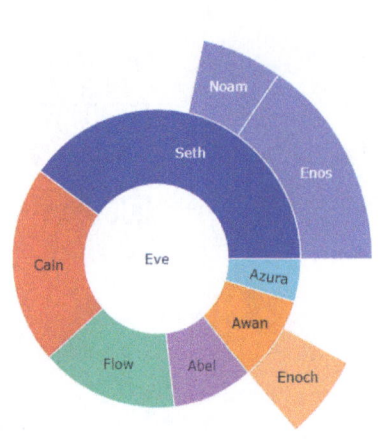

基础旭日图 2

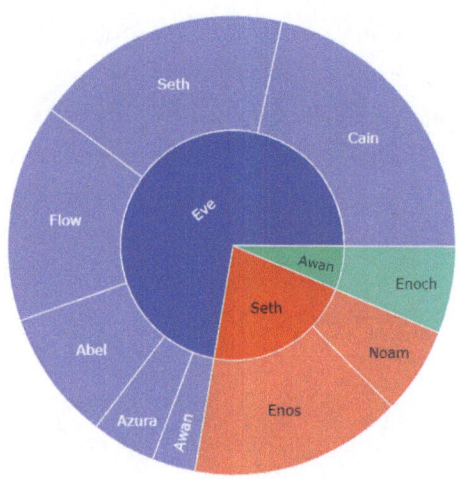

图 7-14　基础旭日图示例（方式一）　　　　　图 7-15　基础旭日图示例（方式二）

可见，方式一通过分别指定父项以及子项来绘制旭日图，方式二通过指定父子关系，也就是从父项到子项的路径（path）来绘制旭日图。

以本书提供的"超市"数据为例，绘制旭日图来展示所有订单中各类别与子类别产品的销售额，代码如下：

```python
import plotly.express as px
import pandas as pd
import numpy as np
from matplotlib.ticker import MultipleLocator
import matplotlib as mpl
import matplotlib.pyplot as plt
mpl.rc("font",family='YouYuan')

data=pd.read_excel('.\supermarket.xls')
# 统计各类别产品及子类别产品订单
group=data.groupby(['类别','子类别'],as_index=False)
# 汇总各类别产品及子类别产品订单销售额
df=group.sum()
# 重置索引
df.reset_index(inplace=True,drop=True)
fig=px.sunburst(
    df,
    path=[df['类别'],df['子类别']],
    values='销售额'
)
fig.show()
```

超市旭日图

运行结果如图 7-16 所示。

从图 7-16 可以看出，各大类产品（生活用品、酒饮和数码）的销售额较为均衡，对各子类产品比较，生活用品中家用电器销售额最大，其次是烹饪锅具；酒饮中白酒和葡萄酒销售额较大；数码中耳机和音响的销售额较大。

## 7.2.5 桑基图

桑基图（Sankey diagram）即桑基能量分流图，也称为桑基能量平衡图。它是一种特定类型的流程图，因 1898 年 Matthew Henry Phineas Riall Sankey 绘制的"蒸汽机能源效率图"而闻名，此后便以其名字命名为"桑基图"，通常应用于能源、材料成分、金融等数据的可视化分析。桑基图中延伸的分支宽度对应数据流量的大小，始末端的分支宽度总和相等，即所有主支宽度的总和应与所有分出去的分支宽度的总和相等，以保持能量的平衡。如果想对数据流向进行数据可视化分析，那么桑基图是很好的选择。

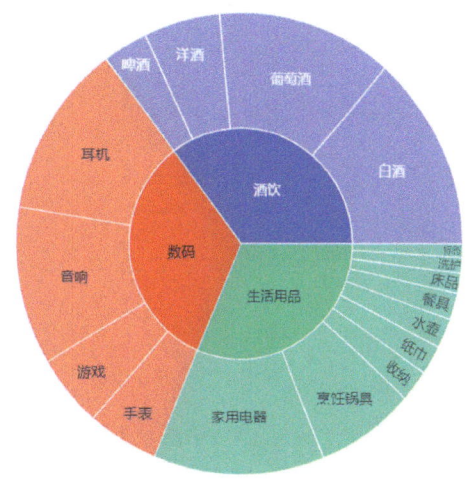

图 7-16 Python 绘制的超市旭日图

由于 Tableau 绘制桑基图比较烦琐，下面只介绍 Python 绘制桑基图的方法。使用 pyecharts 库的 sankey（）函数绘制桑基图，具体如下。

**函数名称**：sankey（）。
**函数功能**：绘制桑基图。
**调用签名**：Sankey.add（series_name, nodes, links, label_opts, linestyle_opt）。
**参数说明（部分）**：
series_name 指桑基图标题，字符型。
nodes 指添加数据节点。
links 指设置节点之间的关系。
label_opts 指标签配置项，具体可参考 https：//pyecharts.org/#/zh-cn/series_options 下的 LabelOpts。
linestyle_opt 指线条样式配置项，具体可参考 https：//pyecharts.org/#/zh-cn/series_options 下的 LineStyleOpts。

代码示例如下：

```
from pyecharts import options as opts
from pyecharts.charts import Sankey
nodes=[
{"name": "category1"},
{"name": "category2"},
{"name": "category3"},
{"name": "category4"},
{"name": "category5"},
{"name": "category6"},]
```

基础桑基图

```python
#source 表示源头,target 表示目标,value 表示数值大小
links= [
{"source": "category1", "target": "category2", "value": 10},
{"source": "category2", "target": "category3", "value": 15},
{"source": "category3", "target": "category4", "value": 20},
{"source": "category5", "target": "category6", "value": 25},
]
picc=(
    Sankey()
    .add('',
        nodes,
        links,
linestyle_opt=opts.LineStyleOpts(opacity=0.3,curve=0.5,color='source'),
    label_opts=opts.LabelOpts(position="right"),
   # node_gap=60
    )
    .set_global_opts(title_opts=opts.TitleOpts(title=" 桑基图 ",subtitle="ASAAA"))
 )
picc.render_notebook()
```

运行结果如图 7-17 所示。

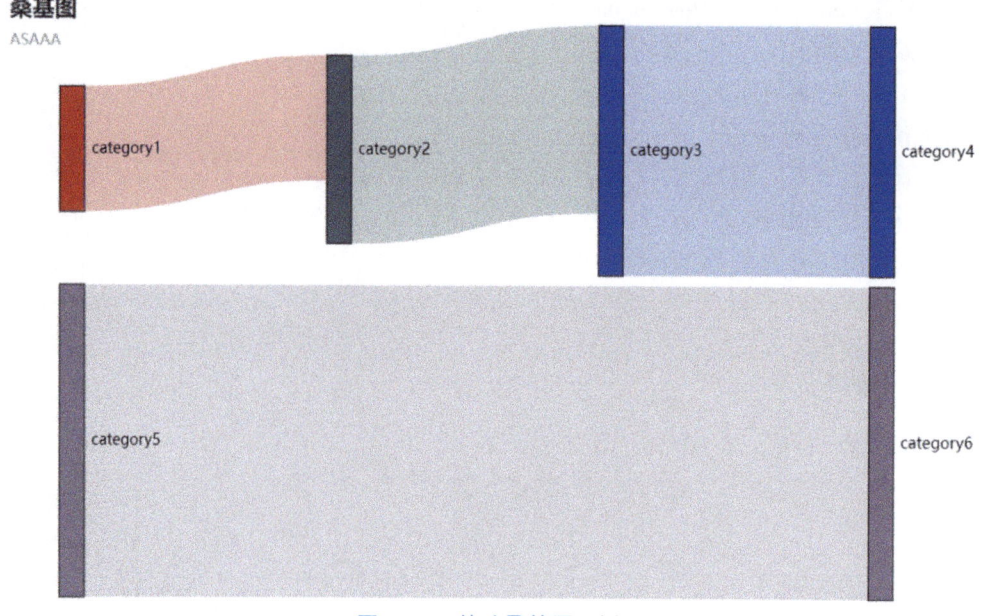

图 7-17　基础桑基图示例

以本书提供的"超市"数据为例,统计各区域不同类别订单的数量并绘制桑基图,代码如下:

```python
import pandas as pd
import numpy as np

data=pd.read_excel('.\supermarket.xls')
# 统计各区域不同类别的订单数量
a=data.groupby(['区域','类别'])['数量'].count()
count=np.array(a)
pp=pd.DataFrame(data.groupby(['区域','类别'])['数量'].count())
area=['东北','中南','华东','华北','西北','西南']
classes=['数码','生活用品','酒饮']
ans=[]
# 调整数据格式
for iIdx, i in enumerate(area):
    for jIdx,j in enumerate(classes):
        temp=[i,j,count[iIdx*3+jIdx]]
        ans.append(temp)
df=pd.DataFrame(ans,index=None,columns=['区域','类别','汇总'])# 定义节点
nodes=[]
for i in range(2):
    values=df.iloc[:,i].unique()
    for value in values:
        dic={}
        dic['name']=value
        nodes.append(dic)
# 定义边和流量
linkes=[]
for i in df.values:
    dic={}
    dic['source']=i[0]
    dic['target']=i[1]
    dic['value']=i[2]
    linkes.append(dic)
# 绘制桑基图
from pyecharts.charts import Sankey
from pyecharts import options as opts
pic=(
    Sankey().add('', # 图例名称
        nodes,       # 传入节点数据
        linkes,      # 传入边和流量数据
        # 设置透明度、弯曲度、颜色
        linestyle_opt=opts.LineStyleOpts(opacity=0.3,curve=0.5,color="source"),
        # 标签显示位置
        label_opts=opts.LabelOpts(position="right"),
```

```
            # 节点之前的距离
            node_gap=30,)
    .set_global_opts(title_opts=opts.TitleOpts(title=' 各区域订单量统计桑基图 ')))
pic.render_notebook()
```

运行结果如图 7-18 所示。

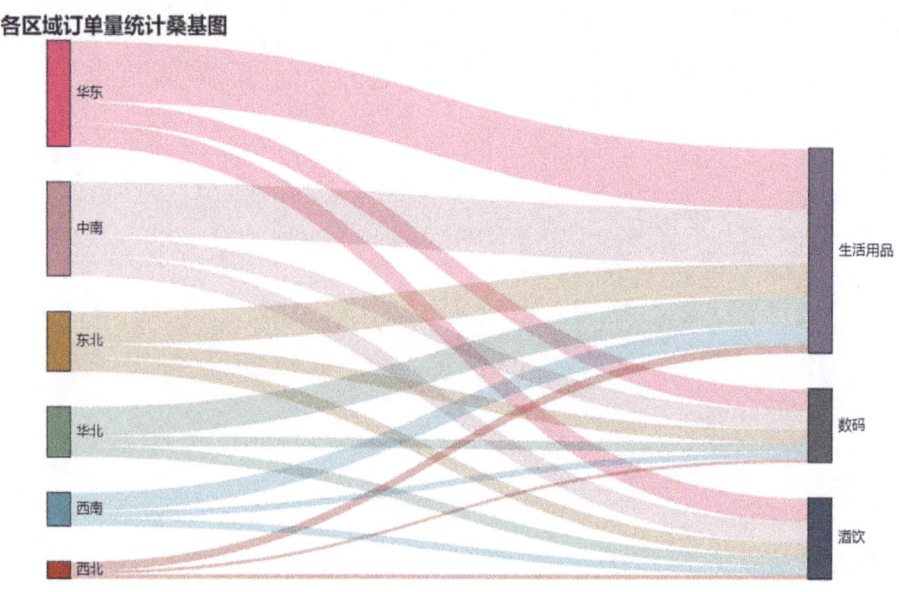

图 7-18  Python 绘制的超市桑基图

从图 7-18 可以看出，华东地区的订单量最大，西北地区的订单量最小；各地区三类产品的订单量中，生活用品类的订单量都是最大的。

## 7.3 带时间属性的比例

7.2 节介绍了如何利用可视化来展示整体中的部分——比例，但是比例并不是一成不变的，各种比例往往会随着时间变化而变化。比如随着生活条件以及卫生状况的改善，我国每年人口年龄结构分布也会变化，整体人口寿命往往高于前一年。再如每个月举行的民意调查得到的结果往往是不同的，这反映民众的观点随时间发生了变化。本节将介绍通过可视化来描述带有时间属性比例的几种方法。

### 7.3.1 堆叠面积图

堆叠面积图（stacked area chart）和基本面积图相似，主要区别是图上每一个数据集的起点不同，堆叠面积图的起点基于前一个数据集。堆叠面积图上的最大面积代表了所有数据量的总和，各个叠起来的面积表示各个数据量的大小，因此它非常适用于表现数据的总量分量的变化情况，展示部分与整体的关系。

在堆叠面积图的基础上，将各个面积因变量的数据加和后的总量进行归一化就形成了百分比堆叠面积图。该图并不能反映总量的变化,但是可以清晰地反应每个数值所占百分比随时间或类别的变化情况,对于分析自变量是大数据、时变数据、有序数据时各个指标的分量占比极为有用。但是堆叠面积图不适用于表示带有负值的数据集。

### 1. Tableau 绘制堆叠面积图

以本书提供的"超市"数据为例,采用 Tableau 绘制堆叠面积图,展示 2018—2021 年东北地区订单中不同折扣的销售量。主要步骤如下:

1)打开 Tableau,连接"超市"数据,单击工作表区域进行绘制。

2)将左侧数据列中的"订单日期"字段拖拽到"列"功能区,将"订单(计数)"字段拖拽到"行"功能区,将"区域"字段拖拽至筛选器功能区,在弹出的对话框中选择"东北"并单击"确定"按钮,如图 7-19 所示。

堆叠面积图 1

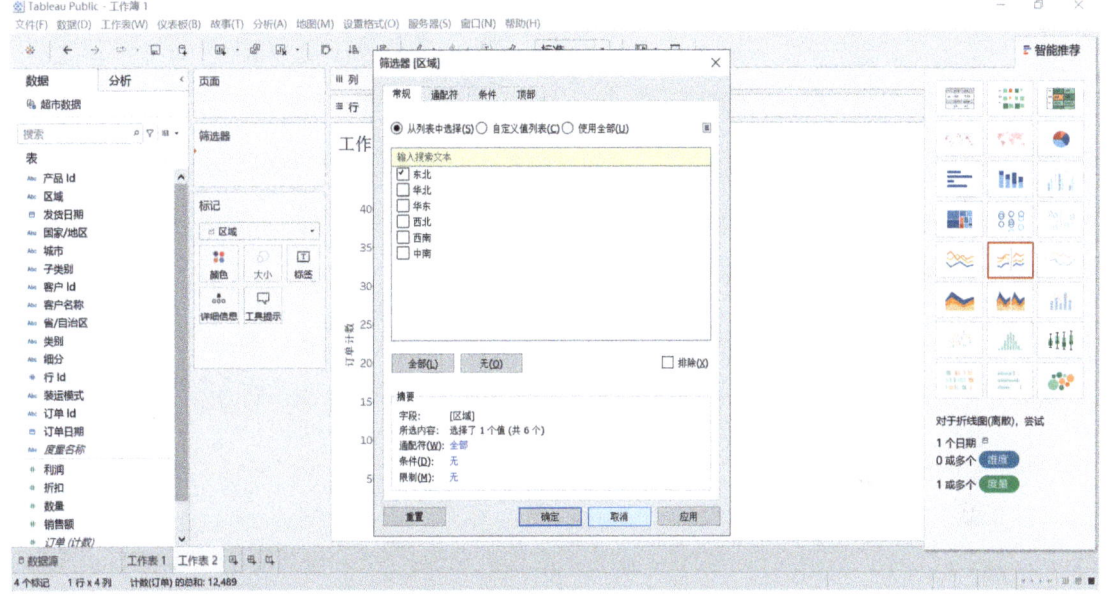

图 7-19 Tableau 绘制堆叠面积图步骤 1

3)将"折扣"字段拖拽至"标记"卡下的"颜色"选项,右击"标签",选择"总和(折扣)"字段,在出现的选项列中选中"维度"以及"离散",在右侧"智能推荐"栏中单击"堆叠面积图样式",完成堆叠面积图绘制,如图 7-20 所示。

根据图 7-20,可以看出东北区域超过一半的订单销售都未进行打折,而打折的订单中,打四折销售的情况最多。

### 2. Python 绘制堆叠面积图

使用 Matplotlib 库中的 stackplot()函数绘制堆叠面积图,具体如下。

**函数名称**:stackplot()。

**函数功能**:绘制堆叠面积图。

**调用签名**:stackplot(x, y, labels, baseline, data*args, **kwargs)。

**参数说明(部分)**:

x 指 x 轴的数据,一维数组。

# 数据可视化

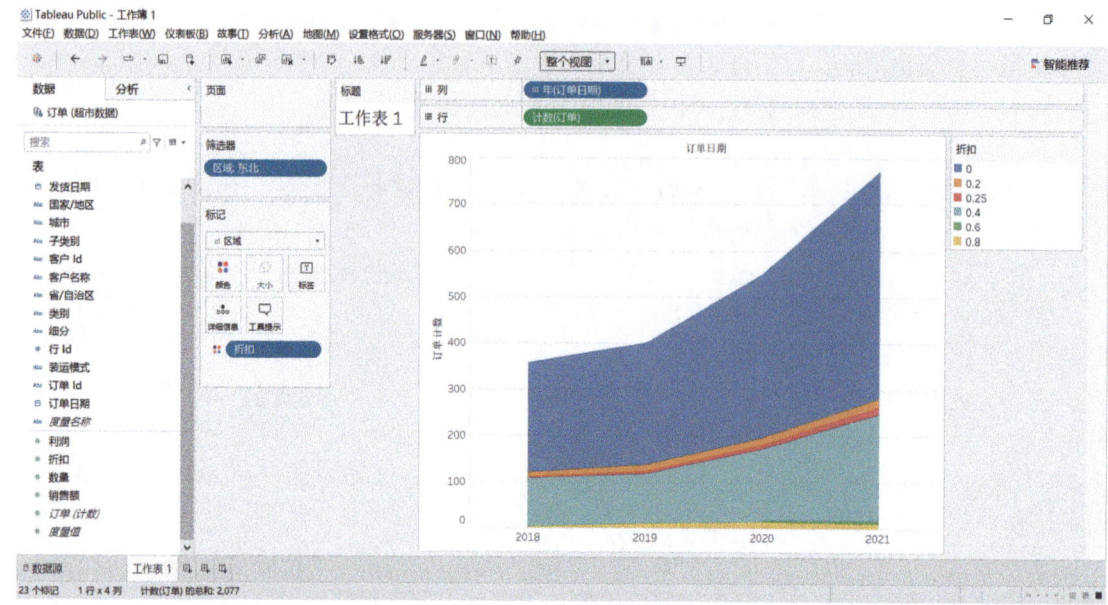

图 7-20　Tableau 绘制堆叠面积图步骤 2

y 指 y 轴的数据，二维数组或一维数组序列。

labels 指每组折线及填充区域的标签，列表类型。

baseline 指计算基线的方法，包括 'zero'、'sym'、'wiggle' 和 'weighted_wiggle'。其中，'zero' 表示恒定零基线，即简单的堆积图；'sym' 表示对称于零基线；'wiggle' 表示最小化平方斜率的总和；'weighted_wiggle' 表示执行相同操作，但权重要考虑到每个图层的大小，也称为 Streamgraph 布局。

基础堆叠面积图

代码示例如下：

```
import pandas as pd
import numpy as np
import matplotlib.pyplot as plt

plt.figure()
ax=plt.gca()
x=range(1,6)
y=[[1,4,6,8,9],[2,2,7,10,12],[5,8,5,10,6]]
plt.stackplot(x,y,labels=['A','B','C'])
plt.legend(loc='upper left')
plt.show()
```

运行结果如图 7-21 所示。

以本书提供的"超市"数据为例，按照折扣额度，绘制东北市场各年生活用品订单数量的堆叠面积图，代码如下：

```
import pandas as pd
import numpy as np
```

第 7 章　有关比例的可视化

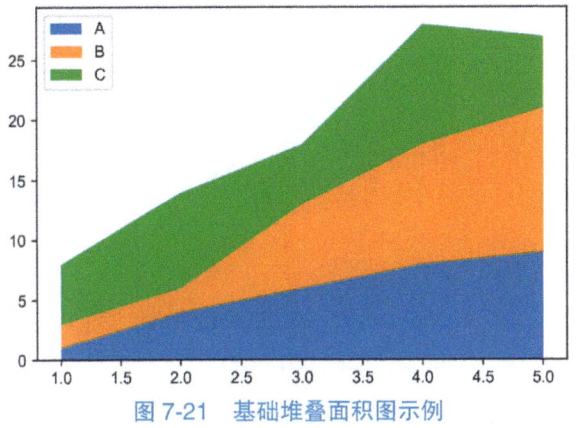

堆叠面积图 2

图 7-21　基础堆叠面积图示例

```
import matplotlib.cm as cm
from matplotlib.ticker import MultipleLocator
import matplotlib as mpl
mpl.rcParams["font.family"]='Arial'    #默认字体类型
mpl.rcParams["mathtext.fontset"]='cm'  #数学文字字体
import matplotlib.pyplot as plt

data=pd.read_excel('.\supermarket.xls')
data.rename(columns={"行 ID":"xID",
                     "订单 ID":'oID',
                     "订单日期":"orderdate",
                     "发货日期":"deliverydate",
                     "装运模式":"shipping_mode",
                     "客户 ID":"cID",
                     "客户名称":"cname",
                     "细分":"subdivision",
                     "城市":"city",
                     "省/自治区":"province",
                     "国家/地区":"country",
                     "区域":"area",
                     "产品 ID":"pID",
                     "类别":"category",
                     "子类别":"subcategory",
                     "销售额":"sale",
                     "数量":"count",
                     "折扣":"discount",
                     "利润":"profit"},inplace=True)
data['year']=data['orderdate'].dt.year

#统计东北市场生活用品的订单数量
group=data[data['area']=='东北'].groupby(['category','year','discount'],as_index=False)
```

```
df=group.sum()
df=df[df['category']=='生活用品']

# 东北市场各子类别生活用品订单数量面积图(按折扣额度分类)
plt.figure(dpi=150)
ax=plt.gca()
ls=['2018','2019','2020','2021']
sum=df['profit'].sum()
plt.stackplot(ls,df[df['discount']==0]['count'],df[df['discount']==0.2]
['count'],df[df['discount']==0.4]['count'],df[df['discount']==0.8]['count'],
labels=('No Discount','20% Discount','40% Discount','80% Discount'),colors=
cm.Accent(range(4)))
plt.legend(loc='upper left')
ax.set_xlabel("year")
ax.set_ylabel("count")
plt.show()
```

运行结果如图 7-22 所示。

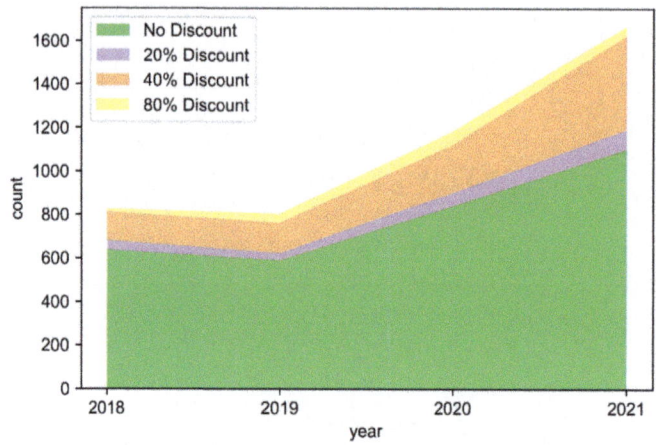

图 7-22　Python 绘制的超市堆叠面积图

## 7.3.2　玫瑰图

玫瑰图（Nightingale rose chart），又名鸡冠花图（Coxcomb chart）、极坐标区域图（Polar area diagram），是南丁格尔在克里米亚战争期间提交的一份关于士兵死伤的报告时发明的一种图表，可以将其理解为极坐标下绘制的柱状图。它使用圆弧的半径长短表示数据的大小。由于半径和面积是二次方的关系，因此玫瑰图会将数据的比例夸大。

玫瑰图适合对比不同分类的大小，比如各国制造指数的对比。由于圆形有周期的特性，所以玫瑰图也适用于表示一个周期内的时间概念，比如星期、月份。但是玫瑰图不适合分类过少以及部分分类数值过小的场景，此时选用饼图或条形图更合适。

由于 Tableau 绘制玫瑰图比较烦琐，下面只介绍 Python 绘制玫瑰图的方法。

第 7 章　有关比例的可视化

方式一：使用 Matplotlib 库中的 bar（）函数绘制玫瑰图。bar（）函数的详细用法可参考 8.2.2 节。

代码示例如下：

```
import pandas as pd
import numpy as np
import matplotlib.pyplot as plt

fig=plt.figure(figsize=(10,6))
ax=plt.subplot(1,1,1,projection='polar')
ax.set_theta_direction(-1)
ax.set_theta_zero_location('N')
r=np.arange(100,800,20)
theta=np.linspace(0,np.pi*2,len(r),endpoint=False)
ax.bar(theta,r,width=0.1,color=np.random.random((len(r),3)),align='edge',bottom=200)
# 添加文字标注
for angel,height in zip(theta,r):
    ax.text(angel+0.02,height+270,str(height),fontsize=6)
# 不显示坐标轴
plt.axis('off')
```

基础玫瑰图 1

运行结果如图 7-23 所示。

方式二：使用 pyecharts 库中的 pie（）函数绘制玫瑰图，具体如下。

**函数名称**：pie（）函数。
**函数功能**：绘制玫瑰图。
**调用签名**：pie.add（series_name, data_pair, color, radius, center, rosetype）。
**参数说明（部分）**：

series_name 指系列名称，用于 tooltip 的显示，legend 的图例筛选，字符串类型。

data_pair 指系列数据项，格式为〔（key1, value1），（key2，value2）〕，列表类型。

color 指系列标签的颜色，字符串类型。

radius 指饼图的半径，默认为百分比，列表类型。

center 指饼图的中心（圆心）坐标，默认为百分比，列表类型。

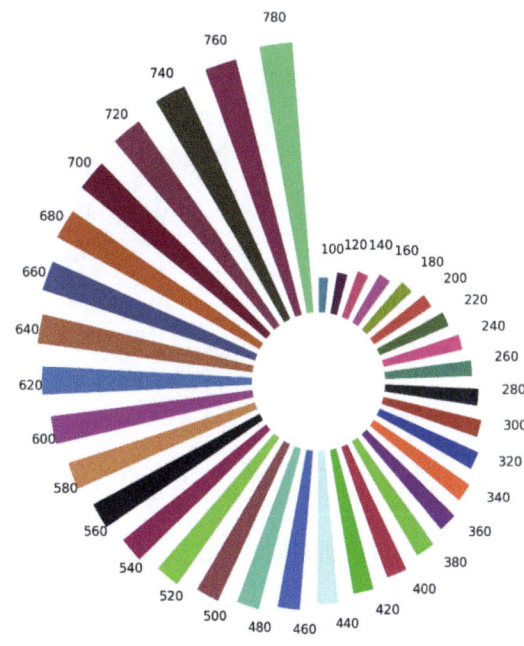

图 7-23　基础玫瑰图示例（方式一）

rosetype 指是否展示成南丁格尔图，通过半径区分数据大小，有 'radius' 和 'area' 两种模式。radius 模式：扇区圆心角展现数据的百分比，半径展现数据的大小。area 模式：所有扇区圆心角相同，仅通过半径展现数据大小，字符串类型。

代码示例如下：

```
from pyecharts.charts import Pie
data1=[45,86,39,52,68]
data2=[67,36,64,89,123]
labels=['电脑','手机','彩电','冰箱','洗衣机']
c=Pie()
c.add("",
[list(z) for z in zip(labels,data1)],
radius=['35%','70%'],
center=[200,220],
rosetype='radius'
)
c.add("",[list(z) for z in zip(labels,data2)],
radius=['35%','60%'],
center=[700,220],
rosetype='area'
)
c.render_notebook()
```

基础玫瑰图2

运行结果如图 7-24 所示。

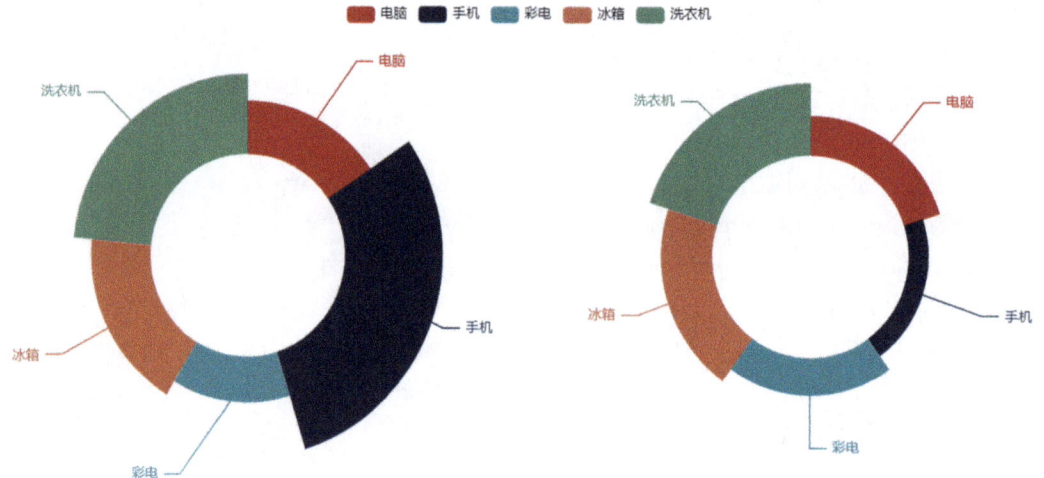

图 7-24　基础玫瑰图示例（方式二）

以本书提供的"超市"数据为例，绘制玫瑰图来展示 2018 年每月新增顾客数，代码如下：

```
import pandas as pd
import numpy as np
from pyecharts import options as opts
from pyecharts.charts import Pie
import matplotlib.pyplot as plt
import datetime
```

超市玫瑰图

```python
data=pd.read_excel('.\supermarket.xls','订单')
#设置起始时间
s_date=datetime.datetime.strptime('2021-01-01', '%Y-%m-%d').date()
#设置结束时间
e_date=datetime.datetime.strptime('2021-12-30', '%Y-%m-%d').date()
data=data[(data["订单日期"].dt.date >=s_date) & (data["订单日期"].dt.date <=e_date)]
#数据处理
data["Order Date2"]=data["订单日期"].astype("string")
data["Order Date2"]=data["Order Date2"].str.slice(0,7)
#数据去重
data=data.drop_duplicates(subset=['客户 ID'])
#统计每月新增顾客数
new_consumer=data.groupby(by=['Order Date2']).size().reset_index().rename(columns={0:"count"})
new_consumer.sort_values(by="Order Date2",ascending=True,inplace=True)
#绘制玫瑰图
data1=new_consumer["count"]
labels=new_consumer["Order Date2"]
c=Pie()
c.add("",[list(z) for z in zip(labels,data1)],radius=['35%','70%'],center=[400,300],rosetype='radius'
    )
c.render_notebook()
```

运行结果如图 7-25 所示。

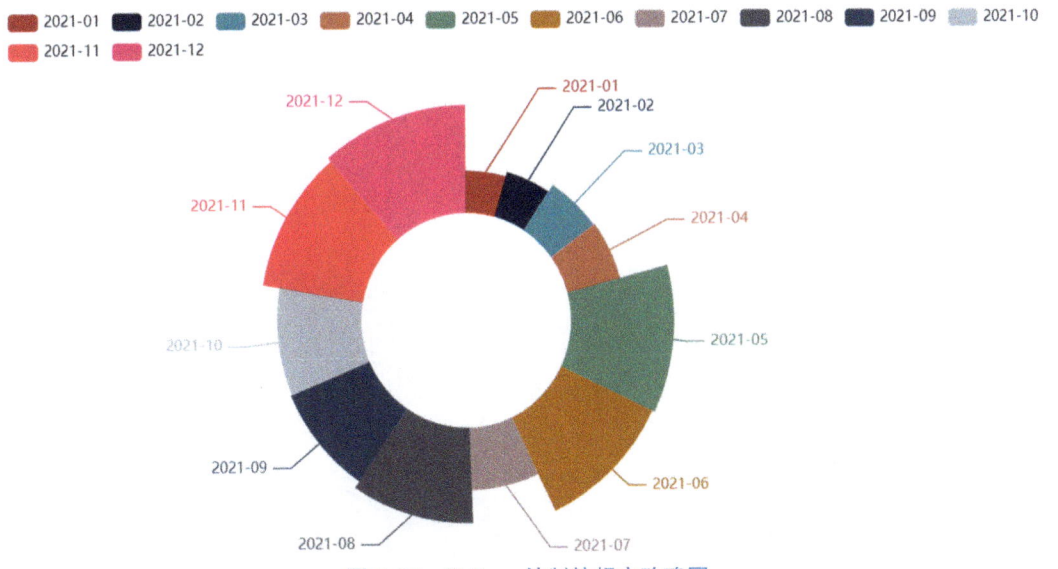

图 7-25  Python 绘制的超市玫瑰图

从图 7-25 可以看出，2021 年 5 月、6 月、8 月、11 月和 12 月每月新增顾客较多，而

1~4月、7月每月新增顾客较少。通过分析顾客数量变化的原因，超市可以在下一年制订更有效的促销策略，以吸引更多的顾客。

## 7.4 习题

1. 分别使用 Tableau 和 Python 绘制饼图和柱形图，展示本书附带的"超市"数据的订单分布情况。
2. 堆叠面积图适用于什么情况？利用本书附带的"超市"数据给出例子。
3. 简述矩形树图和旭日图的主要作用及适用情况。
4. 谈一谈你对桑基图的理解，包括特点以及适用情况。
5. 谈一谈玫瑰图的特点和适用情况，并对玫瑰图的两种绘制方式进行比较。

# 第 8 章

## 有关时间趋势的可视化

### 8.1 在时间中寻求什么

时间是一个非常重要的维度和属性。我们在一天中会多次通过手机、手表、计算机等看时间。即使没有这些工具，我们也能从太阳的东升西落中感受到时间。获得有关时间的数据能让我们了解到事物正在发生怎样的变化。某个因素是在上升还是下降？是否存在周期性的循环？事物发展是否存在规律或趋势？要想找出这些变化，就必须超越单个数据点，纵观全局。虽然可以轻松地观察某个时间点上的数值，但只有在了解到来龙去脉之后，才会对这个数值产生更深刻的理解。

例如，图 8-1 显示了某超市四年的利润变化情况。可以看出，利润逐年增加，但如果横坐标变成季度，利润是否一直增加呢？是否会有其他发现？

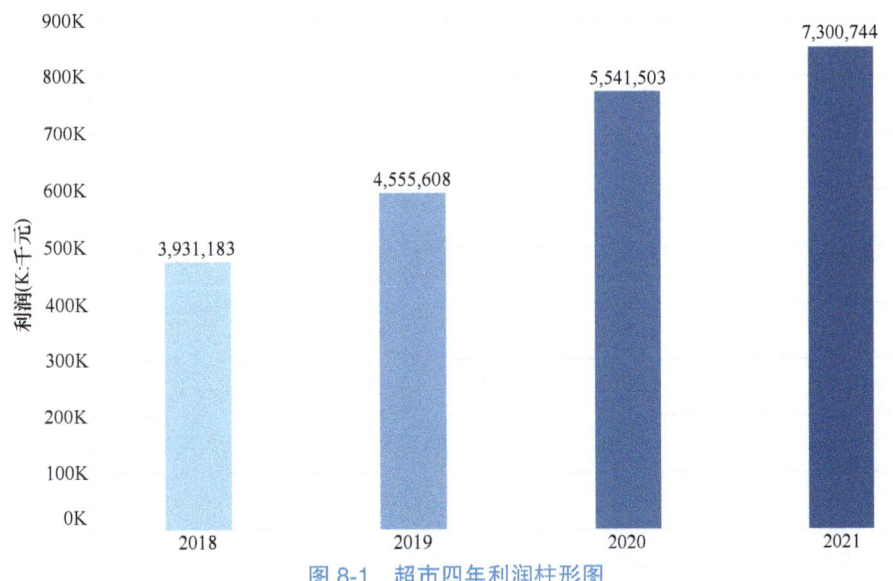

图 8-1　超市四年利润柱形图

从图 8-2 不难看出，只有 2018 年和 2020 年每季度利润逐渐增加，2019 年第三季度和 2021 年第四季度的利润均有所下降，此时应分析下降的原因。由于第三季度的利润下降较少，所以各年的总利润仍然是上升趋势。如果横坐标单位变成月，结论会不会变化？这需要进一步研究。所以在观察某个变量随时间点变化的情况时，要注意时间粒度不同带来的影响。

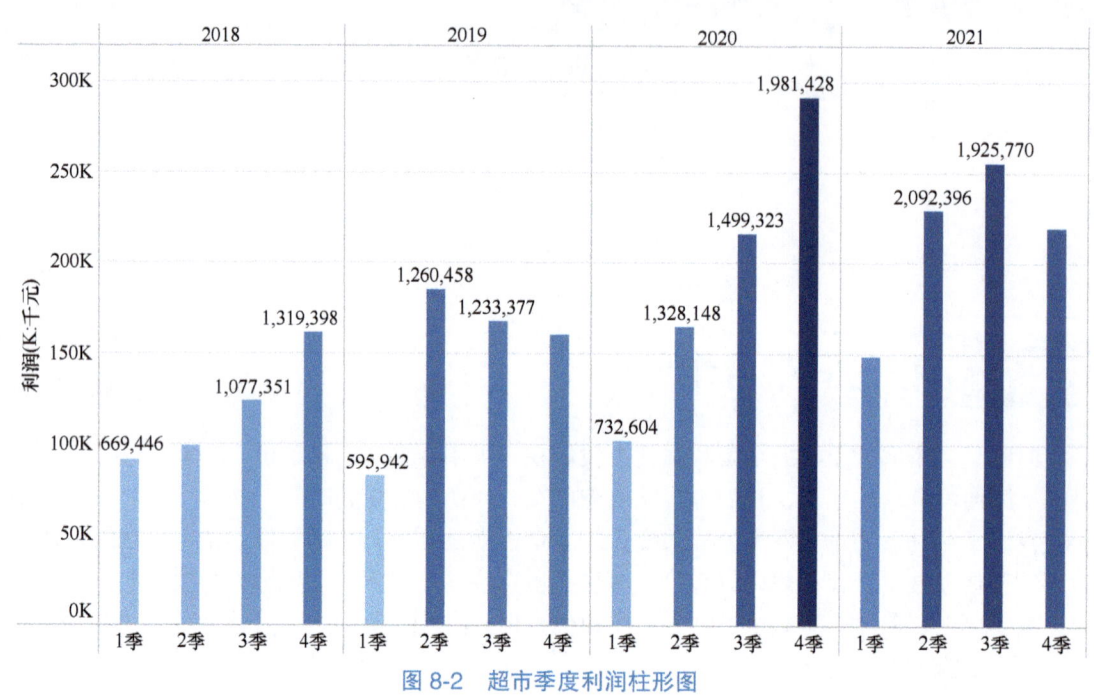

图 8-2　超市季度利润柱形图

## 8.2　离散型数据

时间数据可以分为离散型和连续型两种。在离散型时间中，数据来自于某个具体的时间点或者时间段，可能的数值也是有限的。例如，期末考试成绩就是离散型数据，考试有具体的日期，而且考试完学生的成绩不会发生变化。而类似温度这样的数据是连续型的，一天当中的任何时刻都可以测量，而且一直都在变化。

### 8.2.1　散点图

散点图，顾名思义是由一些散乱的点组成的图，这些点的位置由其 X 值和 Y 值确定，所以也叫 XY 散点图。

散点图常被用来表述两个变量之间的关系，图中的每个点表示目标数据集中的每个样本，根据数据点的分布和因变量随自变量变化的大致趋势，可以选择合适的函数进行拟合，从而找到变量之间的函数关系。

**1. Tableau 绘制散点图**

以本书提供的"超市"数据为例，采用 Tableau 绘制散点图，展示销售额与时间的关系，步骤如下：

1）打开 Tableau，连接"超市"数据源，将"订单"拖至右侧空白处，单击工作表转至绘图区域。

2）将左侧数据列中的"订单日期"字段拖到"列"功能区，Tableau 将此度量以年为单位聚合，并创建水平轴。

3）将左侧数据列中的"销售额"字段拖到"行"功能区，Tableau 将此度量聚合为总和并创建垂直轴。

4）订单日期为时间维度，Tableau 自动生成折线图。在"标记"卡下将"自动"改为"圆"。

5）单击列功能表中"（年）订单日期"下拉列表，选择第二个"季度"选项，可以得到每年每季度的总销售额。

6）若要添加趋势线，应从左侧"分析"窗格中将"趋势线"拖到视图中，或在图上单击鼠标右键，选择"趋势线"→"显示趋势线"，绘制结果如图 8-3 所示。

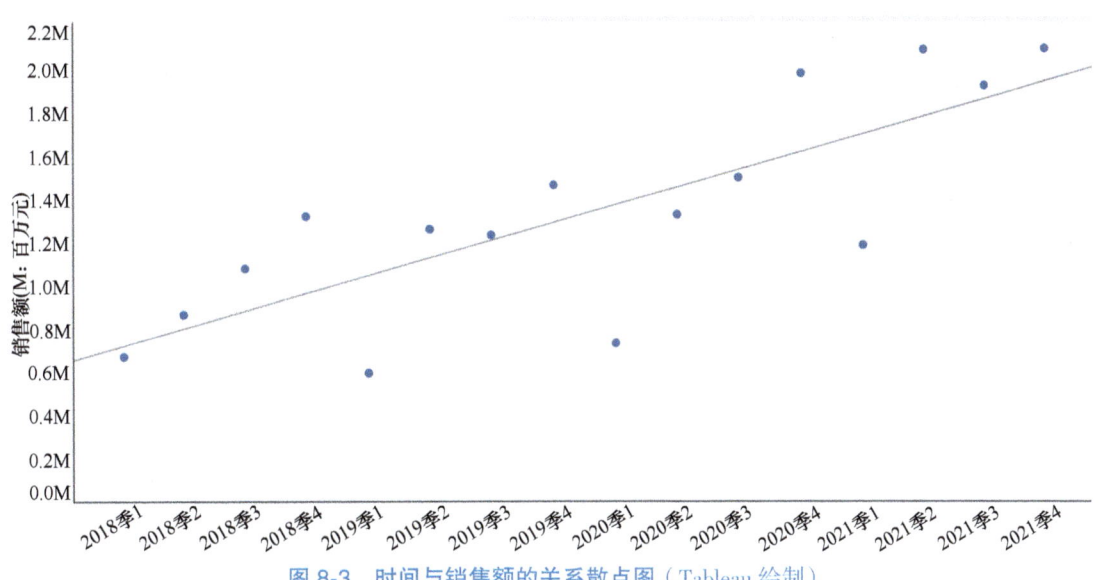

图 8-3　时间与销售额的关系散点图（Tableau 绘制）

可以看到，销售额随时间整体呈上升趋势，并且每一年的第一季度销售额都会下降，体现了超市销售额的周期性变化。

### 2. Python 绘制散点图

使用 Matplotlib 库中的 scatter（）函数绘制散点图，具体如下。

**函数名称**：scatter（）。

**函数功能**：寻找变量之间的关系。

**调用签名**：matplotlib.pyplot.scatter（x, y, s, c, marker, alpha, linewidths, edgecolors）。

**参数说明（部分）**：

x、y 指散点的坐标，数据为浮点数或类数组。

s 指散点的面积，数据为浮点数或类数组。

c 指散点的颜色，数据为类数组或颜色值，默认值为蓝色 'b'。

marker 指散点样式，默认值为实心圆 'o'。

alpha 指散点透明度，数据为 0~1 之间的浮点数，0 表示完全透明，1 表示完全不透明。

linewidths 指散点的边缘线宽，数据为浮点数或类数组，默认值为 1.5。

edgecolors 指散点的边缘颜色，数据为 'face' 'None' 或颜色值，'face' 指与图形的填充颜色相同，默认为 'face'。

基础散点图示例

代码示例如下：

```python
import matplotlib.pyplot as plt
import numpy as np
fig=plt.figure(dpi=500)
ax=plt.gca()
n=10
x=np.random.rand(10)
y=np.random.rand(10)
plt.scatter(x,y)
plt.show()
```

运行结果如图 8-4 所示。

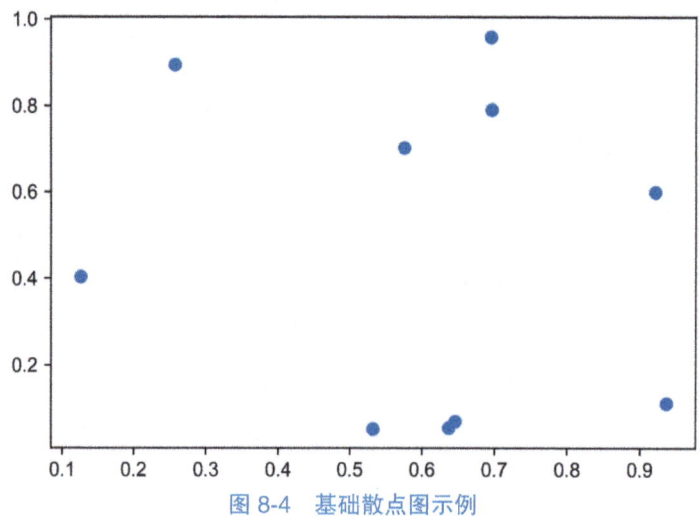

图 8-4　基础散点图示例

以本书提供的"超市"数据为例，绘制销售额与时间关系的散点图，代码如下：

```python
# 第一步,打开 Jupyter Notebook,载入常用的程序包
import pandas as pd
import numpy as np
from matplotlib.ticker import MultipleLocator
import matplotlib as mpl
import matplotlib.pyplot as plt
```

时间与销售额散点图2

```
# 第二步,在窗口中载入数据,并处理中文乱码
mpl.rcParams['font.sans-serif']=['SimHei']# 指定默认字体
mpl.rcParams['axes.unicode_minus']=False# 解决保存图像是负号'-'显示为方块的问题
# 第三步,按季度对数据进行分组并汇总
vf=pd.read_excel('.\supermarket.xls')
vf.rename(columns={"行 ID":"ROW ID",
                    "订单 ID":'oID',
                    "订单日期":"Date",
            "发货日期":"deliverydate",
                    "装运模式":"shipping_mode",
                    "客户 ID":"cID",
                    "客户名称":"cname",
                    "细分":"subdivision",
                    "城市":"city",
                    "省/自治区":"province",
                    "国家/地区":"country",
                    "区域":"area",
                    "产品 ID":"pID",
                    "类别":"category",
                    "子类别":"subcategory",
                    "销售额":"Sales",
                    "数量":"Quantity",
                    "折扣":"Discount",
                    "利润":"Profit"},inplace=True)
vf.Date=pd.to_datetime(vf['Date'])
vf.set_index('Date',inplace=True)
df1=vf.resample('QS').agg({'ROW ID':'sum','Sales':'sum','Quantity':'sum','Discount':'mean','Profit':'sum'})
# 第四步,创建画布、坐标轴,绘制散点图
fig=plt.figure(figsize=(12,8),dpi=500)
ax=plt.gca()
x=['2018 季 1','2018 季 2','2018 季 3','2018 季 4','2019 季 1','2019 季 2','2019 季 3','2019 季 4','2020 季 1','2020 季 2','2020 季 3','2020 季 4','2021 季 1','2021 季 2','2021 季 3','2021 季 4']
y=df1['Sales']
plt.scatter(x,y)
plt.show()
```

运行结果如图 8-5 所示。

## 8.2.2 柱形图

柱形图是一种以长方形的长度为变量的统计图表,用来比较两个或两个以上的数值,通常适用于对分类数据的比较。尤其是当数值比较接近时,由于人眼对高度的感知优于其他视觉元素(如面积、角度等),因此使用柱形图更加合适。

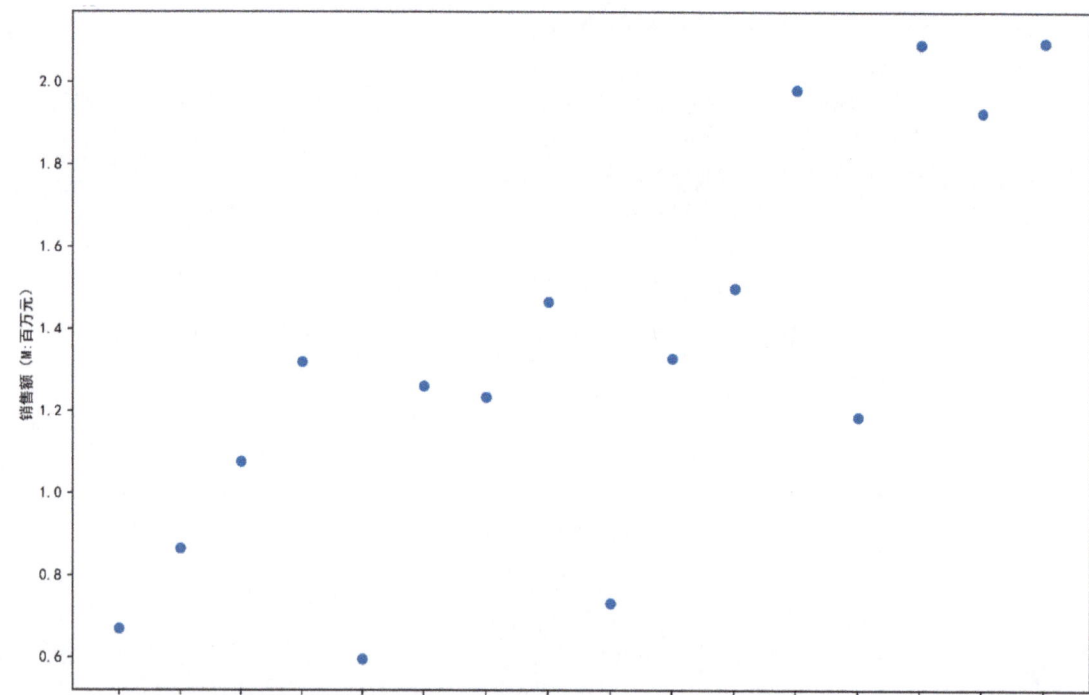

图 8-5　时间与销售额的关系散点图（Python 绘制）

柱形图的坐标轴包括数值轴和分类轴。数值轴表示数值，如销售额、小时数、持续时间、温度等。分类轴表示事物的分类情况，如时间类别（年份、季度、月份）、区域类别、产品类别等。柱形的宽度和间隔一般不代表数值。柱形高度与数值轴相对应，体现数值的视觉线索。柱形越高代表数值越大，反之，数值越小。

当类别间数值差异较大、类别较多、类别命名文本较长时，可以将柱形图转动 90°，即使用条形图。

### 1. Tableau 绘制柱形图

以本书提供的"超市"数据为例，使用 Tableau 创建销售额与时间关系的柱形图，步骤如下：

1）打开 Tableau，连接"超市"数据源，将"订单"拖至右侧空白处，单击工作表转至绘图区域。

2）将"订单日期"字段拖到"列"功能区，Tableau 将此度量以年为单位聚合，并创建水平轴。

年销售额柱形图 1

3）将"销售额"字段拖到"行"功能区，Tableau 将此度量聚合为总和并创建垂直轴。

4）由于订单日期为时间维度，因此 Tableau 自动生成折线图。在"标记"卡下将"自动"改为"条形图"。

5）将"利润"拖到"标记"卡下的"颜色"，将"销售额"拖到"标记"卡下的"标签"。标签数值代表总销售额，颜色深浅代表总利润的大小。

6）编辑轴并修改数字格式。右击 y 轴选择"编辑轴"，将轴标题改为"销售额（M：百万元）"，再次右击轴选择设置格式，在"数字"下拉列表中选择"货币（自定义）"，小数位数设为 2，负值设为自动，显示单位设为百万，去掉前缀。然后单击"自定义"，把单位 M 去掉。单击轴，对默认值下的数字进行同样操作，小数位数设为 0，负值设为自动，显示单位设为百万，去掉前缀。再单击字段切换成"总和（利润）"，单击区，将默认值下的数字小数位数设为 2，负值设为自动，显示单位设为百万，去掉前缀，如图 8-6 所示。

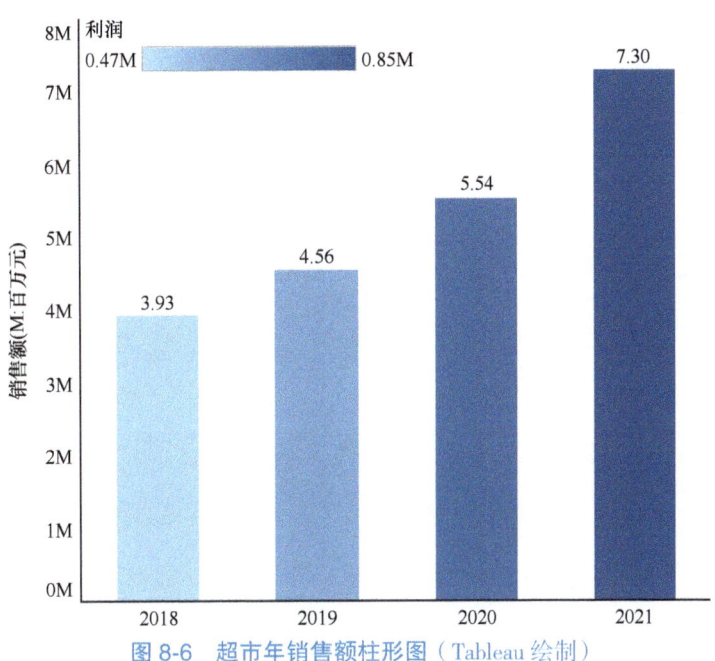

图 8-6　超市年销售额柱形图（Tableau 绘制）

7）单击列功能表中"（年）订单日期"前的"+"，可得到每年每季度的销售额，如图 8-7 所示。

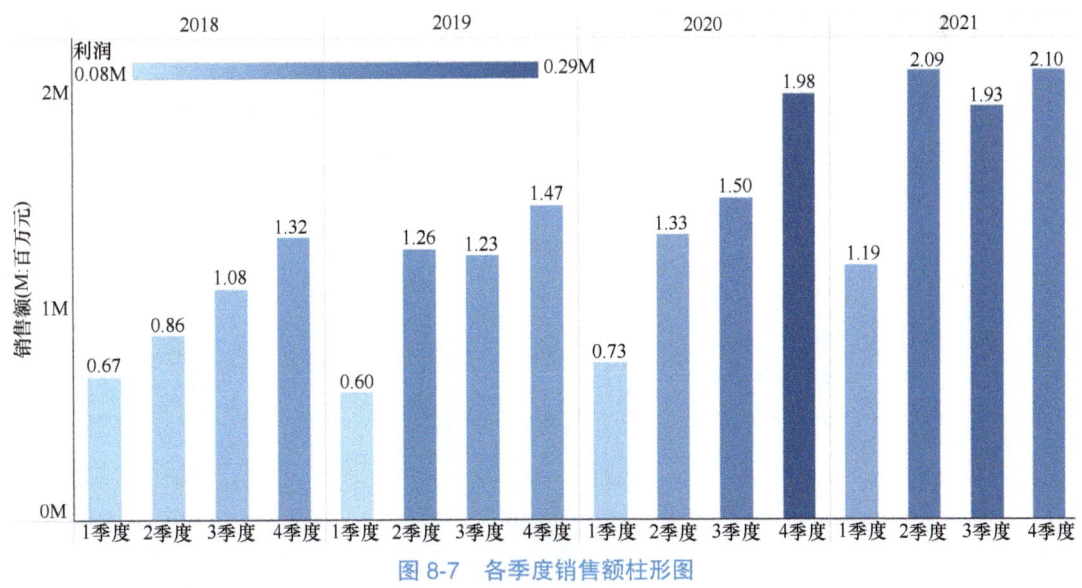

图 8-7　各季度销售额柱形图

从图 8-6 可以看出，超市的销售额逐年增加。图 8-7 表示了每个季度的销售额，可以发现，2018 年和 2020 年的每一季度的总销售额不断增加；而 2019 年第三季度、2021 年第三季度销售额均有所下降。此时，需要进一步分析出现该情况的原因。

### 2. Python 绘制柱形图

使用 Matplotlib 库中的 bar（ ）函数绘制柱形图，具体如下。

**函数名称**：bar（ ）。

**函数功能**：绘制柱形图。

**调用签名**：matplotlib.pyplot.bar（x，height，width，bottom，align，data，**kwargs）。

**参数说明（部分）**：

x 指 x 轴数据，浮点数或类数组。

height 指柱形的高度，即 y 轴坐标，浮点数或类数组。

width 指柱形的宽度，浮点数或类数组，默认值为 0.8。

bottom 指底座的 y 坐标，浮点数或类数组，默认值为 0。

align 指柱形图与 x 坐标的对齐方式，默认为 center。

- center：以 x 位置为中心。
- edge：将柱形图的左边缘与 x 位置对齐。
- 要对齐右边缘的条形，可以传递负数的宽度值，并使 align='edge'。

代码示例如下：

```python
import pandas as pd
import numpy as np
from matplotlib.ticker import MultipleLocator
import matplotlib as mpl
mpl.rcParams["font.family"]='Arial'    # 默认字体类型
mpl.rcParams["mathtext.fontset"]='cm'  # 数学文字字体
import matplotlib.pyplot as plt

labels=['G1','G2','G3','G4','G5']
men_means=[20,35,30,35,27]
x=np.arange(0,len(labels))
fig=plt.figure( )# 创建画布
ax=plt.gca( )# 获取坐标轴
bar_men=ax.bar(x,men_means,width=0.5)
```

基础柱形图示例

运行结果如图 8-8 所示。

以本书提供的"超市"数据为例，绘制各年销售额的柱形图，代码如下：

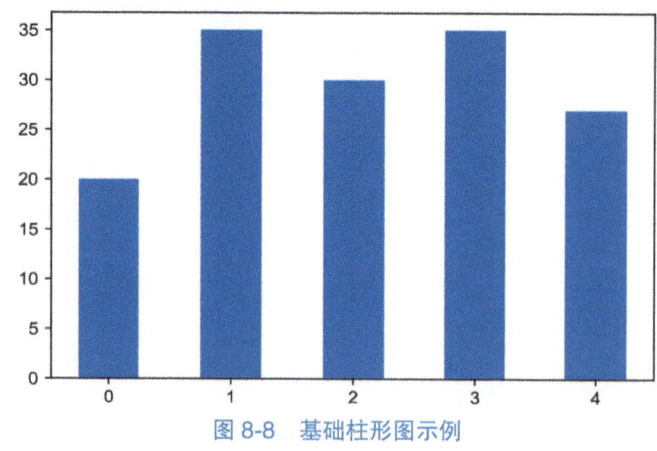

图 8-8　基础柱形图示例

```python
# 第一步,打开 Jupyter Notebook,载入常用的程序包
import pandas as pd
import numpy as np
from matplotlib.ticker import MultipleLocator
import matplotlib as mpl
import matplotlib.pyplot as plt
# 第二步,在窗口中载入数据,并处理中文乱码
mpl.rcParams['font.sans-serif']=['SimHei'] # 指定默认字体
mpl.rcParams['axes.unicode_minus']=False # 解决保存图像是负号 '-' 显示为方块的问题
# 第三步,按年对数据进行分组并汇总
vf=pd.read_excel('.\supermarket.xls',index_col='Date')
vf.rename(columns={"行 ID":"ROW ID",
                   "订单 ID":'oID',
                   "订单日期":"Date",
                   "发货日期":"deliverydate",
                   "装运模式":"shipping_mode",
                   "客户 ID":"cID",
                   "客户名称":"cname",
                   "细分":"subdivision",
                   "城市":"city",
                   "省/自治区":"province",
                   "国家/地区":"country",
                   "区域":"area",
                   "产品 ID":"pID",
                   "类别":"category",
                   "子类别":"subcategory",
                   "销售额":"Sales",
                   "数量":"Quantity",
                   "折扣":"Discount",
                   "利润":"Profit"},inplace=True)
##dt 模块可以获得时间的基本属性
vf['Date']=vf['Date'].dt.year
df1=vf.groupby('Date').agg({'ROW ID':'sum','Sales':'sum','Quantity':'sum','Discount':'mean','Profit':'sum'})
# 第四步,创建画布、坐标轴,绘制柱形图
fig=plt.figure(dpi=500)
ax=plt.gca()
def autolabel(rects):
    for rect in rects:
        height=rect.get_height()    # 计算柱形高度
        x=rect.get_x()+rect.get_width()/2   # 获取每根柱的横坐标
ax.text(x,height*1.01,str(round(float(height)/1000000,2)),ha='center',va='bottom')    # 为每根柱添加文字
```

```
                fig=plt.figure()
x=['2018','2019','2020','2021']  # 取列索引名称
y=df1['Sales']
bar=ax.bar(x, y,color='lightblue',width=0.5,ec='k',lw=0.6)
autolabel(bar)
ax.set_ylabel('sales')
ax.set_ylabel(' 销售额(M:百万元)')
ax.set_ylim(0,8000000)
plt.tight_layout()
plt.show()
```

运行结果如图 8-9 所示。

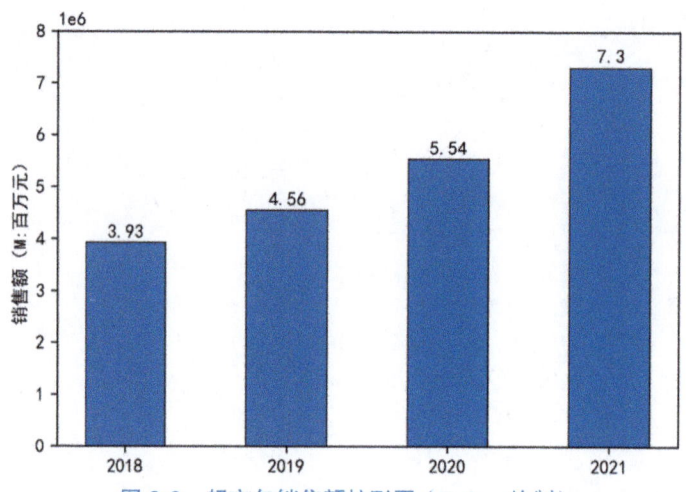

图 8-9　超市年销售额柱形图（Python 绘制）

### 3. 绘制条形图

条形图是横向的柱形图。Tableau 创建条形图，只需要把柱形图的行、列对调即可，可单击"交换行和列" 按钮一步实现。下面主要介绍 Python 如何创建条形图。采用 Matplotlib 库的 barh（）函数创建条形图，参数与 bar（）函数有部分区别，具体如下。

**函数名称**：barh（）。

**函数功能**：绘制条形图。

**调用签名**：matplotlib.pyplot.barh（y, width, height, left, align='center', **kwargs）。

**参数说明（部分）**：

y 指 y 轴的坐标，浮点数或类数组。

width 指条形的宽度，即 x 轴坐标，浮点数或类数组。

height 指条形的高度，浮点数或类数组，默认值为 0.8。

left 指条形左侧的横坐标，浮点数或类数组，默认值为 0。

align 指条形底部与纵坐标的对齐方式，默认 'center'。

- center：将条形以 y 位置为中心放置。
- edge：将条形的下边缘与 y 位置对齐。

- 要对齐条形的上边缘，可以传递负数的宽度值，并使 align='edge'。

## 8.2.3 并列柱形图

在同一时间段或者以同一标准为参考，当需要比较两个或两个以上的相同指标时，可以采用并列柱形图（也叫双柱图）或并列条形图，将不同数据集进行纵向（或横向）并列显示，直观反映数据集之间的差异，如同一时间下商品的销售额和利润，同一年级的男生、女生人数等。其主要适用于分类不是特别多，且对于总量趋势的重视程度不如各分类的场景。

### 1. Tableau 绘制并列柱形图

以本书提供的"超市"数据为例，使用 Tableau 绘制利润、销售额与时间的并列柱形图，步骤如下：

1）打开 Tableau，连接"超市"数据源，将"订单"拖至右侧空白处，单击工作表转至绘图区域。

2）按住 <Ctrl> 键同时选中"销售额"和"利润"字段，右击选择"变换"→"转置"。将转置后的指标和值分别命名为"指标名称"和"利润/销售额（M：百万元）"，如图 8-10 所示。

销售额与利润并列柱形图 1

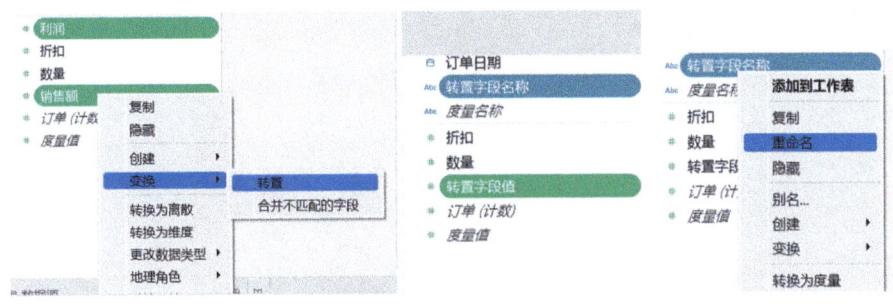

图 8-10 处理数据形式

3）右击"订单日期"，选择"创建"→"计算字段"，名称输入"年"，输入函数如图 8-11 所示。其中"年份 –60"和"年份 +60"是为了将销售额和利润在 x 轴排列的位置分开。输入函数后，单击"应用"按钮再单击"确定"按钮，如图 8-11 所示。

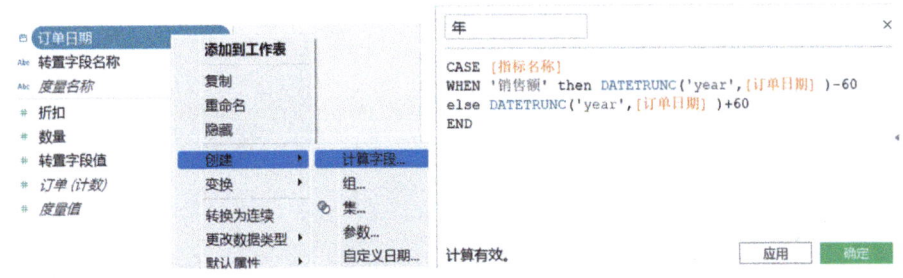

图 8-11 创建并编辑计算字段

4）将新字段"年"拖至"列"功能区，单击"年"下拉列表，选择"精确日期"选项；将"利润/销售额（M：百万元）"拖至"行"功能区。

5）在"标记"选项卡下选择"条形图",并将"指标名称"拖至"标记"卡下的"颜色",将"利润/销售额（M：百万元）"拖至"标记"卡下的"标签"。

6）左右上下伸缩可调整图表的大小,"标记"卡下的"大小"可调整条形的粗细,设置固定值为120,使两个柱子更加紧密,对齐方式选择"居中"。右击纵坐标轴选择"设置格式",将"默认值"下的数字改成以"百万"为单位,保留2位小数,如图8-12所示。其他数据格式的设置参考8.2.2节步骤（6）,由此得到销售额与利润的并列柱形图,如图8-13所示。

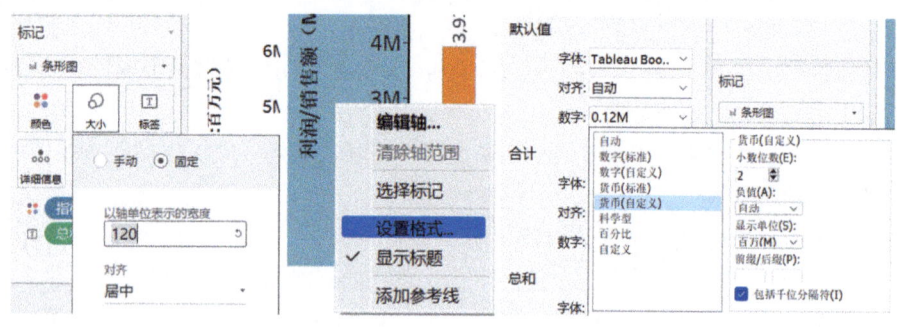

图8-12　设置其他参数

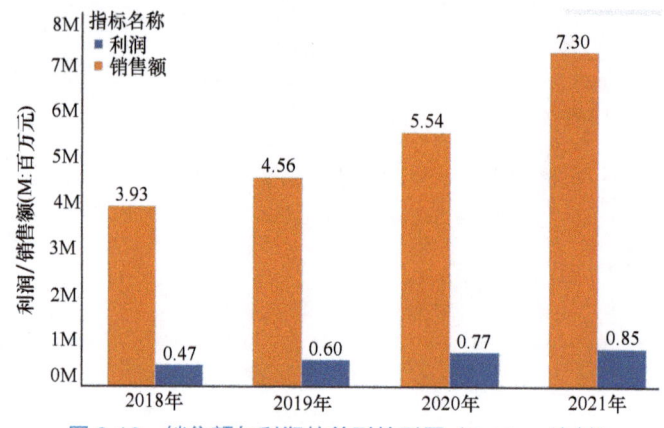

图8-13　销售额与利润的并列柱形图（Tableau绘制）

从图8-13可以发现,从2018年到2021年,销售额和利润逐年增长,2021年销售额和利润均达到最高水平。

## 2. Python绘制并列柱形图

以本书提供的"超市"数据为例,绘制各年销售额和利润的并列柱形图。首先进行数据的预处理,代码同8.2.2节柱形图的前三步,这里不再赘述。在此基础上,增加代码如下:

```
# 第四步,创建画布、坐标轴,绘制双柱图
def autolabel(rects):
    for rect in rects:
        height=rect.get_height()
        x=rect.get_x()+rect.get_width()/2
```

销售额与利润并列柱形图2

```
        ax.text(x,height*1.01,str(round(float(height)/1000000,2)),ha="center")
# 为每根柱添加文字
        fig=plt.figure( )
Sales=[3931182.668,4555607.918,5541502.832,7300743.988]
Profit=[474755.688,595359.488,773603.158,851631.772]
width=0.35

fig=plt.figure(dpi=500)
ax=plt.gca( )
bar_Sales=ax.bar([i for i in range(len(Sales))],Sales,width=width,label='
销售额')
        bar_Profit=ax.bar([i+width for i in range(len(Sales))],Profit,width=width,
label=' 利润')
        plt.xticks([x+width/2 for x in range(4)],['2018','2019','2020','2021'])
# 取列索引名称
autolabel(bar_Sales)
autolabel(bar_Profit)
ax.set_ylabel(' 销售额 / 利润(M:百万元)')
ax.set_ylim(0,8000000)
ax.legend( )
plt.show( )
```

运行结果如图 8-14 所示。

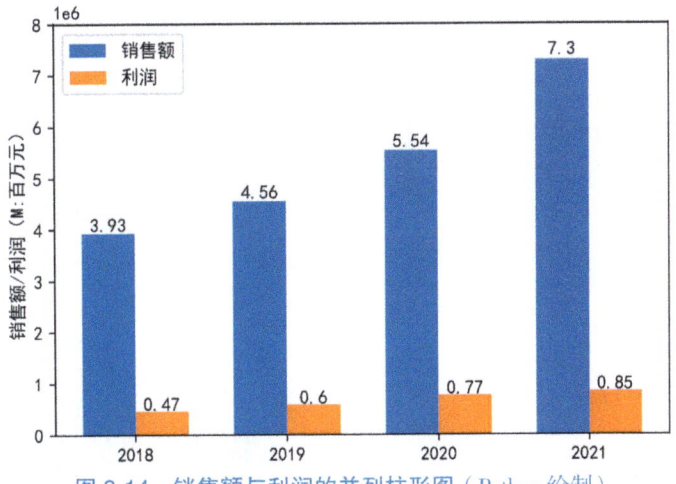

图 8-14　销售额与利润的并列柱形图（Python 绘制）

## 8.2.4　堆叠柱形图

与并列柱形图不同，堆叠柱形图将每个柱进行分割以显示相同类型下各个数据的大小情况，如图 8-15 所示。堆叠柱形图可以形象地展示一个大分类包含的各个小分类的数据，或者是各个小分类占大分类的比例。

常见的堆叠柱形图有三类：垂直堆叠柱形图、水平堆叠柱形图和百分比堆叠柱形图。在垂直堆叠柱形图和水平堆叠柱形图中，柱的高度/长度代表各层数据总和，适用于比较每个分组的数据总量以及分组内各类别的大小；当分组较多时，更适合使用水平堆叠柱形图。在百分比堆叠柱形图中，柱的各层代表该类别数据占该分组总数据的百分比，适用于对比同一分组内不同分类的大小。需要注意的是，堆叠柱形图中同一分组内分类不能过多，否则不利于数据的观察和比较。

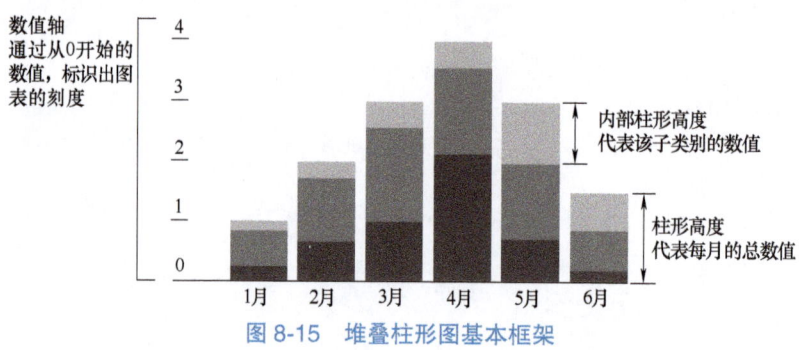

图 8-15　堆叠柱形图基本框架

### 1. Tableau 绘制堆叠柱形图

（1）垂直堆叠柱形图　以本书提供的"超市"数据为例，使用 Tableau 绘制每年超市各类别产品的销售额垂直堆叠柱形图，步骤如下：

1）打开 Tableau，连接"超市"数据源，将"订单"拖至右侧空白处，单击工作表转至绘图区域。

2）将"订单日期"字段拖到"列"功能区，Tableau 将此度量以年为单位聚合，并创建水平轴。

3）将"销售额"字段拖到"行"功能区，Tableau 将此度量聚合为总和并创建垂直轴。

4）由于订单日期为时间维度，因此 Tableau 自动生成折线图。在"标记"卡下将"自动"改为"条形图"。

5）将"类别"拖到"标记"卡下的"颜色"，"销售额"拖到"标记"卡下的"标签"，每年各类别产品的销售额如图 8-16 所示。

垂直堆叠柱形图 1

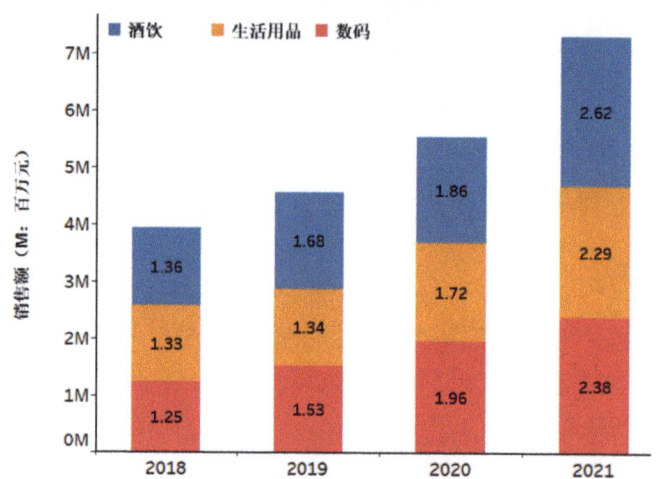

图 8-16　超市各类别产品的销售额垂直堆叠柱形图（Tableau 绘制）

（2）水平堆叠柱形图　Tableau 绘制水平堆叠柱形图的方法与垂直堆叠柱形图类似，只需将行、列对调，这里不再详细阐述。除此之外，还可以在垂直堆叠柱形图的基础上，单击工作表上方工具栏中"交换行和列"按钮，或使用快捷键 <Ctrl+w> 完成绘制。以本书提供的"超市"数据为例，使用 Tableau 绘制水平堆叠柱形图，结果如图 8-17 所示。

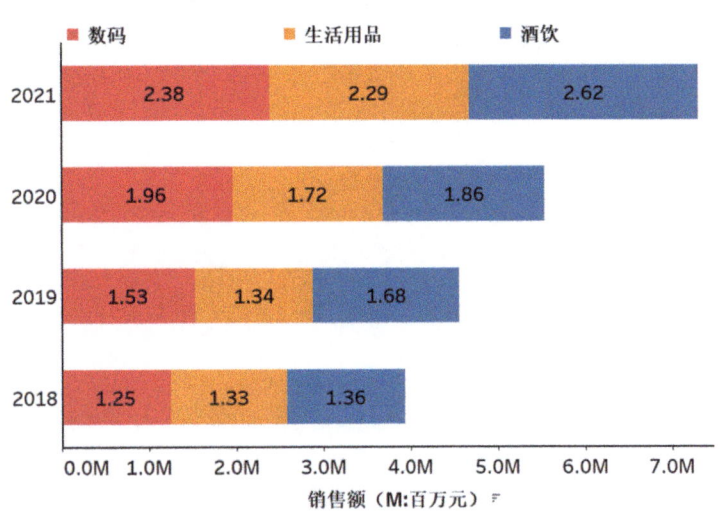

图 8-17　超市销售额水平堆叠柱形图（Tableau 绘制）

图 8-16 和图 8-17 显示了超市每年各类别产品的总销售额及其占比情况，可以发现随着时间的推移，各类别产品的销售额逐年提高。

（3）百分比堆叠柱形图　百分比堆叠柱形图与前面两种堆叠柱形图类似，只是展示的数据为各类别数据占总数据的百分比，因此绘图时只需将数据进行相应的修改即可。

以本书提供的"超市"数据为例，使用 Tableau 绘制每年超市各类别产品的销售额百分比堆叠柱形图。在前面水平堆叠柱形图的基础上，右击"列"功能区的"销售额"字段，在下拉菜单中选择"添加表计算"。在弹出的对话框中，将计算类型选为"合计百分比"，计算依据选为"表（横穿）"。同理，标签上的数值应为销售额百分比，进行相应的调整即可。结果如图 8-18 所示。

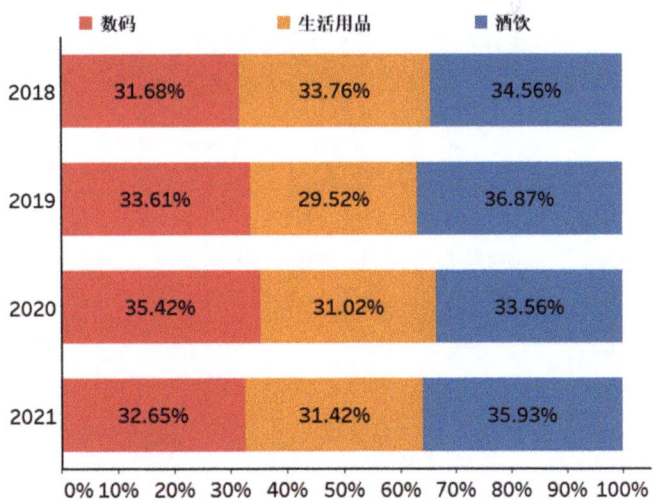

图 8-18　超市年销售额百分比堆叠柱形图（Tableau 绘制）

2. Python 绘制堆叠柱形图

（1）垂直堆叠柱形图　垂直堆叠柱形图的实质是一根柱子叠加在另一根柱子上面，此时可以通过 Matplotlib 库中 bar（）函数的 bottom 参数来实现。代码示例如下：

```
import pandas as pd
import numpy as np
from matplotlib.ticker import MultipleLocator
import matplotlib as mpl
mpl.rcParams["font.family"]='Arial'   #默认字体类型
mpl.rcParams["mathtext.fontset"]='cm'#数学文字字体
import matplotlib.pyplot as plt

labels=['G1','G2','G3','G4','G5']#x轴坐标
men_means=[20,35,30,35,27]#男人总数
women_means=[25,32,34,20,25]#女人总数
sum_means=np.array(men_means)+np.array(women_means)
width=0.35

fig=plt.figure(dpi=500)# 创建画布,dpi 表示画布清晰度
ax=plt.gca( )#创建坐标轴
x=np.arange(0,len(labels))#x 轴坐标为 0.1.2.3.4
bar_men=ax.bar(x,men_means,width,label='men')
bar_women=ax.bar(x,women_means,width,bottom=men_means,label='women')
def autolabel(rects):
for rect in rects:
    height=rect.get_height( )  #计算柱形高度
    xc=rect.get_x( )+rect.get_width( )/2  #获取每根柱的横坐标
    yc=rect.get_y( )+rect.get_height( )/2  #计算每层柱的纵坐标
x.text(xc,yc,str(height),ha="center")  #为每根柱添加文字
autolabel(bar_men)
autolabel(bar_women)
ax.legend( )# 显示图例
ax.set_ylim(0,100)# 设置 y 轴最小值、最大值
plt.show( )
```

基础垂直堆叠柱形图

运行结果如图 8-19 所示。

以本书提供的"超市"数据为例，绘制各类别产品年销售额的垂直堆叠柱形图，代码如下：

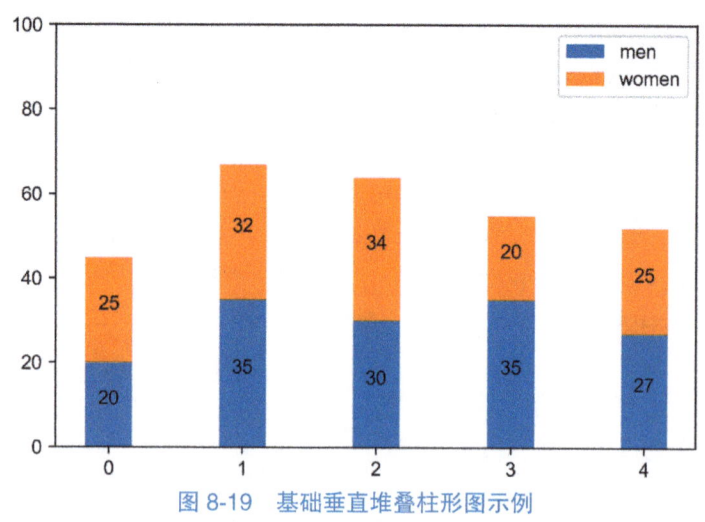

图 8-19　基础垂直堆叠柱形图示例

```python
# 第一步,打开 Jupyter Notebook,载入常用的程序包
import numpy as np
import matplotlib.pyplot as plt
import pandas as pd
import matplotlib as mpl
import pylab as pl
# 第二步,在窗口中载入数据,并处理中文乱码
mpl.rcParams['font.sans-serif']=['SimHei']# 指定默认字体
mpl.rcParams['axes.unicode_minus']=False# 解决保存图像是负号 '-' 显示为方块的问题
# 第三步,按年和类别对数据进行分组并汇总
vf=pd.read_excel('.\supermarket.xls')
vf.rename(columns={"行 ID":"ROW ID",
                   "订单 ID":'oID',
                   "订单日期":"Date",
                   "发货日期":"deliverydate",
                   "装运模式":"shipping_mode",
                   "客户 ID":"cID",
                   "客户名称":"cname",
                   "细分":"subdivision",
                   "城市":"city",
                   "省/自治区":"province",
                   "国家/地区":"country",
                   "区域":"area",
                   "产品 ID":"pID",
                   "类别":"Category",
                   "子类别":"subcategory",
                   "销售额":"Sales",
                   "数量":"Quantity",
                   "折扣":"Discount",
                   "利润":"Profit"},inplace=True)
##dt 模块可以获得时间的基本属性
vf['Date']=vf['Date'].dt.year
df1=vf.groupby(['Date','Category']).agg({'ROW ID':'sum','Sales':'sum','Quantity':'sum','Discount':'mean','Profit':'sum'})
# 第四步,创建画布、坐标轴,绘制堆叠柱形图
def autolabel(rects):
    for rect in rects:
        height=rect.get_height()
        xc=rect.get_x()+rect.get_width()/2
        yc=rect.get_y()+rect.get_height()/2
        ax.text(xc,yc,str(round(float(height)/1000000,2)),ha='center')  # 为每根柱添加文字
        fig=plt.figure()
x=['2018','2019','2020','2021']# 取列索引名称
```

```
digital=[1245306.340,1530999.704,1962924.180,2383798.836]
drink=[1358659.284,1679731.390,1859858.272,2623036.492]
life_goods=[1327217.044,1344876.824,1718720.380,2293908.660]
sum_means=np.array(digital)+np.array(drink)+np.array(life_goods)
width=0.35

fig=plt.figure(dpi=500)
ax=plt.gca()
bar_lif=ax.bar(x,life_goods,width,label='生活用品')
bar_dri=ax.bar(x,drink,width,bottom=life_goods,label='酒饮')
for i in range(0,len(life_goods)):
    drink[i]=drink[i]+life_goods[i]
bar_dig=ax.bar(x,digital,width,bottom=drink,label='数码')

autolabel(bar_dig)
autolabel(bar_dri)
autolabel(bar_lif)
ax.legend()
ax.set_ylabel('销售额(M:百万元)')
ax.set_ylim(0,8000000)
fig.tight_layout()
plt.show()
```

运行结果如图 8-20 所示。

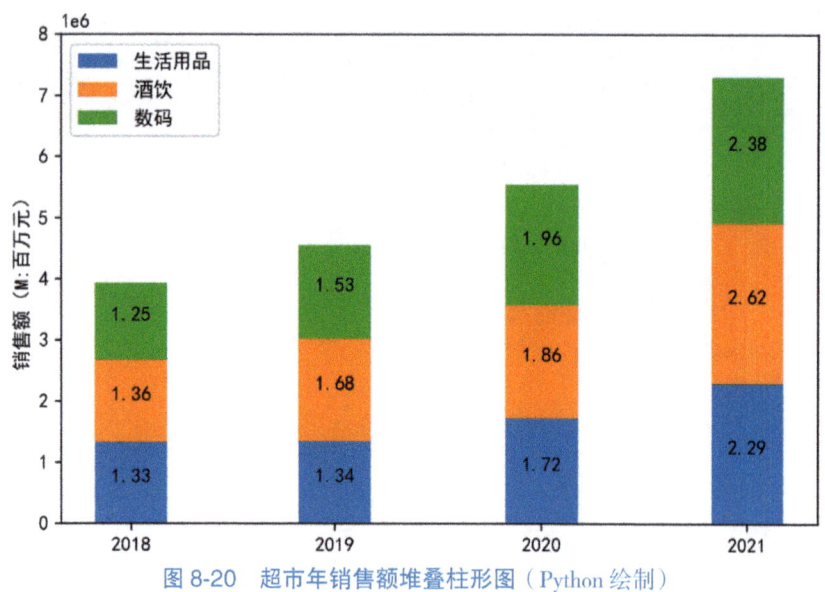

图 8-20　超市年销售额堆叠柱形图（Python 绘制）

（2）水平堆叠柱形图　使用 Matplotlib 库中的 barh() 函数绘制水平堆叠柱形图，代码示例如下：

```python
import pandas as pd
import numpy as np
from matplotlib.ticker import MultipleLocator
import matplotlib as mpl
mpl.rcParams["font.family"]='Arial'    #默认字体类型
mpl.rcParams["mathtext.fontset"]='cm'  #数学文字字体
import matplotlib.pyplot as plt

labels=['G1','G2','G3','G4','G5']
men_means=[20,35,30,35,27]
women_means=[25,32,34,20,25]
sum_means=np.array(men_means)+np.array(women_means)
width=0.35

fig=plt.figure(dpi=500)
ax=plt.gca()
x=np.arange(0,len(labels))
bar_men=ax.barh(x,men_means,width,label='men')
bar_men=ax.barh(x,men_means,width,left=men_means,label='women')
ax.legend()
plt.show()
```

基础水平堆叠柱形图

运行结果如图 8-21 所示。

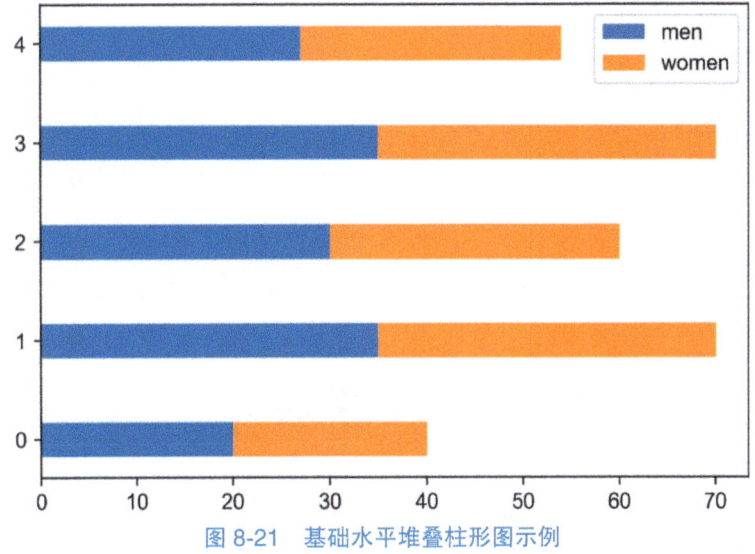

图 8-21　基础水平堆叠柱形图示例

以本书提供的"超市"数据为例，绘制各类别产品年销售额的水平堆叠柱形图。首先进行数据的预处理，代码同前面垂直堆叠柱形图的前三步，这里不再赘述。在此基础上，增加代码如下：

## 数据可视化

```
# 第四步,创建画布、坐标轴,绘制堆叠柱形图
def autolabel(rects):
for rect in rects:
      height=rect.get_height( )
        xc=rect.get_x( )+rect.get_width( )/2
        yc=rect.get_y( )+rect.get_height( )/2
        ax.text(xc,yc,str(round(float(rect.get_width( ))/
1000000,2)),ha='center')
   fig=plt.figure( )
   x=['2018','2019','2020','2021'] # 取列索引名称
   digital=[1245306.340,1530999.704,1962924.180,2383798.836]
   drink=[1358659.284 ,1679731.390,1859858.272,2623036.492]
   life_goods=[1327217.044,1344876.824,1718720.380,2293908.660]
   sum_means=np.array(digital)+np.array(drink)+np.array(life_goods)
   width=0.35

   fig=plt.figure(dpi=500)
   ax=plt.gca( )
   bar_lif=ax.barh(x,life_goods,width,label='生活用品')
   bar_dri=ax.barh(x,drink,width,left=life_goods,label='酒饮')
   for i in range(0,len(life_goods)):
           drink[i]=drink[i]+life_goods[i]
   bar_dig=ax.barh(x,digital,width,left=drink,label='数码')
   autolabel(bar_dig)
   autolabel(bar_dri)
   autolabel(bar_lif)
   ax.set_xlabel('销售额(M:百万元)')
   ax.set_xlim(0,8000000)
   fig.tight_layout( )
   plt.show( )
```

年销售额水平堆叠柱形图

运行结果如图 8-22 所示。

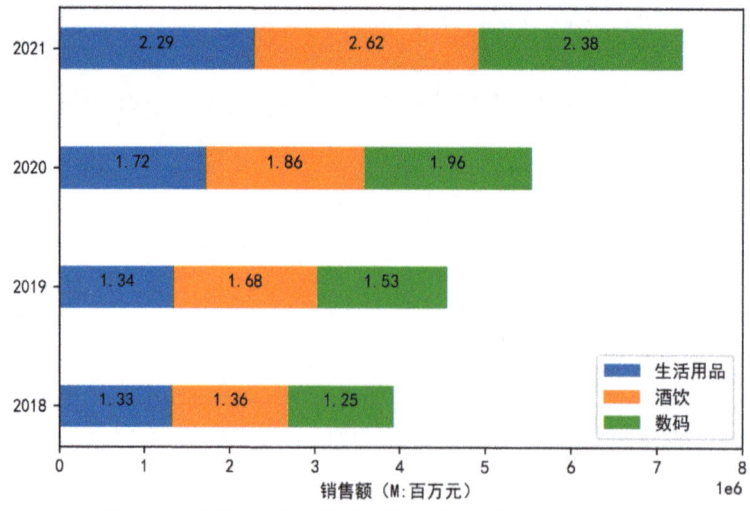

图 8-22 超市年销售额水平堆叠柱形图（Python 绘制）

（3）百分比堆叠柱形图　下面以某调查问卷中人们对六个问题的不同选择为例，介绍如何使用 Matplotlib 库中的 barh（）函数绘制百分比堆叠柱形图。代码示例如下：

```python
import pandas as pd
import numpy as np
from matplotlib.ticker import MultipleLocator
import matplotlib as mpl
import matplotlib.pyplot as plt
mpl.rcParams["font.family"]='Arial'   #默认字体类型
mpl.rcParams["mathtext.fontset"]='cm' #数学文字字体

category_names=['Strongly disagree','Disagree',
                'Neither agree nor disagree','Agree','Strongly agree']
results={
    'Question 1':[10,15,17,32,26],
    'Question 2':[26,22,29,10,13],
    'Question 3':[35,37,7,2,19],
    'Question 4':[32,11,9,15,33],
    'Question 5':[21,29,5,5,40],
    'Question 6':[8,19,5,30,38]}
labels=list(results.keys())
data=np.array(list(results.values()))
data_cum=data.cumsum(axis=1)#第一行累加值

fig=plt.figure(figsize=(9.2,5))
ax=plt.gca()
category_colors=plt.get_cmap('RdYlGn')(np.linspace(0.1,0.8,data.shape[1]))
for i in range(0,data.shape[1]):
#i 的范围是 0 到 data 数组的列数 6(不取 6)
    starts=data_cum[:,i]-data[:,i]
# 计算每一类别的起点,data[:,i]表示第 i 列的所有数据
    width=data[:,i]   # 每一类别所占宽度
    ax.barh(labels,width,left=starts,label=category_names[i],color=category_colors[i])   #绘制百分比堆叠柱形图
# 为每个条形添加数字
xcenters=starts+width/2
    for y,(x,c) in enumerate(zip(xcenters,width)):
        ax.text(x,y,str(c))
ax.legend(ncol=len(category_names),fontsize=9,loc='lower left',bbox_to_anchor=(0,1))
plt.show()
```

运行结果如图 8-23 所示。

# 数据可视化

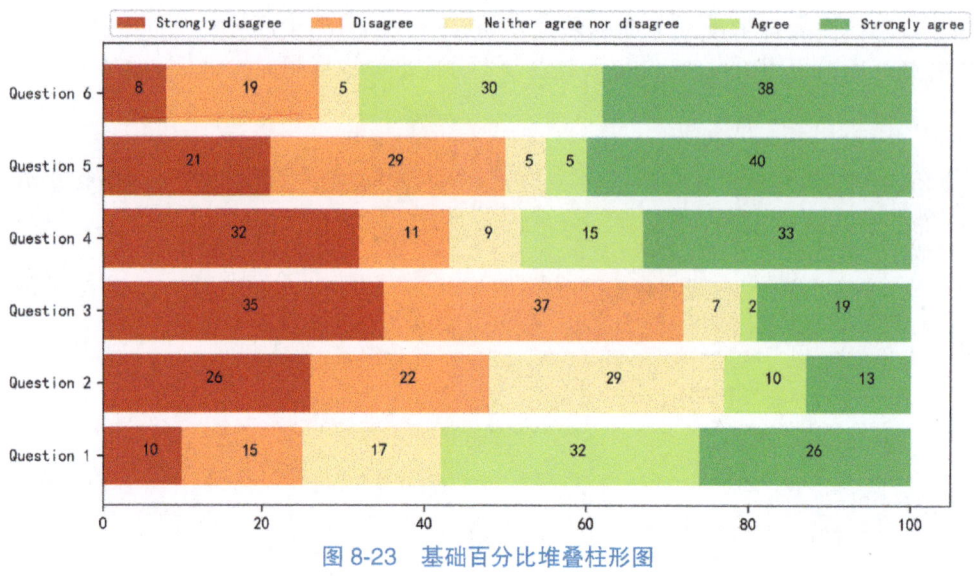

图 8-23 基础百分比堆叠柱形图

以本书提供的"超市"数据为例，绘制各类别产品年销售额的百分比堆叠柱形图。首先进行数据的预处理，代码同前面垂直堆叠柱形图的前三步，这里不再赘述。在此基础上，增加代码如下：

```
# 第四步,处理数据,将销售额化成百分比的形式
y11=1245306.340/(1245306.340+1358659.284+1327217.044)
y12=1358659.284/(1245306.340+1358659.284+1327217.044)
y13=1327217.044/(1245306.340+1358659.284+1327217.044)
y21=1530999.704/(1530999.704+1679731.390+1344876.824)
y22=1679731.390/(1530999.704+1679731.390+1344876.824)
y23=1344876.824/(1530999.704+1679731.390+1344876.824)
y31=1962924.180/(1962924.180+1859858.272+1718720.380)
y32=1859858.272/(1962924.180+1859858.272+1718720.380)
y33=1718720.380/(1962924.180+1859858.272+1718720.380)
y41=2383798.836/(2383798.836+2623036.492+2293908.660)
y42=2623036.492/(2383798.836+2623036.492+2293908.660)
y43=2293908.660/(2383798.836+2623036.492+2293908.660)
print(y11,y12,y13,
      y21,y22,y23,
      y31,y32,y33,
      y41,y42,y43)
# 第五步,创建画布、坐标轴,绘制百分比堆叠柱形图
category_names=['数码','酒饮','生活用品']
results={
        '2018':[31.68,34.56,33.76],
        '2019':[33.61,36.87,29.52],
        '2020':[35.42,33.56,31.02],
        '2021':[32.65,35.93,31.42]}
labels=list(results.keys())
data=np.array(list(results.values()))
data_cum=data.cumsum(axis=1)# 第一行累加值
```

年销售额百分比堆叠柱形图

```
        fig=plt.figure(figsize=(9.2,5),dpi=500)
        ax=plt.gca()
        category_colors=plt.get_cmap('RdYlGn')(np.linspace(0.1,0.8,data.shape[1]))
        for i in range(0,data.shape[1]):   #i的范围是0到data数组的列数4(不取4)
            starts=data_cum[:,i]-data[:,i]   #计算每一类别的起点,data[:,i]表示第i列的
所有数据
            width=data[:,i]   #每一类别所占宽度
            ax.barh(labels,width,left=starts,label=category_names[i],color=category_
colors[i])   #绘制百分比堆叠柱形图
            #添加数字
            xcenters=starts+width/2
        for y,(x,c)in enumerate(zip(xcenters,width)):
            ax.text(x,y,str(c))
            ax.set_xlabel('销售额的百分比(%)')
            ax.legend(ncol=len(category_names),fontsize=10,loc='lower left',bbox_
to_anchor=(0,1))
        plt.show()
```

运行结果如图8-24所示。

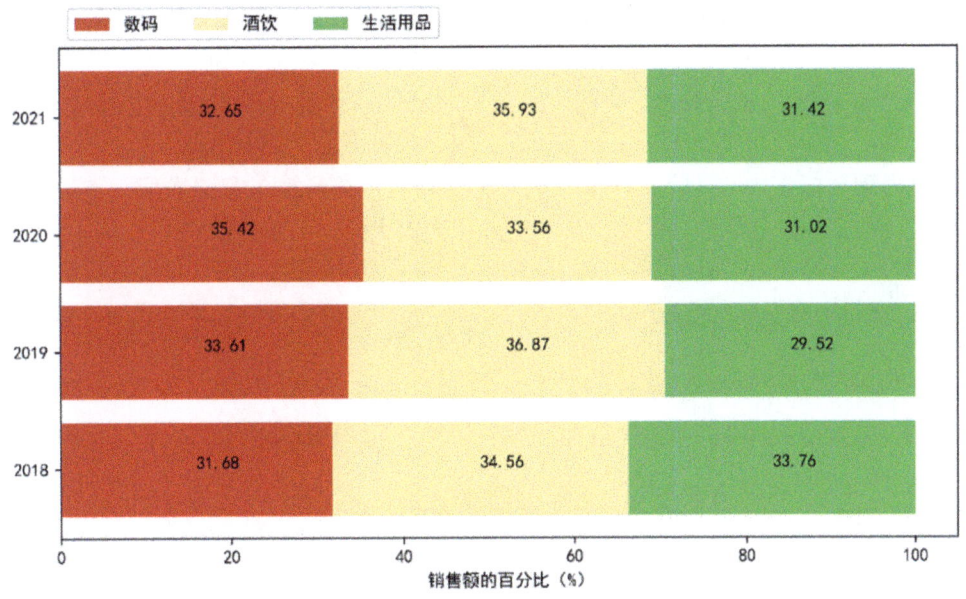

图8-24　超市年销售额百分比堆叠柱形图（Python绘制）

从图8-24可以看出，超市每年各类别产品销售额所占百分比变化不大，均占总体的1/3左右。进一步发现，数码产品在2020年所占百分比最大，为35.42%；2018、2019、2021年，酒饮所占百分比最大，分别为34.56%、36.87%和35.93%。

综上，通过百分比堆叠柱形图，我们既可以横向比较，发现哪种类别产品销售额占比最大，也可以纵向比较，发现各类别产品所占百分比随时间的变化情况，预测用户未来的消费趋势。

## 8.3 延续型数据

### 8.3.1 折线图

折线图也称为趋势图，是用直线段将各数据点顺次连接起来而组成的图形。在折线图中，水平轴一般代表时间，垂直轴代表数值。折线图以曲线的上升或下降来表示统计数量的增减变化，适用于表现数据的变化趋势，如销售额趋势、利润趋势等。

折线图的绘制和散点图相似，只是需要用线条将圆点连接起来，以便观察数据的变化趋势。数值轴最好从 0 开始，避免从其他数值开始而影响到图表的比例范围。数据变化的趋势也会受到水平轴长度的影响。若水平轴过短，则点与点间的增长就会看起来比较夸张；如果水平轴过长，则可能无法发现其中的变化模式。

**1. Tableau 绘制折线图**

以本书提供的"超市"数据为例，使用 Tableau 创建销售额与时间的折线图，步骤如下：

季销售额折线图

1）打开 Tableau，连接"超市"数据源，将"订单"拖至右侧空白处，单击工作表转至绘图区域。

2）将"订单日期"字段拖到"列"功能区，Tableau 将此度量以年为单位聚合，并创建水平轴。

3）将"销售额"字段拖到"行"功能区，Tableau 将此度量聚合为总和，并创建垂直轴。

4）单击列功能表中"（年）订单日期"下拉列表，选择第二个"季度"选项（2015 年第二季度），于是得到每年每季度的销售额，如图 8-25 所示。

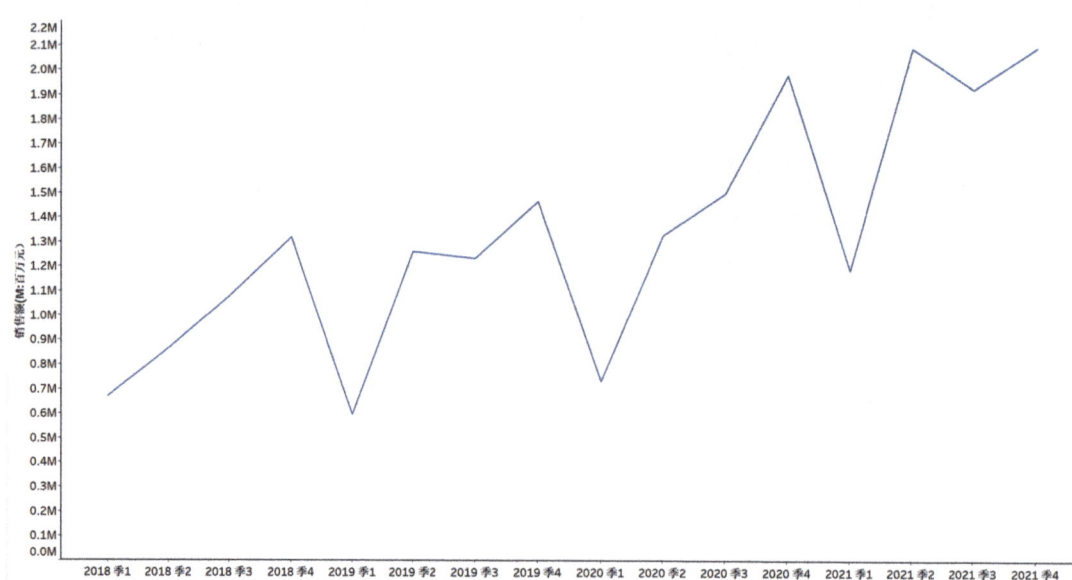

图 8-25　超市季销售额折线图（Tableau 绘制）

从图 8-25 可以看出，2018 年和 2020 年销售额每季度呈上升趋势，而 2019 年和 2021 年销售额有升有降，并且每一年都是第一季度销售额最低，第四季度销售额最高。所以总体来看，超市季度销售额具有周期性，并且随年份变化，整体呈波动性上升趋势。

### 2. Python 绘制折线图

使用 Matplotlib 库中的 plot（ ）函数绘制折线图，具体如下。

**函数名称**：plot（ ）。

**函数功能**：绘制折线图。

**调用签名**：matplotlib.pyplot.plot（x，y，linewidth，linestyle，color，marker，alpha，label）。

**参数说明（部分）**：

x，y 指 x 轴和 y 轴的坐标，类数组或标量。

linewidth 指折线的宽度，浮点数。

linestyle 指折线的线型，'-'，'--'，'-.'，':'，''等。

color 指折线的颜色，数据为颜色值。

marker 指折线的标记，'o' 为圆圈，'*' 为星号，'s' 为方形等。

alpha 指透明度，0~1 的浮点数。

label 指图例，需要在使用 plt.plot（ ）后用 plt.legend（ ）加载出来。

基础折线图示例

代码示例如下：

```python
import numpy as np
import matplotlib.pyplot as plt
# 设置x,y轴的数值
x=np.linspace(0,14,50)
y=np.sin(x/2)
plt.figure(dpi=500)
ax=plt.gca()
plt.plot(x,y+2,color='r',alpha=0.5,label="line+alpha")
plt.legend()
plt.show()
```

运行结果如图 8-26 所示。

## 8.3.2 平滑和拟合

在数据很多、杂乱无章的情况下，可能出现难以辨认趋势的情况。为了从数据中发现规律，需要将数据在一定尺度上合并（平滑），进行函数拟合。最简单的拟合曲线是一条直线，其基础斜截式方程为

$$y = ax + b$$

式中，$a$ 代表斜率；$b$ 代表截距。

对于周期性、波动性的数据，并不

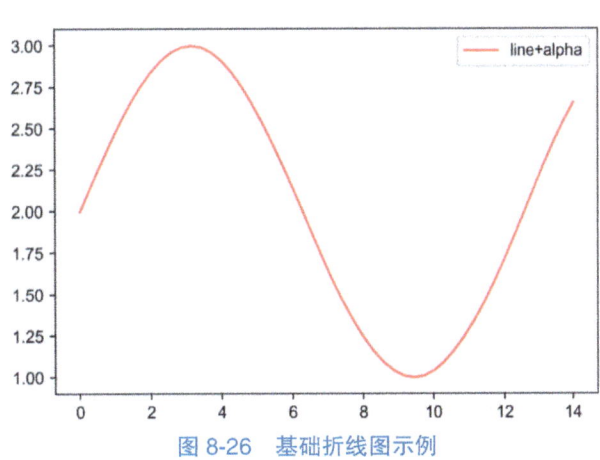

图 8-26 基础折线图示例

能简单以线性的方式拟合，否则模型偏差会较大，这时可以用统计学方法局部加权回归散点平滑法（Locally Weighted Scatterplot Smoothing，LOWESS），拟合出一条符合整体趋势的曲线并做出预测。LOWESS 的主要思想是取一定比例的局部数据，在这部分子集中拟合多项式回归曲线，以观察数据在局部展现出来的规律和趋势。将局部范围从左往右依次推进，最终计算出一条连续的曲线。

使用 statsmodels 库中的 lowess（）函数创建拟合曲线，具体如下。

**函数名称**：lowess（）。

**函数功能**：绘制拟合曲线。

**调用签名**：statsmodels.nonparametric.smoothers_lowess.lowess（endog，exog，frac，it，delta，**kwargs）。

**参数说明**：

endog 指 y 值大小，一维数组。

exog 指 x 值大小，一维数组。

frac 指估计每个 y 值时所使用的数据的比例，0~1 之间的浮点数，默认值为 2/3。用这个范围内的点进行局部加权回归。

it 指进行几轮局部加权回归，数据为整数，默认值为 3。

delta 指间隔多少进行一次局部参数回归，浮点数，默认值为 0.0。中间的点使用线性插值。

代码示例如下：

```
import math
import numpy as np
import statsmodels.api as sm
lowess=sm.nonparametric.lowess
import pylab as pl
# 创建一条折线
n=100
x=np.linspace(0,2*math.pi,n)
y=np.sin(x)+ 0.3*np.random.randn(n)
nhqx=lowess(y,x,frac=1./4.)[:,1]
#frac 表示平滑曲线估算 y 值时所用的比例,在 0~1 之间取值
pl.figure(dpi=500)
pl.plot(y,label='y noisy')
pl.plot(nhqx,label='y pred')
pl.legend()
pl.show()
```

基础拟合曲线示例

运行结果如图 8-27 所示。

以本书提供的"超市"数据为例，绘制 2021 年各月销售额的折线图及其拟合曲线，代码如下：

## 第8章 有关时间趋势的可视化

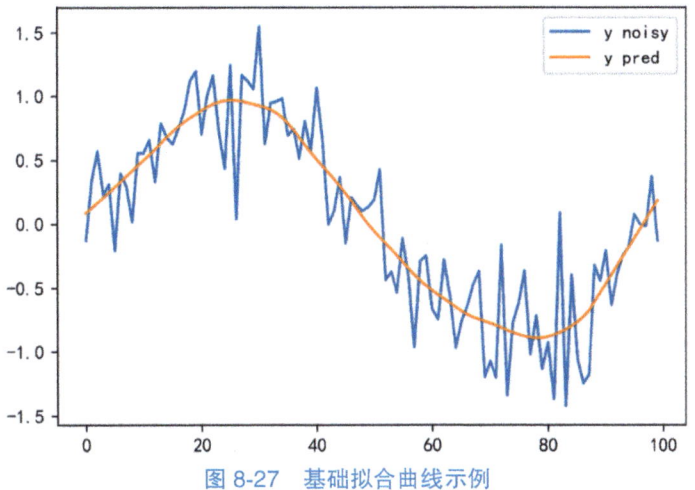

图 8-27　基础拟合曲线示例

月销售额拟合曲线

```
# 第一步,打开 Jupyter Notebook,载入常用的程序包
import numpy as np
import pandas as pd
import matplotlib as mpl
import statsmodels.api as sm
lowess=sm.nonparametric.lowess
import matplotlib.pyplot as plt
# 第二步,在窗口中载入数据,并处理中文乱码
mpl.rcParams['font.sans-serif']=['SimHei']# 指定默认字体
mpl.rcParams['axes.unicode_minus']=False# 解决保存图像是负号 '-' 显示为方块的问题
# 第三步,按月对数据进行分组并汇总
vf=pd.read_excel('.\supermarket.xls')
vf.rename(columns={"行 ID":"ROW ID",
        "订单 ID":'oID',
        "订单日期":"Date",
        "发货日期":"deliverydate",
        "装运模式":"shipping_mode",
        "客户 ID":"cID",
        "客户名称":"cname",
        "细分":"subdivision",
        "城市":"city",
        "省/自治区":"province",
        "国家/地区":"country",
        "区域":"area",
        "产品 ID":"pID",
        "类别":"category",
        "子类别":"subcategory",
        "销售额":"Sales",
```

```
            "数量":"Quantity",
            "折扣":"Discount",
            "利润":"Profit"},inplace=True)
vf.Date=pd.to_datetime(vf['Date'])
vf.set_index('Date',inplace=True)
df1=vf.resample('MS').agg({'ROW ID':'sum','Sales':'sum','Quantity':'sum','Discount':'mean','Profit':'sum'})
df2=df1['2021']
df2['Sales']=round(df2.Sales/1000000,2)
# 第四步,创建画布、坐标轴,绘制拟合曲线
fig=plt.figure(figsize=(10,5),dpi=500)
ax=plt.gca()
x=['1','2','3','4','5','6','7','8','9','10','11','12']
y=df2['Sales']
yest=lowess(y,x,frac=3./4.)[:,1]# 关键代码
ax.set_ylabel('销售额(M:百万元)')
plt.plot(x,y,label='折线图')
plt.plot(x,yest,label='拟合曲线')
plt.legend()
plt.show()
```

运行结果如图 8-28 所示。

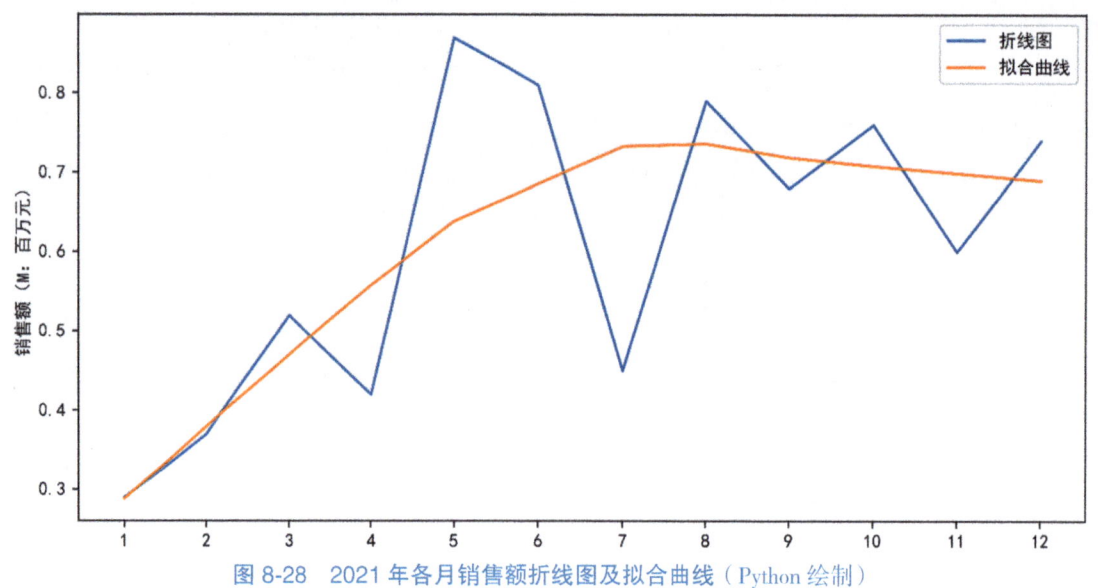

图 8-28  2021 年各月销售额折线图及拟合曲线（Python 绘制）

### 8.3.3 甘特图

甘特图（Gantt chart）又称为横道图、条状图,能直观展示项目活动随时间的走势及联系,以提出者亨利·L·甘特（Henry L Gantt）的名字命名。其中,横轴表示项目时间,纵

轴表示项目活动，整体线条表示整个项目期间内活动的完成情况。甘特图具有简单醒目、易于操作等特点，使用者能清晰地了解到各时间段内工作的完成进度，有利于梳理项目管理流程，提高项目管控的效率。

甘特图不仅能用于项目、工作等的计划，也可用于工作的评估和复盘。按内容不同，甘特图可分为项目计划图、进度图、负荷图、机器闲置图、人员闲置图、订单响应时间图等多种形式。

### 1. Tableau 绘制甘特图

以本书提供的"超市"数据为例，使用 Tableau 绘制 2020 年销售额排名前 10 的客户订单平均响应时间甘特图，步骤如下：

1) 打开 Tableau，连接"超市"数据源，将"订单"拖至右侧空白处，单击工作表转至绘图区域。

2) 将"销售额"和"订单日期"字段先后拖到"列"功能区，将"客户 ID"字段拖到"行"功能区。选择图中"2020"→"只保留"，如图 8-29 所示。

客户订单
响应时间 1

3) 单击"降序"按钮，按住 <Ctrl> 键，单击前 10 个客户 ID，然后右击，选择"只保留"，保留销售额排名前 10 的客户信息，如图 8-30 所示。

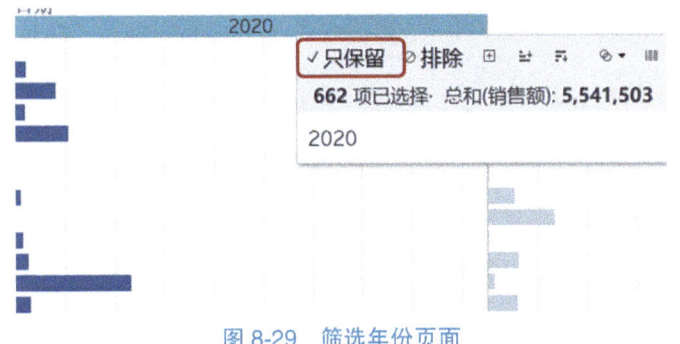

图 8-29　筛选年份页面

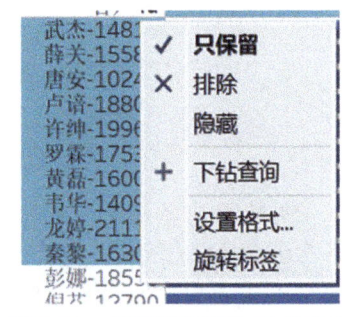

图 8-30　保留销售额前 10 的客户

4) 分别右击列中的"销售额"和"订单日期"字段，选择"移除"。然后选择工具栏中"分析"→"创建计算字段"，出现文本框后输入"订单响应时间"，在右侧计算函数中双击 DATEDIFF，填入计算公式，如图 8-31 所示。然后依次单击"应用"和"确定"按钮。

图 8-31　创建计算字段页面

5）将"订单日期"字段拖到"列"功能区,"订单响应时间"字段拖到"标记"卡下的"大小"。

6）单击"列"功能区的"年(订单日期)"下拉列表,选择"天 2015 年 5 月 8 日",再单击"标记"卡下的"订单响应时间"下拉列表,选择"度量"→"平均值",再将"细分"拖到"标记"卡下的"颜色",于是生成客户订单响应时间甘特图,如图 8-32 所示。

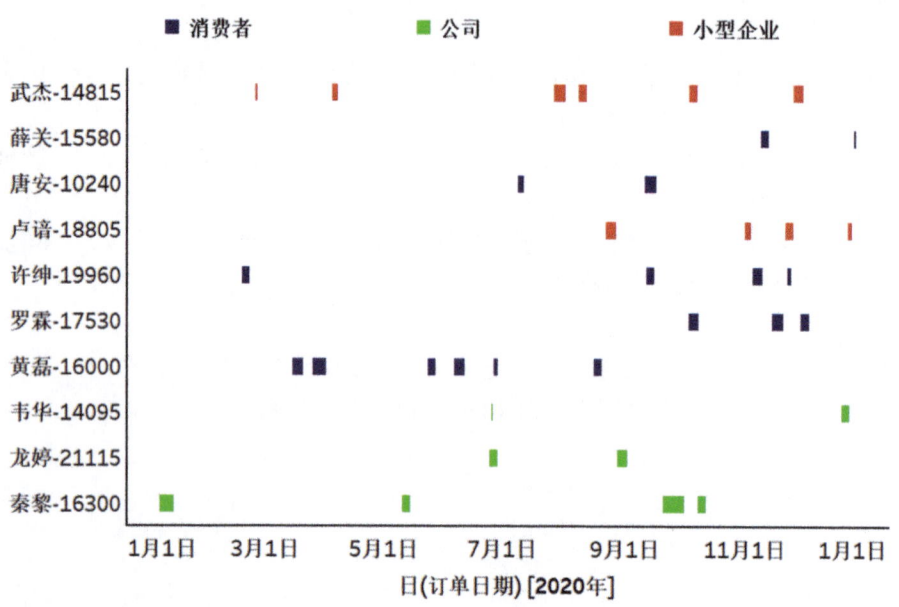

图 8-32  2020 年销售额排名前 10 客户订单响应时间(Tableau 绘制)

图 8-32 中条形长度代表客户订单的平均响应时间,即某一客户在同一天下单的各个订单的平均响应时间,能够衡量超市对该客户从下单到发货的时间间隔。超市应优先关注平均响应时间长的客户订单,减少客户等待,以提高其满意度。

### 2. Python 创建甘特图

使用 plotly 库中的 create_gantt( ) 函数绘制甘特图,具体如下。

**函数名称**:create_gantt( )。

**函数功能**:绘制甘特图。

**调用签名**:plotly.figure_factory.create_gantt(df, colors, index_col, show_colorbar, reverse_colors, title, bar_width, showgrid_x, showgrid_y, height, width, group_tasks, show_hover_fill)。

**参数说明(部分)**:

df 指甘特图的输入数据,数组或列表,必须包含 'Task'、'Start'、'Finish' 三列,如果不是这些列,则需要重命名列。

colors 指甘特图的颜色,数据为颜色值。

index_col 指索引的列标题,字符串或浮点数。

show_colorbar 指是否显示图例,布尔值,默认 False。

reverse_colors 指反转设定颜色顺序,布尔值,默认 False。

title 指图标题,字符串。

bar_width 指水平条的宽度，浮点数，默认值为 0.2。
showgrid_x 指显示或隐藏 X 轴网格，布尔值，默认 False。
showgrid_y 指显示或隐藏 Y 轴网格，布尔值，默认 False。
height 指甘特图的纵向长度，浮点数，默认值为 600。
width 指甘特图的横向长度，浮点数。
group_tasks 指是否按任务分组，默认 True，即同一任务的条图排在同一行。
show_hover_fill 指启用或禁用图表填充区域的悬停文本，默认 True。
以某项目进度为例，使用 Python 绘制甘特图，代码示例如下：

基础甘特
图示例

```
import plotly as py
import plotly.figure_factory as ff
# 创建数据框
df= [dict(Task="项目1", Start='2019-02-01', Finish='2019-05-28'),
    dict(Task="项目2", Start='2019-03-05', Finish='2019-04-15'),
    dict(Task="项目3", Start='2019-03-20', Finish='2019-05-30')]
fig=ff.create_gantt(df,showgrid_x=True,showgrid_y=True,height=600,width=900)
fig.show( )
```

运行结果如图 8-33 所示。

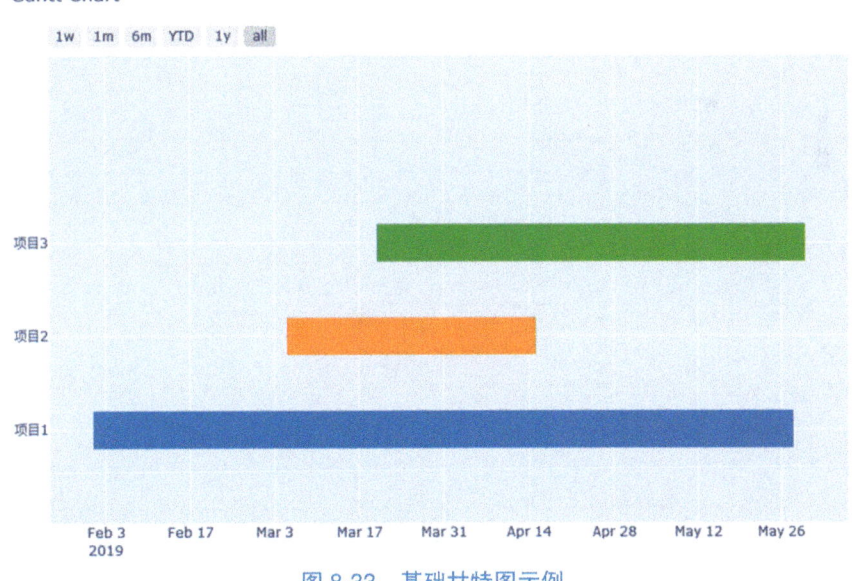

图 8-33　基础甘特图示例

以本书提供的"超市"数据为例绘制甘特图，展示 2020 年销售额排名前 10 的客户的订单响应时间，代码如下：

```python
# 第一步，打开 Jupyter Notebook，载入常用的程序包
import pandas as pd
import plotly as py
import matplotlib as mpl
import plotly.figure_factory as ff
# 第二步，在窗口中载入数据，并处理中文乱码
mpl.rcParams['font.sans-serif']=['SimHei']  # 指定默认字体
mpl.rcParams['axes.unicode_minus']=False  # 解决保存图像是负号 '-' 显示为方块的问题
# 第三步，选择 2020 年销售额排名前 10 的客户，生成订单响应时间
vf=pd.read_excel('.\supermarket.xls')
vf.rename(columns={"行 ID":"ROW ID",
            "订单 ID":'oID',
            "订单日期":"Date",
            "发货日期":"Deliverydate",
            "装运模式":"shipping_mode",
            "客户 ID":"cID",
            "客户名称":"cname",
            "细分":"subdivision",
            "城市":"city",
            "省/自治区":"province",
            "国家/地区":"country",
            "区域":"area",
            "产品 ID":"pID",
            "类别":"category",
            "子类别":"subcategory",
            "销售额":"Sales",
            "数量":"Quantity",
            "折扣":"Discount",
            "利润":"Profit"},inplace=True)
df_=vf[["cID","Sales","Profit","Date"]]
df_["Date"]=df_["Date"].dt.year      # 提取订单日期年份
df1=df_[df_["Date"]==2020]      # 筛选出 2020 年的订单信息
# 按客户名称分组汇总，并按照 Sales 排序
df2=df1[["cID","Sales","Profit"]]
b=df2.groupby(['cID']).sum()
df3=b.sort_values("Sales",ascending=False)
df3.head(10)         # 选取销售额最大的 10 条记录

# 修改 ff.create_gantt 函数适用的数据框(必须包含 'Task', 'Start' and 'Finish' 三列)
DF=vf.copy()
DF.rename(columns={"cID":"Task",'Date':'Start',"Deliverydate":"Finish"},inplace=True)# 给数据列重命名
DF["subdivision"][DF["subdivision"]=="公司"]="Company"# 更改细分类别名称
DF["subdivision"][DF["subdivision"]=="小型企业"]="Small Company"
```

```
    DF["subdivision"][DF["subdivision"]=="消费者"]="Consumer"
    data=DF[["Task","Start","Finish","subdivision"]]

    #将data数据框中销售额排名前10的大客户挑选出来
    d=data[(data["Task"]==' 武杰 -14815')|(data["Task"]==' 薛关 -15580')|(data
["Task"]==' 唐安 -10240')|(data["Task"]==' 卢谙 -18805')|
            (data["Task"]==' 许绅 -19960')|(data["Task"]==' 罗霖 -17530')|(data
["Task"]==' 黄磊 -16000')|(data["Task"]==' 韦华 -14095')|
            (data["Task"]==' 龙婷 -21115')|(data["Task"]==' 秦黎 -16300')]

    d["序号"]=d["Task"]#新增序号列
    d["序号"][d["序号"]=="武杰 -14815"]="0"#按照销售额最大的赋 0,最小的赋 9
    d["序号"][d["序号"]=="薛关 -15580"]="1"
    d["序号"][d["序号"]=="唐安 -10240"]="2"
    d["序号"][d["序号"]=="卢谙 -18805"]="3"
    d["序号"][d["序号"]=="许绅 -19960"]="4"
    d["序号"][d["序号"]=="罗霖 -17530"]="5"
    d["序号"][d["序号"]=="黄磊 -16000"]="6"
    d["序号"][d["序号"]=="韦华 -14095"]="7"
    d["序号"][d["序号"]=="龙婷 -21115"]="8"
    d["序号"][d["序号"]=="秦黎 -16300"]="9"
    d=d.sort_values("序号")
    d.head(20)

    #第四步,创建画布、坐标轴,绘制甘特图
    colors={'Small Company':'rgb(220,0,0)',
            'Company':'rgb(0,200,0)',
            'Consumer':'rgb(0,0,100)' }
    fig=ff.create_gantt(d,showgrid_x=True,showgrid_y=True,colors=colors,index_
col='subdivision',group_tasks=True,show_colorbar=True)
    fig.update_layout(
                title="Customer Order Response",
                xaxis_title="Time of Customer Order Response",
                yaxis_title="Order ID",
          font=dict(
            family='Courier New, monospace',
            size=14,
            color='RebeccaPurple' ))
    fig.show()
```

运行结果如图 8-34 所示。

总的来说,通过甘特图可以了解超市大客户的订单平均响应时间,超市应重点关注平均响应时间长的客户订单,提高订单响应速度,减少客户等待,从而提高其满意度,促进其持续购买。

# 数据可视化

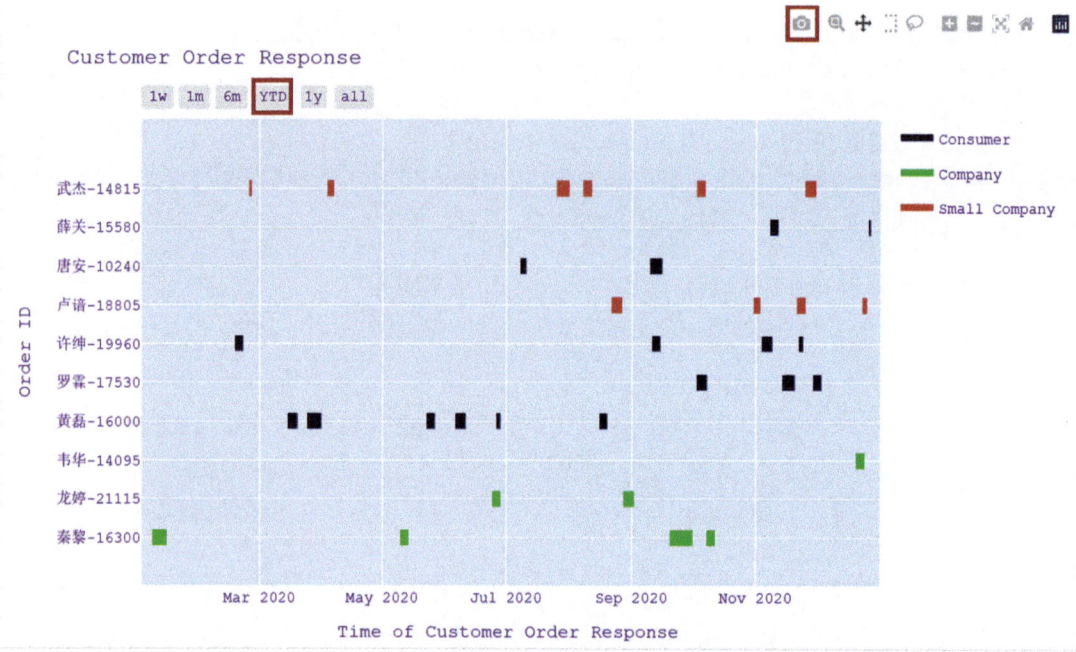

图 8-34　2020 年销售额排名前 10 的客户订单响应时间（Python 绘制）

## 8.4　习题

1. 什么是离散型时间数据和延续型时间数据？举例说明。
2. 散点图、柱形图和折线图都可以反映数据随时间的变化，它们有何区别？
3. 简述堆叠柱形图的特点和适用情况。
4. 简述甘特图的主要作用。
5. 根据本书提供的"超市"数据，分别使用 Tableau 和 Python 绘制各类别产品利润随时间变化的堆叠条形图。

# 第 9 章

# 有关关系的可视化

## 9.1 在关系中寻求什么

一般而言，人们解决问题都致力于寻找事物背后的原因。现在要做的是尝试去探索事物间的相关关系，而不再关注难以捉摸的因果关系。这种相关关系往往不能告诉人们事物为何产生，但是会提醒人们事物正在发生。比如，只要知道什么时候是买机票的最佳时机，那么机票价格为什么变化就无关紧要了。数据可视化会告诉读者分析结果是什么。

在分析数据时，不仅可以从整体进行观察，还可以关注数据的分布，如数据间是否存在重叠或毫不相干？还可以从更宽泛的角度观察各个分布数据的相关关系。例如，超市某商品的销量是如何随时间发生变化的？这种商品和其他商品的销量之间是否存在关联性？最重要的是数据在进行可视化处理后，呈现在读者眼前的图表所表达的意义是什么。

分析变量间的关系可以从关联性和分布性展开，下面具体讲解。

## 9.2 关联性

关联性意味着当一件事情变化时，另一件事情也可能会发生某种变化。那么，它们之间确实有关系吗？比如，提升了汽油的价格，食用油的价格会随之增长吗？同样地，如果食用油价格增长了，汽油的价格会随之增长吗？其实，解释一些外在的、复杂的因素无疑是十分费力的事情。但是事物的关联性往往具有很大的价值，它可以帮助人们根据某一已知指标来预测另一指标。探究这种关系可以采用散点图或散点图矩阵。

### 9.2.1 散点图

散点图（Scatter plot）是表示二维数据的标准方法。在散点图中，所有数据以点的形式出现在笛卡儿坐标系中，每个点对应的横纵坐标即代表该点在坐标轴所表示维度的属性值大小。

8.2.1 节中的散点图用来表示随时间变化的指标：水平轴表示时间，垂直轴为数值或度量。它有利于人们辨识出某个指标随时间发生的变化（或者不变化），这时体现的是时间与另一因素或变量之间的关系。其实，散点图不仅可以应用于时间，还可以表现两个变量之间的关系，两者之间的区别在于横轴不是时间，而是另一个变量的数值。还可以用散点图推断出变量间的相关性。两个变量之间通常存在正相关、负相关、不相关这三种关系，如图 9-1 所示。

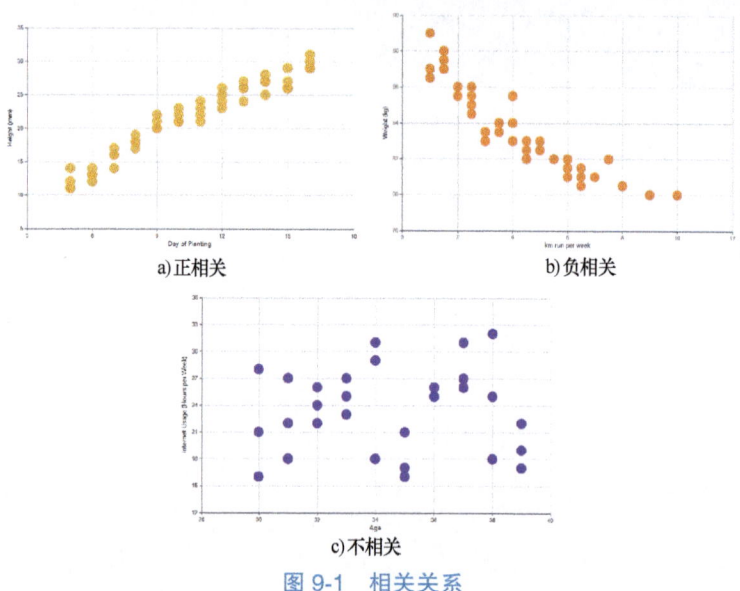

图 9-1　相关关系

可以看出，正相关的两个变量变化趋势相同，当一个变量由大到小或由小到大变化时，另一个变量也随之由大到小或由小到大变化，如身高与体重。一般来说，身高越高，体重就越重。反之，负相关的两个变量的变化方向相反，也可以理解为事态发展的对立关系。例如，每周长跑的里程数和体重呈负相关。每周跑步里程越多，体重趋向于越轻。而不相关就是点的排列错乱无序。例如，28~40 岁间的人的每周上网时间与其年龄不存在明显的关系。

关联性关系可以帮助人们很好地分析现在，预测未来。有时数据之间的关系非常直接，如人的身高和体重。通常一个人的身高增加，体重也会随之增加。但有时关联性并没有那么明显，如健康和体质指数（Body Mass Index，BMI）。BMI 过高通常意味着超重，但肌肉发达的人（比如运动员）也会有很高的 BMI。

## 9.2.2　散点图矩阵

散点图是用两组数据构成多个坐标点，再通过观察坐标点的分布，判断两个变量之间是否存在某种关联。但很多时候变量不止两个，因此应当同时考察多个变量间的相互关系，但是若一一绘制它们之间的散点图十分烦琐，此时可以利用散点图矩阵来绘制，以快速发现哪些变量之间的相关性更高，这种方法在数据探索阶段十分有用。

散点图矩阵通常是方格网布局。在这个方格网中，水平和垂直方向上都有多个变量，可满足比较多个变量的需求。其中水平轴上的每行和垂直轴上的每列都代表一个变量，这样就提供了所有可能的配对。因为不需要用变量与其自身进行比较，因此左上角到右下角的对角线空出来的部分可以加入密度曲线或直方图。利用 Python 可以很方便地绘制散点图矩阵，具体如下。

**函数名称**：scatter_matrix（ ）。

**函数功能**：绘制散点图矩阵，寻找变量之间的关系。

**调用签名**：pandas.scatter_matrix（frame, alpha, figsize, ax, diagonal, marker, density_kwds, hist_kwds, range_padding**kwds）。

**参数说明（部分）**：

frame 指作图所用的数据，dataframe 对象。

alpha 指图像透明度，浮点型。

figsize 指以英寸为单位的图像大小，一般以元组形式（width, height）设置。

ax 表示可选，一般为 none，Matplotlib 轴对象。

diagonal 指必须且只能在 {'hist', 'kde'} 中选择一个，'hist' 表示直方图（Histogram），'kde' 表示核密度估计（kernel density estimation）。

marker 指图像的标记类型，如 '.'、','、'o' 等。

density_kwds 指与 kde 相关的字典参数。

hist_kwds 指与 hist 相关的字典参数。

range_padding 指图像在 x 轴、y 轴原点附近的留白，该值越大，留白距离越大，图像越远离坐标原点，浮点型。

使用 Python 中 sklearn 库自带的鸢尾花（iris）数据集绘制散点图矩阵。鸢尾花数据集共收集了三类鸢尾花，每一类鸢尾花收集了 50 条样本记录，共计 150 条。数据集包括四个属性，分别为花萼的长、花萼的宽、花瓣的长和花瓣的宽。四个属性的单位都是厘米，属于数值变量，四个属性均不存在缺失值的情况。通过绘制散点图矩阵，可以实现用一张图探究花瓣长度、花瓣宽度、花萼长度和花萼宽度两两之间是否存在关系。代码示例如下：

散点图矩阵

```
# 在 Anaconda Prompt 中输入：pip install mglearn 添加 mglearn 库
import mglearn
import pandas as pd
# 导入鸢尾花数据
from sklearn.datasets import load_iris
iris_dataset = load_iris()
# 分割训练集和测试集
from sklearn.model_selection import train_test_split
X_train,X_test,y_train,y_test = train_test_split(iris_dataset['data'],iris_dataset['target'],random_state=0)
# 将训练集赋值给 iris_dataframe
iris_dataframe=pd.DataFrame(X_train,columns=iris_dataset.feature_names)
# 用 iris_dataframe 绘制散点图矩阵
grr = pd.plotting.scatter_matrix(iris_dataframe,marker='o',c = y_train,hist_kwds={'bins':20},cmap=mglearn.cm3)
```

运行结果如图 9-2 所示。

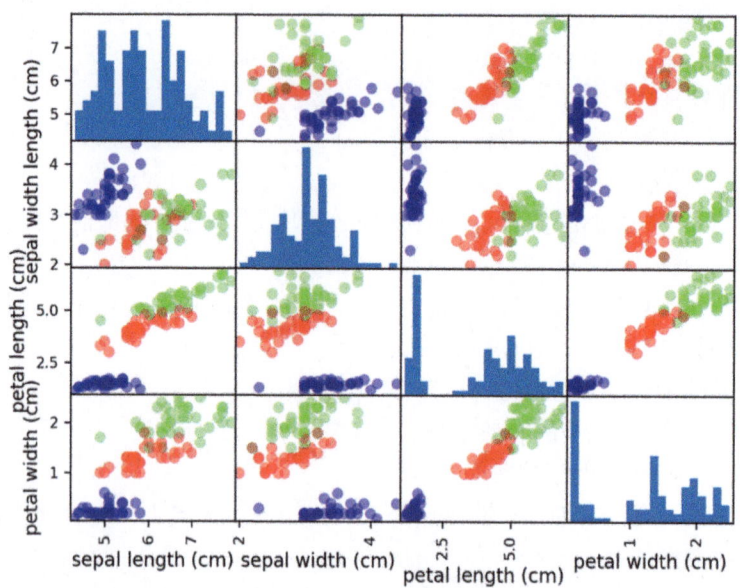

图 9-2 散点图矩阵示例

从图 9-2 可以看出，鸢尾花数据集的两个变量之间多数是正相关关系。例如，花瓣长度和花瓣宽度是较为明显的正相关关系，花萼长度和花瓣长度的关联性也较高。矩阵对角线是每个变量的直方图，颜色使用训练集的 label，可以看出其可以明显区分开三个类别。

下面以本书提供的"超市"数据为例，绘制销售额、折扣和利润的散点图矩阵，探究两两之间是否存在关系，代码如下：

超市散点图矩阵

```
import os
import pandas as pd
import numpy as np
import matplotlib.pyplot as plt
from pylab import *
# 导入超市数据
data=pd.read_excel('.\supermarket.xls')
# 取列名称为'销售额','折扣','利润'的三列索引
df=data.loc[:,['销售额','折扣','利润']]
df=df.rename(columns={'销售额':'sales','折扣':'discount','利润':'profit'})
# 绘制散点图矩阵
pd.plotting.scatter_matrix(df,diagonal='kde',color='g')
plt.savefig("散点图矩阵.png",dpi=500,bbox_inches='tight')
plt.show()
```

运行结果如图 9-3 所示。

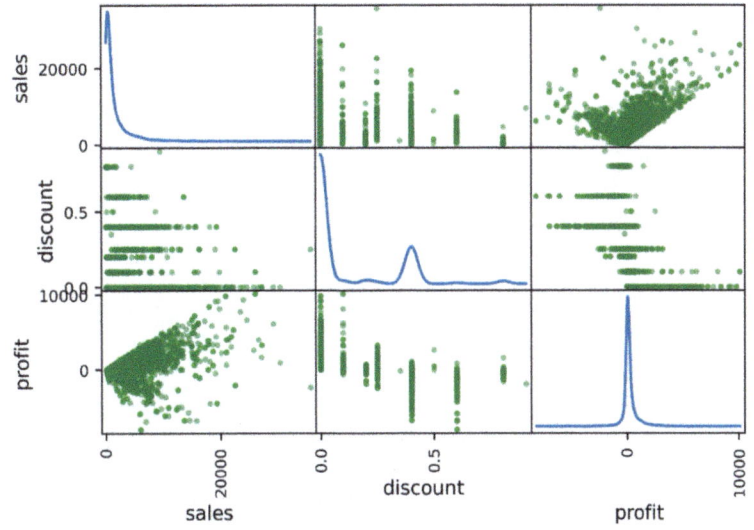

图 9-3　超市销售额、折扣和利润的散点图矩阵（Python 绘制）

从图 9-3 可以看出，该超市折扣和销售额、折扣和利润之间大体呈负相关关系；利润和销售额之间存在明显的相关关系。多数产品销售额越高，利润越大；部分产品销售额越高，利润越小。

### 9.2.3　气泡图

气泡图是一种多变量图表，通常用于比较和展示不同类别圆点（即气泡）之间的关系，采用的视觉通道是气泡的位置和面积大小。

与散点图类似，气泡图将两个维度的数值映射到笛卡儿坐标系上的坐标点。不同的是，气泡图带有分类信息（显示在点旁边或者作为图例）。例如，在图表中加入一个表示面积大小的变量，用来表示相对大小。注意：气泡的大小是映射到面积而不是半径或直径，如果基于半径或直径，则圆的大小会呈指数级变化，导致视觉误差。除此之外，气泡图还可以使用不同颜色、亮度或透明度来区分数据。在表示时间时，可以将时间作为直角坐标系中的一个维度，或者结合动画来表现数据随时间的变化情况。因此，气泡图的实质是以二维方式绘制包含三个变量的图表。

需要注意的是，气泡图中的气泡数量不能过多，否则会使图表难以阅读。但是可以通过增加交互行为来隐藏一些信息，如当鼠标单击或悬浮时可显示信息，添加选项可用于重组或过滤分组类别。

#### 1. Tableau 绘制气泡图

Tableau 中使用填充气泡图可以在一组气泡中显示数据。维度定义各个气泡，度量定义各个气泡的大小和颜色。下面以本书提供的"超市"数据为例，采用 Tableau 绘制气泡图，展示不同类别产品的销售额和利润信息，步骤如下：

1）打开 Tableau，连接"超市"数据源。将左侧数据列中的"类别"（维度）拖到"列"功能区，水平轴显示产品类别。

2）将左侧数据列中的"销售额"（度量）拖到"行"功能区，销售额将聚合为总和并显示为一个垂直轴。当"列"功能区中有一个维度且"行"

气泡图 1

功能区中有一个度量时，Tableau 将显示一个条形图（默认图表类型）。

3）单击工具栏上的"智能显示"，然后选择"填充气泡图"。

4）将"区域"拖到"标记"卡下的"详细信息"，"利润"拖到"标记"卡下的"颜色"中。

5）将"类别"和"区域"都拖到"标记"卡下的"标签"，以说明每个气泡所代表的内容。气泡大小表示不同地区与产品类别组合的销售额，气泡颜色表示利润（蓝色越深，利润越高），如图 9-4 所示。

从图 9-4 可以看出，华东和中南地区的数码产品的利润是最大的，其次是这两个地区的生活用品，第三是中南地区的酒饮；西南和西北地区三种产品的利润都明显较小。

### 2. Python 绘制气泡图

使用 Matplotlib 库中的 scatter（）函数来绘制气泡图，具体如下。

**函数名称**：scatter（）。

**函数功能**：绘制气泡图。

图 9-4 超市商品销售额和利润气泡图（Tableau 绘制）

**调用签名**：matplotlib.pyplot.scatter（x, y, s, c, marker, cmap, alpha, linewidths, edgecolors, **kwargs）。

**参数说明（部分）**：

x, y 指散点的横、纵坐标，是长度相同的数组。

s 指标记的大小，可以是数组（数组中每个参数为对应点的大小）、浮点数或类数组。

c 指标记的颜色，可以是 RGB 或 RGBA 二维数组，默认为 'b'。

marker 指标记的样式，默认为 'o'。

cmap 指从数据值到颜色空间的映射，取值是 matplotlib 包中的 colormap 名称或颜色对象，或者表示颜色的列表，默认 None。

alpha 指标记的透明度，0~1 之间的浮点数。

linewidths 指标记的边缘宽度，可以是标量（将所有标记设置为相同的边缘宽度），也可以是数组（与 x 或 y 长度相同，表示为每个标记设置相应的边缘宽度）。默认值为 1.5 个像素点。

edgecolors 指标记的边缘颜色，默认为 'face'，表示边缘颜色与标记颜色一致；'none' 表示无边缘。

创建气泡图需要数据的 x、y 坐标，气泡大小和颜色。下面用随机数据生成气泡图，代码示例如下：

基础气泡图

```
import matplotlib.pyplot as plt
import numpy as np
x=np.random.rand(40)
y=np.random.rand(40)
z=np.random.rand(40)
colors=np.random.rand(40)
plt.scatter(x, y, s=z*1000,c=colors)
plt.savefig("气泡图示例.png",dpi=500,bbox_inches='tight')
plt.show()
```

运行结果如图9-5所示。

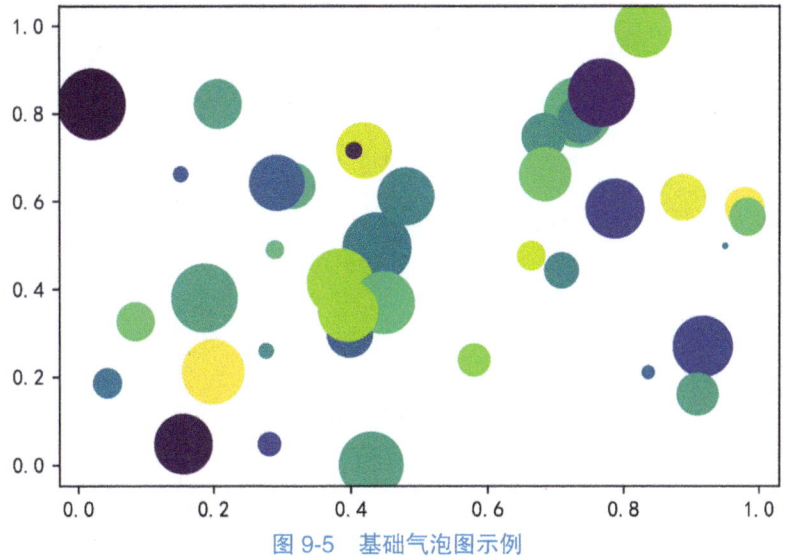

图9-5 基础气泡图示例

以本书提供的"超市"数据为例绘制气泡图,其中横坐标轴反映销售数量,纵坐标轴反映销售额大小,气泡大小反映利润额。代码如下:

```
import pandas as pd
import numpy as np
import matplotlib.pyplot as plt
import matplotlib.cm as cm
#指定默认字体,处理中文乱码问题
mpl.rcParams['font.sans-serif']=['SimHei']
data=pd.read_excel('.\supermarket.xls')
data.rename(columns={"行 ID":"xID",
                    "订单 ID":'oID',
                    "订单日期":"orderdate",
                    "发货日期":"deliverydate",
                    "装运模式":"shipping_mode",
                    "客户 ID":"cID",
                    "客户名称":"cname",
```

气泡图2

```
                     "细分":"subdivision",
                     "城市":"city",
                     "省/自治区":"province",
                     "国家/地区":"country",
                     "区域":"area",
                     "产品 ID":"pID",
                     "类别":"category",
                     "子类别":"subcategory",
                     "销售额":"sale",
                     "数量":"count",
                     "折扣":"discount",
                     "利润":"profit"},inplace=True)
group_1=data.groupby(['area'])  #对数据按销售市场"area"进行分组
df1=group_1.sum()
fig=plt.figure(dpi=120)
ax=plt.gca()
N=6
colors=cm.rainbow(np.random.rand(N))
#横轴 x 是销售数量,纵轴 y 是销售额,s 是利润额,气泡大小
plt.scatter(df1['count'],df1['sale'],s=df1['profit']/250,c=colors)
for x,y,i in zip(df1['count'],df1['sale'],df1.index):
    plt.text(x,y,i,ha="center",va='center',fontsize=9)
ax.set_xlabel("销售数量(件)")
ax.set_ylabel("销售额(元)")
ax.set_ylim(0,8000000)
ax.set_xlim(0,16000)
plt.show()
```

运行结果如图 9-6 所示。

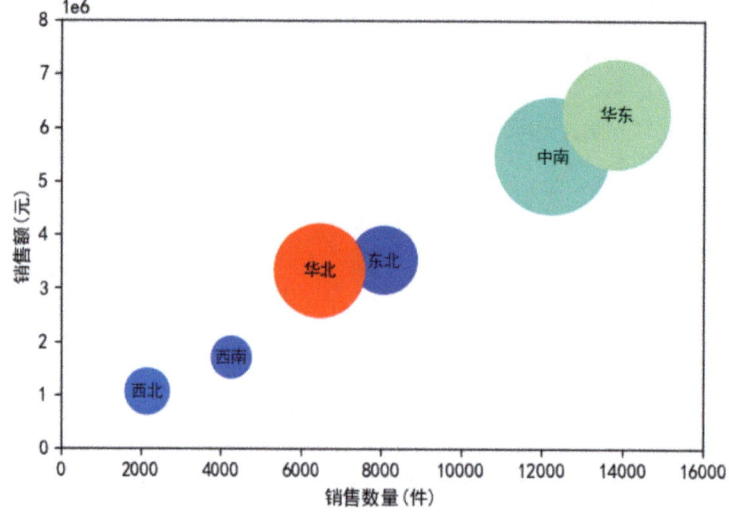

图 9-6　超市商品销售额和销售数量气泡图（Python 绘制）

从图 9-6 可以看出，华东和中南地区的销售数量和销售额最多，利润也最大；西北和西南地区的销售数量和销售额最少，利润也最少。

## 9.3 分布

### 9.3.1 盒须图

盒须图（Box-plot），又称为盒式图、盒状图或箱线图，由美国著名统计学家约翰·图基（John Tukey）于 1977 年发明。盒须图用一个长方形盒子表示数据的大致范围（数据值的 25%~75%），并在盒子中用横线标明均值的位置，同时在盒子上部和下部分别用两根横线标注最大值和最小值，如图 9-7 所示。

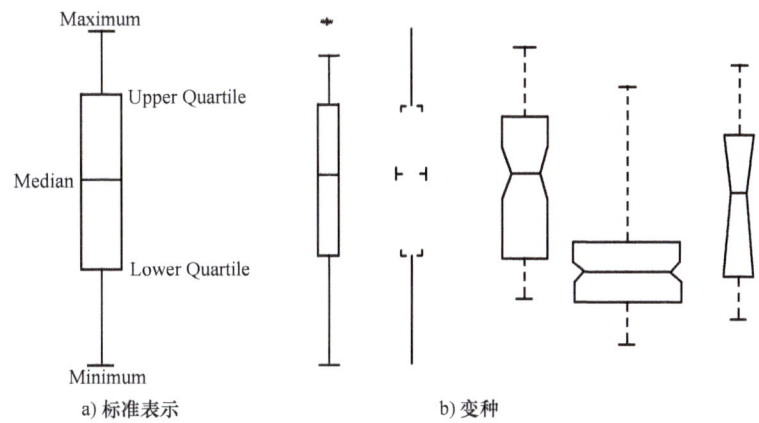

图 9-7　盒须图的标准表示及变种

盒须图主要用于显示数据分布特征，描述数据的离散情况，也可以用于识别数据异常值，对数据进行清洗。

#### 1. Tableau 绘制盒须图

以本书提供的"超市"数据为例，使用 Tableau 绘制盒须图，展示不同类别产品的销售额分布情况，步骤如下：

1）打开 Tableau，连接"超市"数据源，单击工作表区域进行绘制。
2）将左侧数据列中的"类别"（维度）拖到"列"功能区。
3）将左侧数据列中的"销售额"（度量）拖到"行"功能区，单击工具栏中的"智能显示"，选择"盒须图"。此时出现的只有横线没有盒须，这是因为系统默认的是聚合度量，聚合了销售额的总和。
4）选择"分析"→"聚合度量"，把"勾"去掉，解聚数据。由此得到盒须图，如图 9-8 所示。

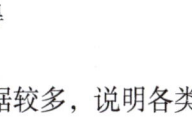

盒须图 1

从图 9-8 可以看出，各类产品的销售额超出上须（最大值）的异常数据较多，说明各类产品都有部分销售额极大的订单。其中，酒饮产品和数码产品销售额的最大值、上四分位数和中位数都较为接近，相对较大；生活用品则明显小于其他两类产品。

## 2. Python 绘制盒须图

使用 Matplotlib 库中的 boxplot（）函数绘制盒须图，具体如下。

**函数名称**：boxplot（）。

**函数功能**：绘制盒须图。

**调用签名**：matplotlib.pyplot.boxplot（x，notch，vert，patch_artist，whis，widths，labels，**kwargs）。

**参数说明（部分）**：

x 为包含数值变量的数组（一个箱体），或包含多个向量的数组（多个箱体）。

notch 为布尔型数据，True 表示锯齿形箱体，False 表示矩形箱体。

vert 为布尔型数据，True 表示垂直箱体，False 表示水平箱体。

patch_artist 为布尔型数据，True 表示用 Patch Artist 而不是 Line2D 创建箱体，False 为相反的情况，前者可以高度定制箱体的样式。

whis 指盒须线的位置，浮点值或包含两个浮点值的元组。

widths 指箱体的宽度，浮点值或浮点值数组。

labels 指每个数据集的标签，序列型。

代码示例如下：

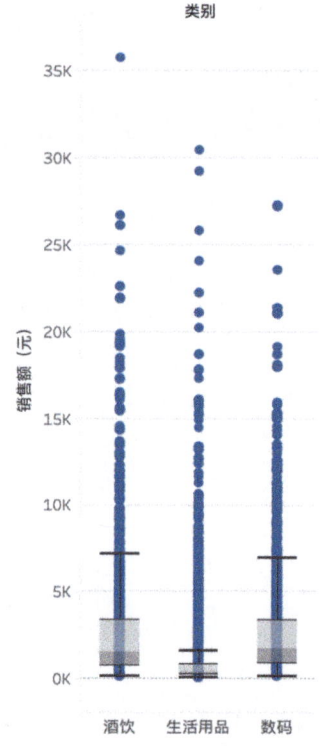

图 9-8 不同类别产品的销售额分布盒须图（Tableau 绘制）

```
import numpy as np
import matplotlib.pyplot as plt
import os
import pandas as pd
%matplotlib inline
mpl.rcParams['font.sans-serif']=['SimHei'] # 指定默认字体
plt.style.use("ggplot")
np.random.seed(123) # 生成指定随机数
# 从正态(高斯)分布中抽取四个随机样本,第一个参数表示分布的均值(中心),第二个参数表示分布的标准差(宽度)
arr_1=np.random.normal(100, 10, 200)
arr_2=np.random.normal(90, 20, 200)
arr_3=np.random.normal(80, 30, 200)
arr_4=np.random.normal(70, 40, 200)
arrs=[arr_1, arr_2, arr_3, arr_4] # 创建子图,其中figsize用来设置图形的大小
fig, ax=plt.subplots(figsize=(10, 7))
# 绘制箱线图,设置showmeans=True 可以添加均值到箱体中
bp=ax.boxplot(arrs, showmeans=True)
ax.set_title("多个变量分布的比较", fontsize=15)
plt.savefig("基础箱线图.png",dpi=500,bbox_inches='tight')
plt.show()
```

基础盒须图

运行结果如图 9-9 所示。

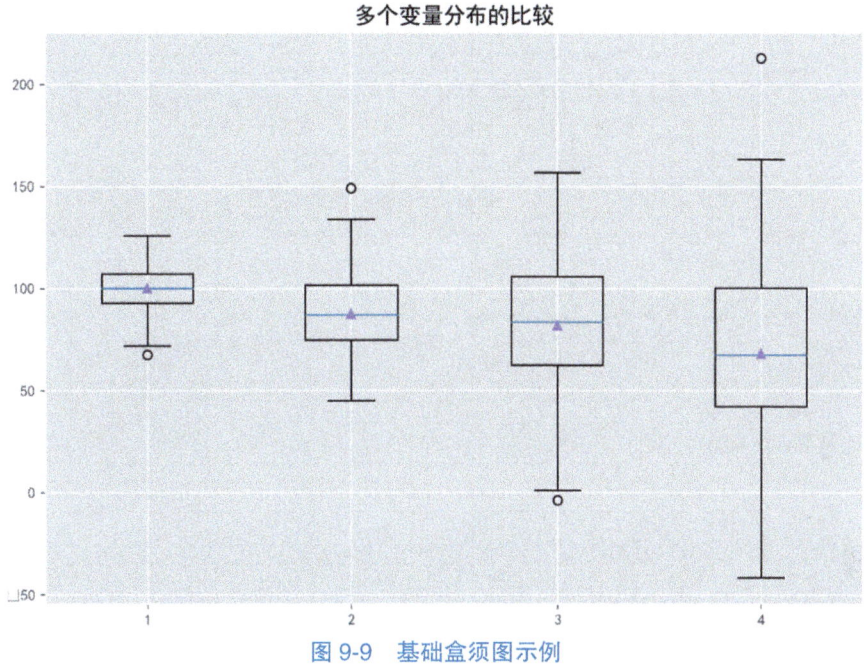

图 9-9 基础盒须图示例

下面以本书提供的"超市"数据为例,绘制盒须图。其中横坐标轴为产品类型,纵坐标轴为销售额大小,代码如下:

```
import pandas as pd
import numpy as np
import matplotlib.pyplot as plt
# 指定默认字体,处理中文乱码问题
mpl.rcParams['font.sans-serif']=['SimHei']
plt.rcParams["font.size"]=10# 设置字体大小

data=pd.read_excel('.\supermarket.xls')
data.rename(columns={"行 ID":"xID",
                     "订单 ID":'oID',
                     "订单日期":"orderdate",
                     "发货日期":"deliverydate",
                     "装运模式":"shipping_mode",
                     "客户 ID":"cID",
                     "客户名称":"cname",
                     "细分":"subdivision",
                     "城市":"city",
                     "省/自治区":"province",
                     "国家/地区":"country",
                     "区域":"area",
```

盒须图 2

```
                              " 产品 ID":"pID",
                              " 类别 ":"category",
                              " 子类别 ":"subcategory",
                              " 销售额 ":"sale",
                              " 数量 ":"count",
                              " 折扣 ":"discount",
                              " 利润 ":"profit"},inplace=True)
    plt.boxplot([data.sale[data.category==' 生活用品 '],data.sale[data.
category==' 酒饮 '],data.sale[data.category==' 数码 ']],labels=[' 生活用品 ',' 酒
饮 ',' 数码 '])
    plt.ylabel(" 销售额(元)")
    plt.savefig(" 超市案例盒须图 .png",dpi=500,bbox_inches='tight')
    plt.show()
```

运行结果如图 9-10 所示。

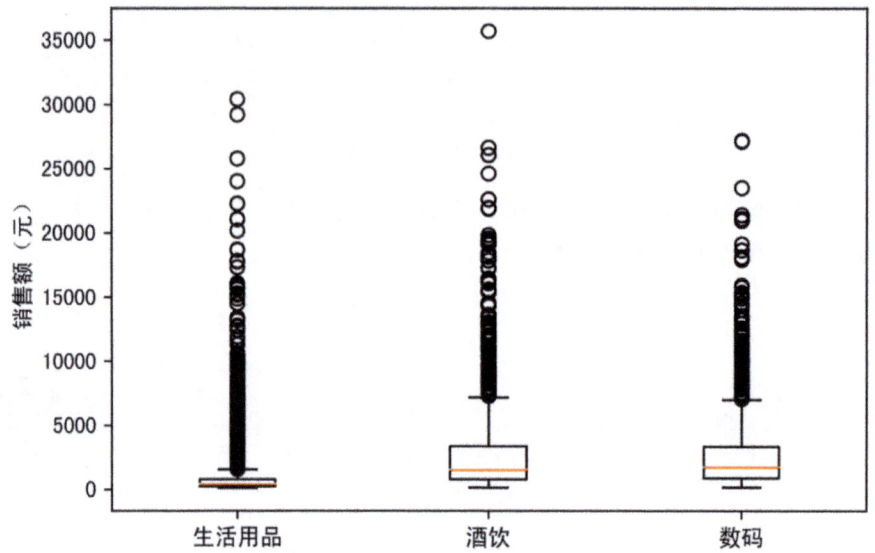

图 9-10　不同类别产品的销售额分布盒须图（Python 绘制）

## 9.3.2　直方图

直方图（Histogram）用一系列宽度相等、高度不等的长方形来表示数据分布的情况，其宽度代表组距，高度代表组距内的数据数量（频数）。

直方图与柱形图类似，主要区别在于柱形图的横轴为单个类别，柱形长度表示各类别数量的多少；而直方图的横轴是所分析类别的分组，横轴宽度表示各组的组距，纵轴代表每组样本数量的多少。

构建直方图首先应将值的范围分段，即将整个值的范围分成一系列间隔，然后计算每个间隔中有多少个值。间隔必须相邻，并且通常是（但不是必须的）相等的大小，如图 9-11 所示。

第 9 章　有关关系的可视化

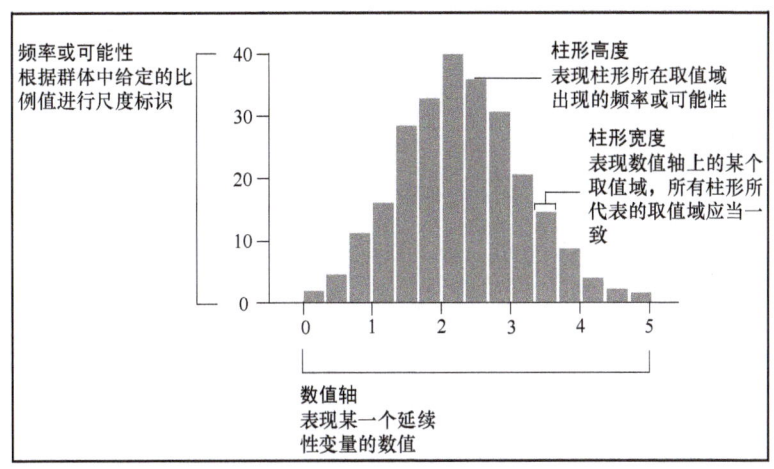

图 9-11　直方图

### 1. Tableau 绘制直方图

以本书提供的"超市"数据为例,采用 Tableau 绘制直方图,以展示不同区域和客户细分市场的折扣情况,步骤如下:

1)打开 Tableau,连接"超市"数据源,单击工作表区域进行绘制。
2)右击度量区"销售额",依次选择"创建"→"数据桶"。
3)在弹出的"编辑[销售额]"对话框内设置新字段名称以及数据桶大小(也就是销售额的分组组距),这里设置数据桶大小为 5000,单击"确定"按钮。

直方图 1

4)在"维度"窗口生成"销售额(数据桶)"字段,将该字段拖到"列"功能区。将"订单计数"拖到"行"功能区。
5)单击"标记"卡下的"标签"→"显示标记标签",以显示数值大小。
6)右击柱形下方区间的"标签",单击"编辑别名",将第一个区间的名称修改为"0K-5K",其他区间按照同样的方法进行修改,如图 9-12 所示。

从图 9-12 可以看出,超市商品订单的销售额主要分布在 5000 元以内,其次是 5000~10000 元,金额超过 2 万元的订单非常少。

### 2. Python 创建直方图

使用 Matplotlib 库中的 hist( ) 函数绘制直方图,具体如下。

**函数名称**:hist( )。
**函数功能**:创建直方图。
**调用签名**:matplotlib.pyplot.hist (x, bins, range, density, weights, cumulative, bottom, histtype, **kwargs )。

**参数说明(部分)**:
x 指作图所用的数据,一维数组,多维数组可以扁平化后再作图。
bins 指直方图的柱数,可选项,整数、序列或字符串型。
range 指定直方图数据的上下界,默认包含绘图数据的最大值和最小值(范围)。
density 为布尔值,如果为 True,将 y 轴转化为密度刻度,默认为 None。

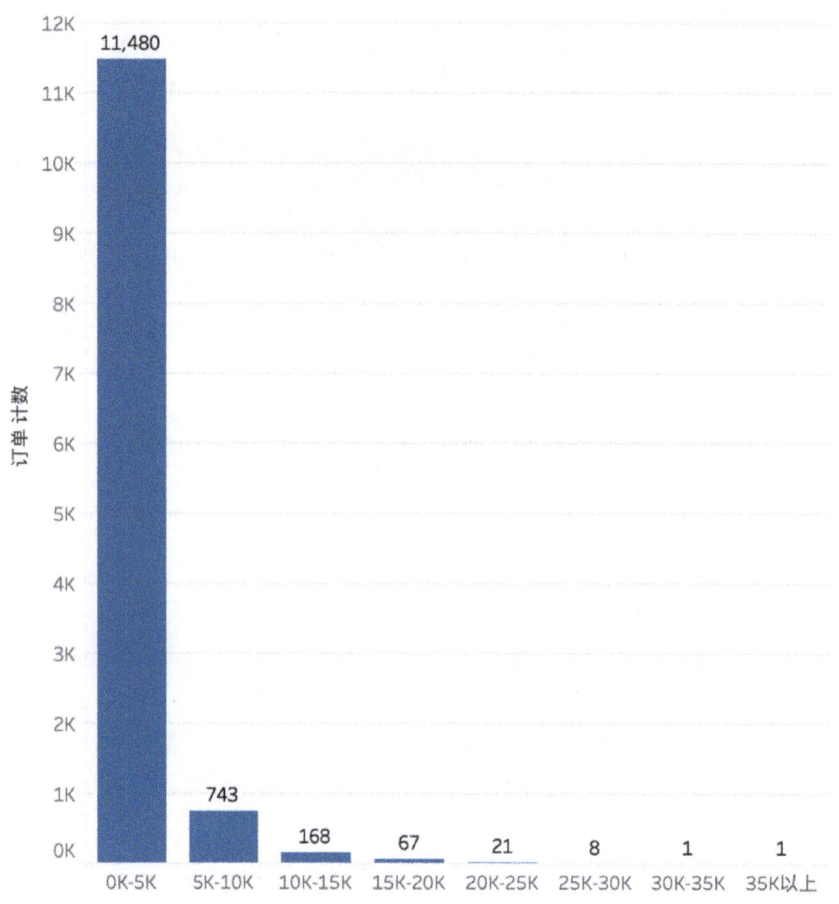

图 9-12　超市商品订单销售额直方图（Tableau 绘制）

weights 为每个数据点设置权重。

cumulative 为布尔值，是否需要计算累计频数或频率，默认为 False。

bottom 为直方图添加基准线，数组型，默认为 None。

histtype 指直方图类型，分为 bar、barstacked、step、stepfilled。默认为 bar。

代码示例如下：

```
import matplotlib.pyplot as plt
import numpy as np
# 生成随机数据:生成 200 个 140~180 之间的随机数字
x_value=np.random.randint(140,180,200)
plt.hist(x_value,edgecolor="r",alpha=0.5)
plt.savefig("直方图.png",dpi=500,bbox_inches='tight')
plt.show( )
```

基础直方图

运行结果如图 9-13 所示。

下面以本书提供的"超市"数据为例，绘制商品销售额直方图，代码如下：

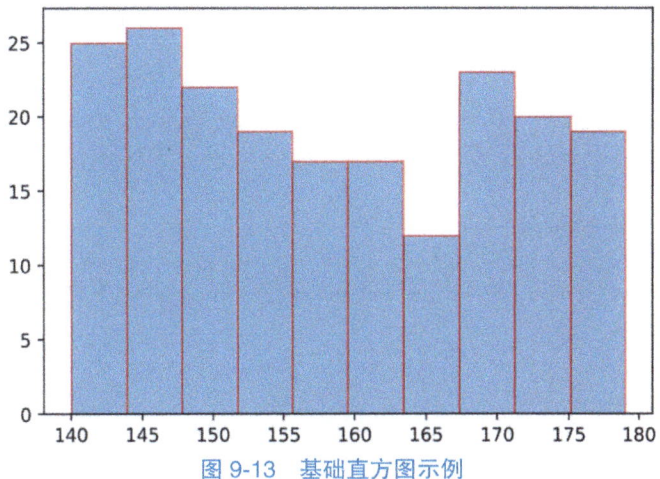

图 9-13 基础直方图示例

```
import pandas as pd
import numpy as np
from matplotlib.ticker import MultipleLocator
import matplotlib as mpl
import matplotlib.pyplot as plt
mpl.rcParams["font.sans-serif"]=["SimHei"]
data=pd.read_excel('.\supermarket.xls')
data.rename(columns={"行 ID":"xID",
                     "订单 ID":'oID',
                     "订单日期":"orderdate",
                     "发货日期":"deliverydate",
                     "装运模式":"shipping_mode",
                     "客户 ID":"cID",
                     "客户名称":"cname",
                     "细分":"subdivision",
                     "城市":"city",
                     "省/自治区":"province",
                     "国家/地区":"country",
                     "区域":"area",
                     "产品 ID":"pID",
                     "类别":"category",
                     "子类别":"subcategory",
                     "销售额":"sale",
                     "数量":"count",
                     "折扣":"discount",
                     "利润":"profit"},inplace=True)

# 用到的数据是二维数组的 sale 列
x_value=data.sale
# 绘制直方图,用 bins='auto' 实现自动分箱
```

直方图 2

```
plt.hist(x_value,edgecolor="r",bins='auto',alpha=0.5)
# 添加 x 轴和 y 轴标签
plt.xlabel(" 销售额 ")
plt.ylabel(" 频数 ")
plt.show()
```

运行结果如图 9-14 所示。

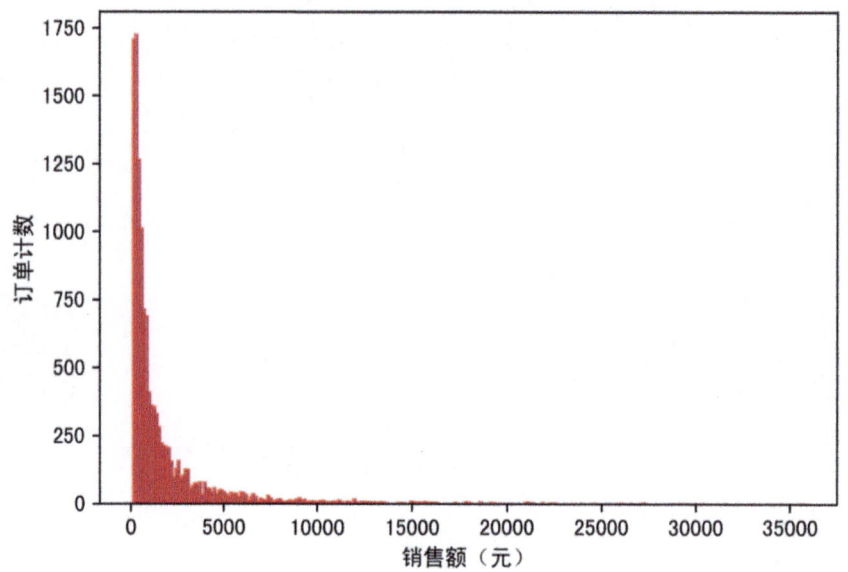

图 9-14　超市商品销售额直方图（Python 绘制）

## 9.4　对照和比较

### 9.4.1　雷达图

雷达图（Radar Chart）也称为网络图、蜘蛛图、星图、蛛网图，是一种表现多维数据的图形。雷达图将多个维度的数据映射到坐标轴上，每一维度的数据分别对应一个坐标轴，这些坐标轴以相同的间距沿着径向排列，并且刻度相同。将各个坐标轴上的数据点用线连接起来就形成了一个多边形，即雷达图，如图 9-15 所示。

雷达图可以直观地展现多维数据集，查看哪些变量具有相似的值、变量之间是否有异常值；也可用于查看哪些变量在数据集内得分较高或较低。绘制雷达图需要注意两点：第一，雷达图上多边形过多会使可读性下降，使整体图形陷于混乱，特别是有颜色填充的多边形的情况，上层会遮挡覆盖下层多边形；第二，如果变量过多，会造成可读性下降，因为一个变量对应一个坐标轴，这样会使坐标轴过于密集，所以要尽可能控制变量的数量，使雷达图保持简单清晰。

使用 Python 中 Matplotlib 库的 polar（）函数可以方便地绘制雷达图，具体如下。

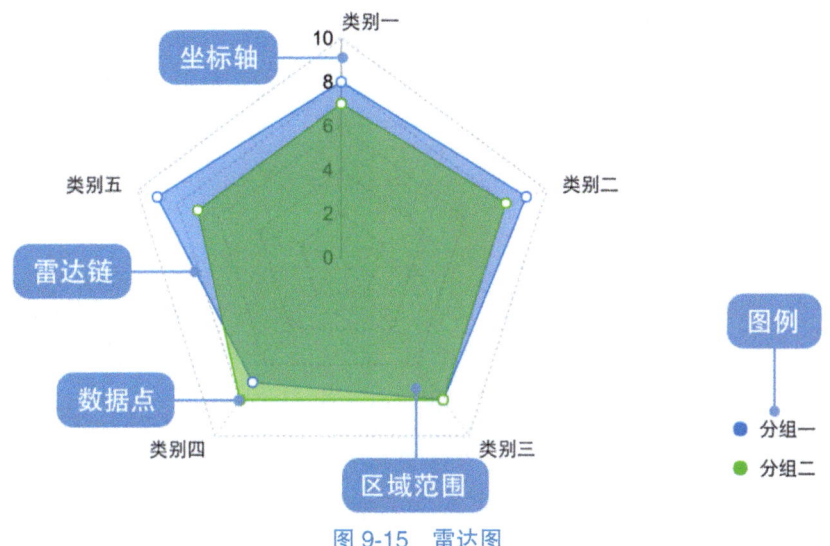

图 9-15 雷达图

**函数名称**：polar（ ）。
**函数功能**：绘制雷达图。
**调用签名**：matplotlib.pyplot.polar（theta，r，**kwargs）。
**参数说明（部分）**：
theta 指每个标记所在射线与极径的夹角。
r 指每个标记到原点的距离。
以某学生的期末考试成绩为例，绘制雷达图，代码如下：

基础雷达图

```
import numpy as np
import matplotlib.pyplot as plt
# 构造数据：创建课程和对应成绩的数组
courses=['English','data visualization','math','art','music','PE','C Language','history']
scores=[82,95,78,85,45,88,76,88]
# 设置每个数据点的显示位置,在雷达图上用角度表示
datalength=len(scores)
angles=np.linspace(0,2*np.pi,datalength,endpoint=False)
# 拼接数据首尾,使图形中线条封闭
scores.append(scores[0])
angles=np.append(angles,angles[0])
courses=np.append(courses,courses[0])
# 绘制雷达图
plt.polar(angles,scores)
#thetagrids( )在极坐标图中设置网格线的 theta 位置及标签
plt.thetagrids(angles*180/np.pi,labels=courses,fontsize=12)
# 填充颜色
plt.fill(angles,scores,facecolor='r',alpha=0.2)
plt.show( )
```

运行结果如图 9-16 所示。

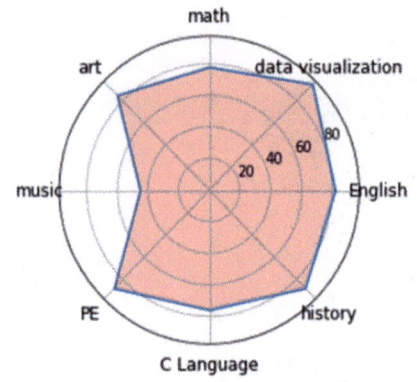

超市雷达图

图 9-16　基础雷达图示例

以本书提供的"超市"数据为例，绘制雷达图，代码如下：

```
import pandas as pd
import numpy as np
from matplotlib.ticker import MultipleLocator
import matplotlib as mpl
import matplotlib.pyplot as plt
plt.rcParams['font.sans-serif']=['SimHei'] # 解决中文乱码问题
plt.rcParams['axes.unicode_minus']=False # 用于正常显示符号

data=pd.read_excel('.\supermarket.xls')
data.rename(columns={"行 ID":"xID",
                    "订单 ID":'oID',
                    "订单日期":"orderdate",
                    "发货日期":"deliverydate",
                    "装运模式":"shipping_mode",
                    "客户 ID":"cID",
                    "客户名称":"cname",
                    "细分":"subdivision",
                    "城市":"city",
                    "省/自治区":"province",
                    "国家/地区":"country",
                    "区域":"area",
                    "产品 ID":"pID",
                    "类别":"category",
                    "子类别":"subcategory",
                    "销售额":"sale",
                    "数量":"count",
                    "折扣":"discount",
                    "利润":"profit"},inplace=True)
```

```
df1=data.loc[data['category']=='数码']
df1=df1.groupby(['subcategory']).sum()
df1  #输出分组后的数据
```

|  subcategory | xID | sale | count | discount | profit |
|---|---|---|---|---|---|
| 手表 | 3597034 | 1072414.116 | 2611 | 88.5 | 157433.881 |
| 游戏 | 1908433 | 1088741.244 | 1499 | 44.2 | 173005.794 |
| 耳机 | 3817814 | 2599999.880 | 2713 | 88.8 | 325833.000 |
| 音响 | 3673372 | 2361873.820 | 2741 | 96.0 | 321563.449 |

可以看到数据按照"产品子类别"分成了四组，纵列展示的是原数据各行求和后的累加值。绘制雷达图，代码如下：

```
# 创建数据数组
feature=['手表','游戏','耳机','音响']
values=[df1['sale'][0],df1['sale'][1],df1['sale'][2],df1['sale'][3]]
#绘制雷达图
datalength=len(values)
angles=np.linspace(0,2*np.pi,datalength,endpoint=False)
values.append(values[0])   #使分数列表首尾一致
angles=np.append(angles,angles[0])
feature=np.append(feature,feature[0])
plt.polar(angles,values)
#thetagrids()在极坐标图中设置网格线的theta位置及标签
plt.thetagrids(angles*180/np.pi,labels=feature,fontsize=12)
plt.fill(angles,values,facecolor='r',alpha=0.2)  # 填充颜色
plt.savefig("超市案例雷达图.png",dpi=500,bbox_inches='tight')
plt.show()
```

运行结果如图 9-17 所示。

从图 9-17 可以看出，数码类产品中耳机的销售额最大，音响次之，手表及游戏的销售额最小。

## 9.4.2 热力图

热力图是一种通过对色块着色来显示数据的图形。绘图时需指定颜色映射的规则，用色差、亮度等来表示数据的差异。热力图关注数据分布，数据常以矩阵或方格形式整齐排列，或在地图上按一定的位置关系排列，以便直观了解点位

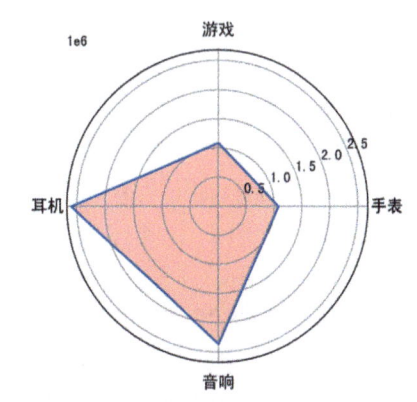

图 9-17　超市商品销售额雷达图（Python 绘制）

的聚集情况。相应地热力图可分为矩阵式热力图和地图式热力图。

1）矩阵式热力图一般用于展示一组变量的相互关系，以直观地显示所给数值的大小。其空间利用率高，可以容纳较为庞大的数据。当某行或某列为时间变量时，它也可以展示数据随时间的变化情况。

2）地图式热力图（也称为热力地图）用于展示在某个空间背景下区域数据的分布情况，使用颜色作为视觉隐喻，不同区域根据数据填充不同颜色。通常数值大的区域用饱和度高的颜色，数值小的区域则用饱和度低的颜色。地图式热力图的画法将在 10.4 节介绍。

图 9-18 显示了一周每天的不同时间段里生产力的活跃程度，可以清晰地看到，周四下午时段的生产力最活跃。

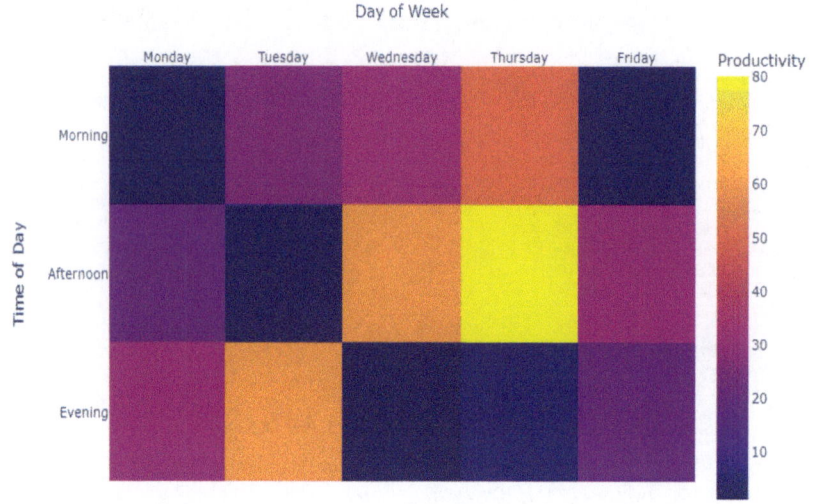

图 9-18　热力图示例

图 9-19 是北京市房租的热力图，该图显示了北京市房租价格的分布情况，可以看到西城区与东城区附近的房租价格明显较高。

使用 Python 中 seaborn 库的 heatmap（）函数可以方便地创建热力图。seaborn 库在 matplotlib 的基础上进行了更高级的 API 封装，能够制作具有丰富信息的统计图形。

**函数名称**：heatmap（）。

**函数功能**：绘制矩阵式热力图。

**调用签名**：seaborn.heatmap（data，vmin，vmax，cmap，annot，fmt，linewidths，xticklabels，yticklabels，**kwargs）。

**参数说明（部分）**：

data 指输入的数据，二维矩阵。

vmin，vmax 指用于锚定色彩映射的值，否则从数据和其他关键字参数推断，浮点数，默认为 None。

cmap 指从数据值到颜色空间的映射。如果没有提供，默认值将取决于是否设置了 center。

annot 指是否在方格中写对应的数字，布尔值或二维矩阵，默认为 False。

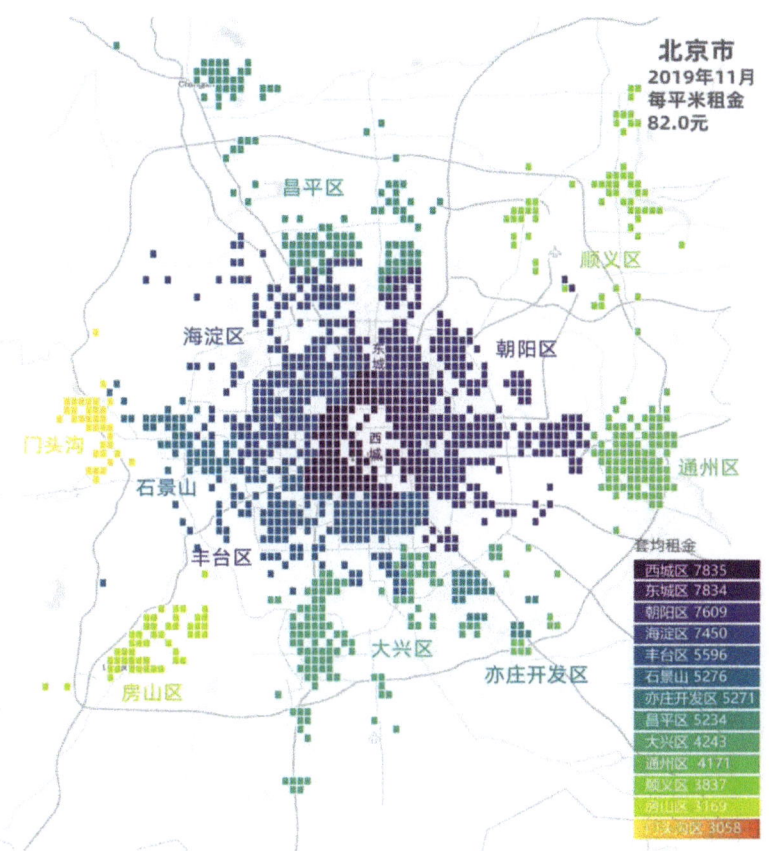

图 9-19 北京市房租热力图

fmt 指添加注释时使用的字符串的格式，字符串型。

linewidths 指设置方格之间的间隔，浮点数。

xticklabels、yticklabels 指布尔型、列表、整数或 "auto"。如果为 True，则绘制数据框的列名；如果为 False，则不绘制列名。如果是列表型，则将这些替代标签绘制为 xticklabels。如果是整数，则使用列名，但只绘制每个标签。如果是 "auto"，则尽量密集地绘制不重叠的标签。

基础热力图

代码示例如下：

```
import numpy as np
import seaborn as sns
# 自定义数据,返回5行5列的矩阵
values=np.random.rand(5, 5)
# 绘制热力图,修改颜色,并将每个方格的数据显示出来,添加线宽
ax=sns.heatmap(values, cmap="YlGnBu", annot=True, linewidths=.5)
```

运行结果如图 9-20 所示。

以本书提供的 "超市" 数据为例，绘制热力图，代码如下：

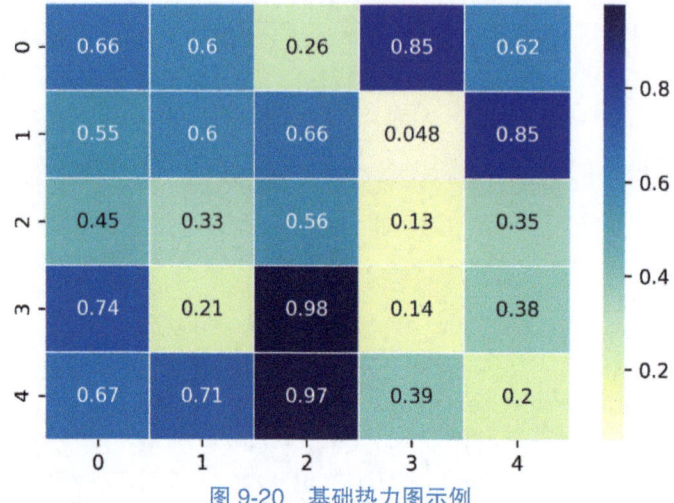

图 9-20 基础热力图示例

```
import pandas as pd
import numpy as np
from matplotlib.ticker import MultipleLocator
import matplotlib as mpl
mpl.rcParams["font.family"]='Arial'   # 默认字体类型
mpl.rcParams["mathtext.fontset"]='cm'  # 数学文字字体
data=pd.read_excel('.\supermarket.xls')
data.rename(columns={"行 ID":"xID",
                    "订单 ID":'oID',
                    "订单日期":"orderdate",
                    "发货日期":"deliverydate",
                    "装运模式":"shipping_mode",
                    "客户 ID":"cID",
                    "客户名称":"cname",
                    "细分":"subdivision",
                    "城市":"city",
                    "省/自治区":"province",
                    "国家/地区":"country",
                    "区域":"area",
                    "产品 ID":"pID",
                    "类别":"category",
                    "子类别":"subcategory",
                    "销售额":"sale",
                    "数量":"count",
                    "折扣":"discount",
                    "利润":"profit"},inplace=True)
df=data[["sale","count","discount","profit"]]
# 计算相关系数
df1=df.corr()
df1
```

超市热力图

输出的相关系数矩阵如下:

|  | sale | count | discount | profit |
|---|---|---|---|---|
| sale | 1.000000 | 0.379321 | -0.046283 | 0.467648 |
| count | 0.379321 | 1.000000 | 0.003626 | 0.142860 |
| discount | -0.046283 | 0.003626 | 1.000000 | -0.377281 |
| profit | 0.467648 | 0.142860 | -0.377281 | 1.000000 |

然后绘制相关系数矩阵的热力图,代码如下:

```
import seaborn as sns
import matplotlib.pyplot as plt
# 绘制热力图,修改颜色,并将每个方格的数据显示出来,添加线宽
ax=sns.heatmap(df1, cmap="YlGnBu", annot=True, linewidths=.5)
plt.savefig("热力图案例.png",dpi=500,bbox_inches='tight')
plt.show( )
```

运行结果如图 9-21 所示。

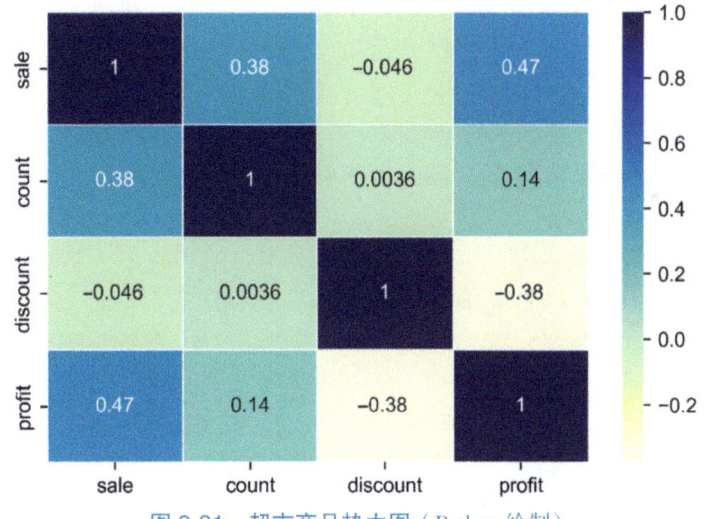

图 9-21　超市商品热力图(Python 绘制)

从图 9-21 可以看出,超市的利润与销售额呈正相关且关联性最强(相关系数为 0.47),与折扣呈负相关(相关系数为 -0.38)。

## 9.4.3　平行坐标图

平行坐标图是高维多元数据⊖可视化的一种常用方法。为了克服传统笛卡儿直角坐标系

---

⊖ 高维多元数据:每个数据对象有两个或两个以上独立或者相关属性。高维指数据具有多个独立属性,多元指数据具有多个相关属性。

容易耗尽空间、难以表达三维以上数据的问题，可以绘制多条平行且等距分布的轴，并将多维空间中的对象表示为在平行轴上具有顶点的折线（也可以是曲线），即平行坐标图。顶点在每一个轴上的位置对应了该对象在该维度上的变量数值，如图 9-22 所示。不过，当数据非常庞大时，图中的线就会非常密集，使图形显得杂乱，线条难以辨认。

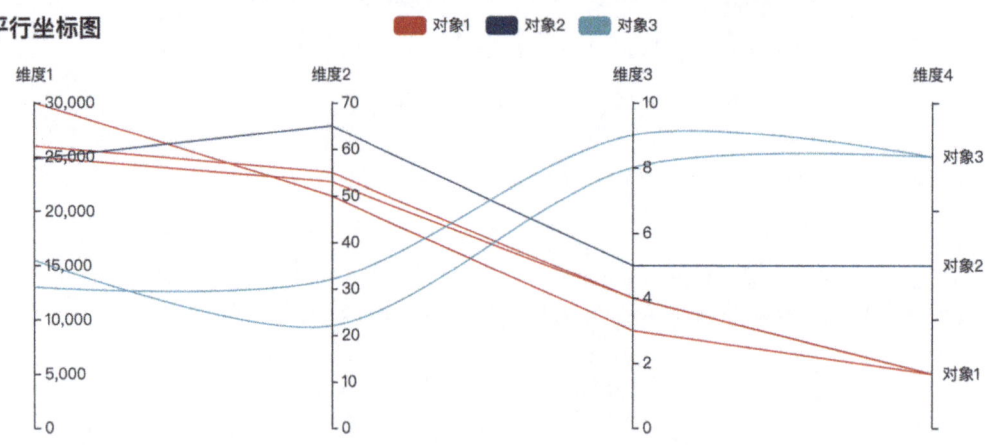

图 9-22　平行坐标图

图 9-22 中的每条折线（或曲线）代表一个对象，根据每个维度（指标）的值，可以了解到每个对象对应的指标表现，通过这些折线的离散程度还可以分析出哪些对象在哪些指标上存在异常。

使用 Python 可以方便地绘制平行坐标图，常用的方法有两种。

**方法一**：使用 pyecharts 库的 Parallel（ ）函数绘制平行坐标图。

**函数名称**：Parallel（ ）。

**函数功能**：绘制平行坐标图。

**调用签名**：Parallel.add（series_name, data, is_selected, is_smooth, tooltip_opts, itemstyle_opts，**kwargs）。

**参数说明（部分）**：

series_name 指系列名称，字符串类型，用于 tooltip 的显示和 legend 的图例筛选。

data 指系列数据，列表类型。

is_selected 指是否选中图例，默认为 True。

is_smooth 指是否平滑曲线，默认为 False。

tooltip_opts 指提示框组件配置项。

itemstyle_opts 指图元样式配置项。

**方法二**：使用 pandas 中的 parallel_coordinates（ ）函数绘制平行坐标图。

**函数名称**：parallel_coordinates（ ）。

**函数功能**：绘制平行坐标图。

**调用签名**：pandas.plotting.parallel_coordinates（frame, class_column, cols, color, use_columns, xticks, colormap, axvlines, axvlines_kwds, sort_labels，**kwargs）。

**参数说明（部分）：**

frame 指作图所用的数据，数据框。
class_column 指包含类名的列名，字符串型。
cols 指要使用的列名，列表型。
color 指不同类别的颜色，列表或元组。
use_columns 指是否将列用作 xticks，布尔型，默认为 False。
xticks 指用于 xticks 的值，列表或元组。
colormap 指线条颜色，字符串，默认为 None。
axvlines 指是否在每个 xtick 处添加垂直线，布尔型，默认为 True。
axvlines_kwds 指要传递给垂直线的 axvline 方法的选项。
sort_labels 指是否排序 class_column 标签，布尔值，默认为 False。

基础平行坐标图

下面以 sklearn 内置的鸢尾花（iris）数据集为例进行演示，代码如下：

```
import matplotlib.pyplot as plt
import pandas as pd
import numpy as np
from pandas.plotting import parallel_coordinates
from sklearn import datasets
plt.figure(figsize=(10,10))
# 载入鸢尾花数据集
iris=datasets.load_iris()
x, y=iris.data, iris.target
iris=pd.DataFrame(np.hstack((x, y.reshape(150, 1))),
columns=['sepal length(cm)','sepal width(cm)','petal length(cm)','petal width(cm)','species'])
# 绘制平行坐标图,设置 class_column 参数为 'species' 即鸢尾花种类
parallel_coordinates(iris,"species",alpha=0.8)
plt.xticks(fontproperties="Times New Roman",size=20)
plt.yticks(fontproperties="Times New Roman",size=20)
plt.legend(prop={"family":"Times New Roman","size":20})
plt.savefig("平行坐标图.png",dpi=500,bbox_inches='tight')
plt.show()
```

运行结果如图 9-23 所示。

以本书提供的"超市"数据为例，绘制各子类别酒饮的销售额、利润和成本的平行坐标图，代码如下：

```
import pandas as pd
import numpy as np
from matplotlib.ticker import MultipleLocator
import matplotlib as mpl
mpl.rcParams["font.family"]='Arial'    # 默认字体类型
mpl.rcParams["mathtext.fontset"]='cm'  # 数学文字字体
```

超市平行坐标图

**数据可视化**

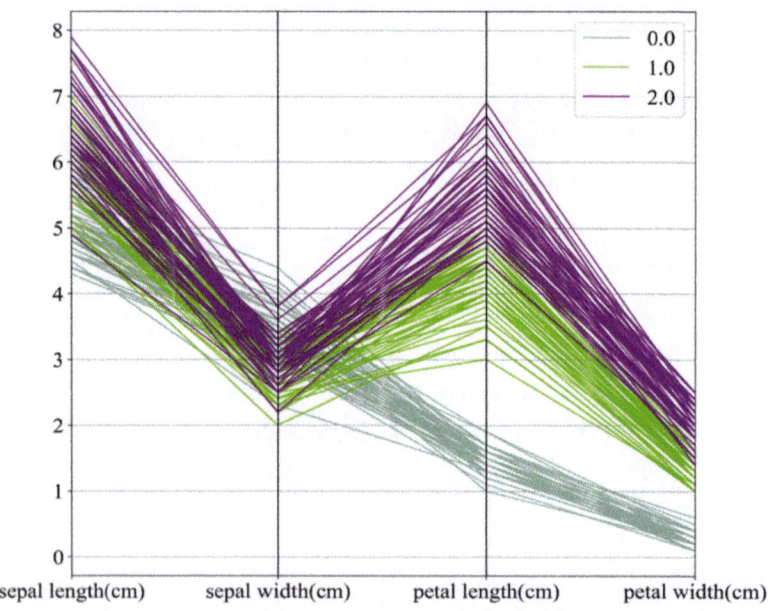

图 9-23　基础平行坐标图示例

```
data=pd.read_excel('.\supermarket.xls')
data.rename(columns={"行 ID":"xID",
                    "订单 ID":'oID',
                    "订单日期":"orderdate",
                    "发货日期":"deliverydate",
                    "装运模式":"shipping_mode",
                    "客户 ID":"cID",
                    "客户名称":"cname",
                    "细分":"subdivision",
                    "城市":"city",
                    "省/自治区":"province",
                    "国家/地区":"country",
                    "区域":"area",
                    "产品 ID":"pID",
                    "类别":"category",
                    "子类别":"subcategory",
                    "销售额":"sale",
                    "数量":"count",
                    "折扣":"discount",
                    "利润":"profit"},inplace=True)
df1=data.loc[data['category']=='酒饮']
df1=df1.groupby(['subcategory']).sum()
df1 #输出分组后的数据
```

|  | xID | sale | count | discount | profit |
|---|---|---|---|---|---|
| subcategory | | | | | |
| 啤酒 | 4104481 | 678665.000 | 2929 | 80.8 | 104582.552 |
| 洋酒 | 1186647 | 1176065.146 | 835 | 86.2 | -175049.426 |
| 白酒 | 3913572 | 2939904.040 | 2983 | 87.2 | 444374.544 |
| 葡萄酒 | 5494986 | 2726651.252 | 3981 | 154.6 | 410645.022 |

可以看到数据按照酒饮产品的子类别分成了四组，由于 groupby 得到的结果形式是 key，所以不能直接调用。下面将 df1 转换为 dataFrame 便于后文调用，并用 loc 方法对"category"列进行修改，将原数据中文改为英文存储在 dataFrame 中，代码如下：

```
grouped1=pd.DataFrame(df1,columns=['name','sale','profit'])
# 填充'name'这一列,将空值填充为产品子类型
grouped1.loc[:,('name')]=['beer','imported wine','liquor','wine']
grouped1['cost']=grouped1['sale'] - grouped1['profit']
grouped1
```

输出结果如下：

|  | name | sale | profit | cost |
|---|---|---|---|---|
| subcategory | | | | |
| 啤酒 | beer | 678665.000 | 104582.552 | 574082.448 |
| 洋酒 | imported wine | 1176065.146 | -175049.426 | 1351114.572 |
| 白酒 | liquor | 2939904.040 | 444374.544 | 2495529.496 |
| 葡萄酒 | wine | 2726651.252 | 410645.022 | 2316006.230 |

然后绘制平行坐标图，代码如下：

```
import matplotlib.pyplot as plt
from pandas.plotting import parallel_coordinates
plt.figure(figsize=(10,10))
# 绘制平行坐标图,数据选择为上述更改后的 grouped1
parallel_coordinates(grouped1,'name',alpha=0.8, color=('#556270','#4ECDC4','#C7F464','#F46400') )
plt.xticks(fontproperties="Times New Roman",size=20)
plt.yticks(fontproperties="Times New Roman",size=20)
plt.legend(prop={"family":"Times New Roman","size":20})
plt.show()
```

运行结果如图 9-24 所示。

**数据可视化**

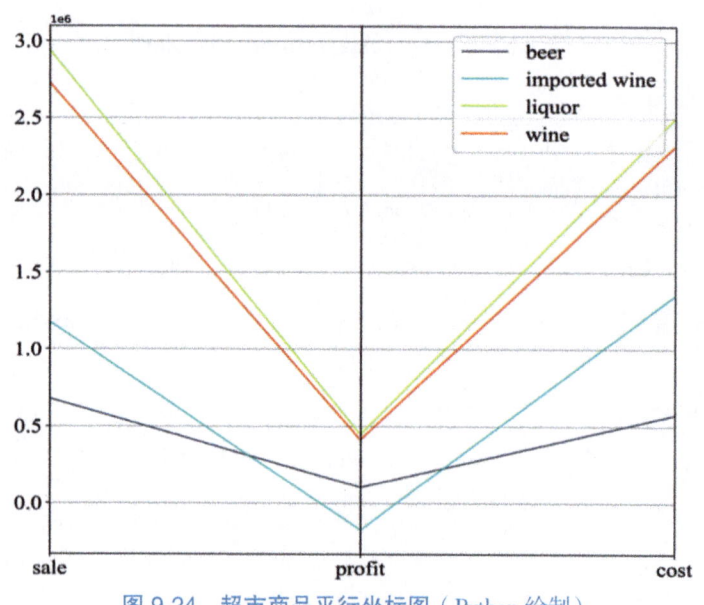

图 9-24　超市商品平行坐标图（Python 绘制）

从图 9-24 可以看出，白酒的销售额、利润和成本都是最大；葡萄酒次之；啤酒的销售额和成本最低，但利润高于洋酒；洋酒的利润最低，为负值。

## 9.5　习题

1. 试用 Python 自带的鸢尾花数据集创建散点图、散点图矩阵和气泡图，体会数据变量之间的关联。
2. 根据本书提供的"超市"数据，绘制数码产品的各类别细分产品销售额的盒须图。
3. 根据本书提供的"超市"数据，绘制生活用品的各类别细分产品利润额的直方图。
4. 根据本书提供的"超市"数据，选取 3~5 个变量，绘制这些变量的相关系数热力图。
5. 绘制自己期末考试各科成绩的雷达图。
6. 将自己的期末考试成绩与其他三位同学的成绩比较，试绘制四个人的各科成绩平行坐标图。

# 第 10 章

## 有关空间关系的可视化

### 10.1 在空间中寻求什么

长期以来人类通过对地球和自然环境观测来了解和研究自己生存的空间，科学家们也通过建立数学模型来模拟环境的变化。这些观测和模拟得到的数据通常包含了地理空间中的位置信息，因此需要用到地理空间可视化来呈现数据，最常见的是卫星导航、车辆行驶轨迹、气象数据等。地理空间可视化中常用的视觉通道有：大小、形状、亮度、颜色、方向（某个区域中图形标记的朝向）、高度（在三维透视空间中投影的点、线和区域的高度）、布局（点的排列、图形标记的分布）。

大部分地理数据的空间区域属性可以在地球表面（二维曲面）中表示和呈现。将地理信息数据投影到地球表面（二维曲面），即形成了地图。地图是真实世界按比例缩小后的版本，可以承载各种类型的复杂信息，是一种非常直观的空间可视化方式。

阅读地图和阅读其他静态图表非常相似。使用地图作为背景，通过图形的位置来表现数据的地理位置，展示数据在不同地理区域上的分布情况。在地图上寻找某个具体地点实际上是一个不断缩小区域，或者不断和其他地区进行比较的过程，只是在地图上面对的是经度和纬度，而非 $x$ 轴和 $y$ 轴坐标。在地图上，$A$ 点和 $B$ 点之间的距离为具体的公里数，从 $A$ 点到 $B$ 点所需要的时间也可以估算出来。相对地，在点状图中 $A$ 点和 $B$ 点之间的距离则是抽象的，通常没有单位。这种区别使得地图和地图的制作需要注意很多细节，包括确保所有地点的位置正确无误、颜色和标签等符合规范，以及正确的投影法。本章将介绍三种常见的地图：色级统计地图、气泡地图和热力地图。

### 10.2 色级统计地图

色级统计地图是一种在地图分区上使用视觉符号（通常是颜色）来表示分布情况的地图。在整个制图区域的若干个小的区划单元内，根据各分区的数量指标进行颜色分级，并用相应颜色反映各区现象的发展水平，这些数据以省、市等地理区域为单位，如图 10-1 所示。

## 数据可视化

色级统计地图依靠颜色来表现数据的内在模式，因此选择合适的颜色非常重要。比较典型的方法有：①从一个颜色到另一个颜色的混合渐变；②单一的色调渐变；③透明到不透明；④明到暗；⑤使用一个完整的色谱变化。

色级统计地图适用于反映数据呈面状且分散分布的情况，如人口密度、人均收入等。它的最大问题在于数据分布和地理区域大小的不对称。比如面积大的区域可能数值比较小（如人口数、选举人票数等)，因此色级统计地图有时会造成用户对数据的错误理解。

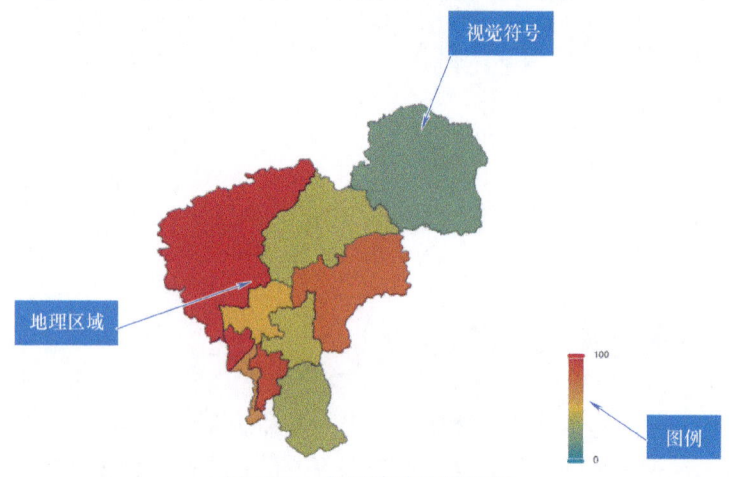

图 10-1　色级统计地图示例

### 1. Tableau 创建色级统计地图

利用本书提供的"中部地区人口数量分布"数据（数据来源：国家统计局 2020 年第 7 次全国人口普查），使用 Tableau 创建色级统计地图，显示中部地区的人口分布情况，步骤如下：

1）打开 Tableau，连接"中部地区人口数量分布"数据源。

2）在左侧数据列中找到字段"地区"，右击选择"地理角色""州/省/市/自治区"，然后"地区"的左边图标就会变成地图形状，双击"地区"就得到了简单的地图。需要说明的是，地理字段的命名不代表该字段的地理角色，Tableau 地图制作以选择的地理角色为准。

3）单击"标记"的下拉按钮，选择"地图"。

4）把左侧数据列的"人口数（万人）"拖到"标记"卡下的"颜色"。可以根据颜色深浅区分各地区人口数量的多少。颜色越深，说明该地区的人口越多。

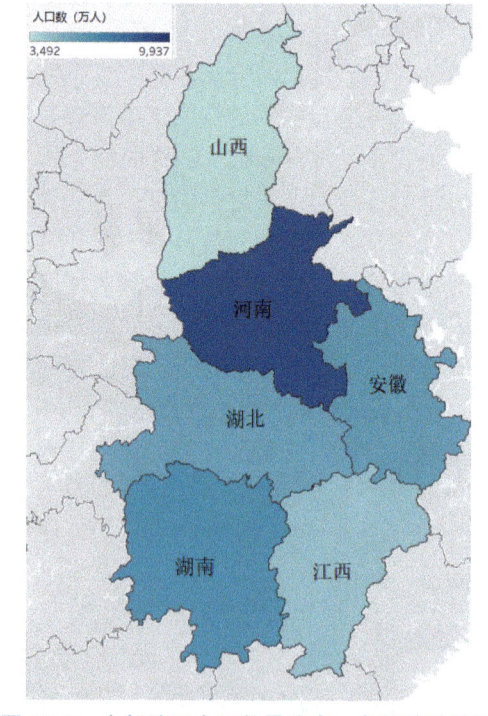

图 10-2　中部地区人口数量分布—色级统计地图

5）把左侧数据列的"地区"拖到"标记"卡下的"标签"，地图上即可出现省市的名字。如图 10-2 所示。

## 2. Python 创建色级统计地图

使用 pyecharts 库的 Map（）函数创建色级统计地图，具体如下。

**函数名称**：Map（）。

**函数功能**：创建具有颜色区块分级的地图。

**调用签名**：Map.add（series_name，data_pair，maptype，is_selected，center，zoom，name_map，symbol，**kwargs）。

**参数说明（部分）**：

series_name 指系列名称，用于 tooltip 的显示，legend 的图例筛选。

data_pair 指数据项（坐标点名称，坐标点值）。

maptype 指地图类型，具体参考 pyecharts.datasets.map_filenames.json 文件。

is_selected 指是否选中图例，默认为 True。

center 指当前视角的中心点，用经纬度表示。

zoom 指当前视角的缩放比例。

name_map 指自定义地区的名称映射。

symbol 指标记图形形状。

代码示例如下：

```
from pyecharts.charts import Map
import random
from pyecharts import options as opts
from pyecharts.globals import ThemeType

data=[list(z) for z in zip(['德惠市','九台区','榆树市','农安县','双阳区','宽城区','二道区','南关区','绿园区','朝阳区'],[69.16,57,83.61,86.73,33.57,66.91,52.25,65.77,71.5,61.4])]
 (  Map(init_opts=opts.InitOpts(theme=ThemeType.DARK ))
  .add("",data,'长春')
  .set_series_opts(label_opts=opts.LabelOpts(is_show=False),showLegendSymbol=False)
  .set_global_opts(
            title_opts=opts.TitleOpts(title="长春市各区域人口数量分布(万人)"),
            visualmap_opts=opts.VisualMapOpts(
            is_piecewise=True,
            pieces=[
{'min':0,'max':30,'lable':"1~30",'color':'cyan'},
{'min':31,'max':50,'lable':"30~40",'color':'yellow'},
{'min':51,'max':60,'lable':"30~40",'color':'blue'},
{'min':61,'max':70,'lable':"30~40",'color':'orange'},
{'min':71,'max':80,'lable':"30~40",'color':'green'},
{'min':81,'max':100,'lable':"30~40",'color':'purple'},
              ]
             )
            )
   .render_notebook()
 )
```

## 10.3 气泡地图

通常情况下，不仅掌握位置数据，还有其他数值，如销售数据、城市人口等。这时可以在地图上使用颜色、大小不同的圆形气泡（也可以是其他形状）来显示不同地理位置对应的数值，即气泡地图。如图10-3所示。气泡地图比色级统计地图更适用于比较带地理信息的数据的大小。它的主要缺点是当地图上的气泡过多过大时，气泡间会相互遮盖而影响数据展示，所以在绘制时需要考虑这点。

图10-3 气泡地图示例

气泡地图支持通过位置名称和经纬度两种方式来定位位置。如果使用位置名称进行定位，则需要数据集的地理信息字段必须使用官方的区域名称，包含"省""市""自治区"等关键字；使用经纬度进行定位则无此限制。

利用本书提供的"中部地区人口数量分布"数据，使用Tableau创建气泡地图，步骤如下：

1）打开Tableau，连接"中部地区人口数量分布"数据源。

2）在左侧数据列中找到字段"地区"，右击选择"地理角色""州/省/市/自治区"，然后"地区"的左边图标就会变成地图形状，双击"地区"就得到了简单的地图。

3）单击"标记"的下拉按钮，选择"地图"。

4）把左侧数据列的"地区"字段拖到右侧工作表中，添加标记层，如图10-4所示。此时标记卡下出现两个层，"地区"和"地区（2）"，如图10-5所示。此时，我们可以对两个标记层分别设置。

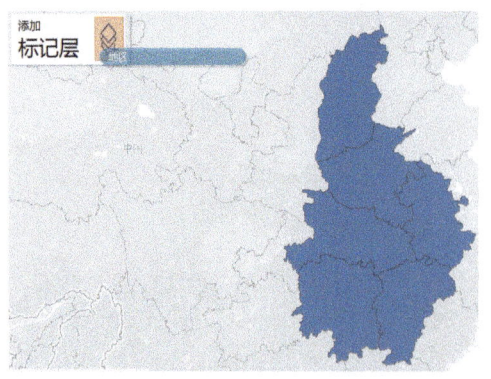

图10-4 地图添加标记层

图10-5 标记卡方法

5）单击"地区"标记层，单击"颜色"标记卡，调整地图颜色，这里选择蓝色。此时地图的背景颜色变为蓝色。

6）单击"地区（2）"标记层，把左侧数据列的"人口数（万人）"拖到"标记"卡下的"大小"。于是可以根据气泡大小区分各地区人口数量的多少。气泡越大，说明该地区的人口数量越大。

7）把左侧数据列的"地区""人口数（万人）"拖到"标记"卡下的"标签"，地图上即可出现各省份的名字和人口数量。如图 10-6 所示。

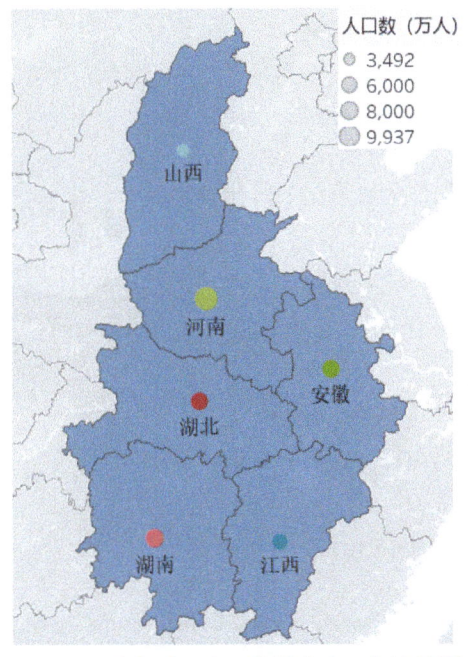

图 10-6 中部地区人口数量分布—气泡地图

## 10.4 热力地图

热力地图以特殊高亮的形式、热力的深浅来展示数据在地理空间的热点分布、区域聚集等信息。颜色越深表示数量越多（或密度越大），颜色越浅表示数量越少（或密度越小）。它的缺点是效果过于柔化，不适合用作数据的精确表达。图 10-7 展示了南京市某一时刻的人口聚集情况。

使用 pyecharts 库的 Geo（）函数创建热力地图，具体如下。

**函数名称**：Geo（）。

**函数功能**：绘制地图，支持在地理坐标系上绘制散点图、线集。

**调用签名**：geo.add（name, attr, value, type, maptype, coordinate_region, symbol_size, border_color, geo_normal_color, geo_emphasis_color, geo_cities_coords, is_roam, **kwargs）。

**参数说明（部分）**：

name 指图例名称。

attr 指属性名称。

value 指属性对应的值。

type 指图例类型，有 'scatter'、'effectScatter'、'heatmap'、'lines' 可选。默认为 'scatter'。

maptype 指地图类型。

coordinate_region 指坐标所属地区。

symbol_size 指标记图形大小，默认为 12。

border_color 指边界颜色，默认为 '#111'。

geo_normal_color 指正常状态下地图区域的颜色，默认为 '#323c48'。

geo_emphasis_color 指高亮状态下地图区域的颜色，默认为 '#2a333d'。

geo_cities_coords 指用户自定义地区经纬度字典。

is_roam 指是否开启鼠标缩放和平移漫游，默认为 True。'scale' 缩放，'move' 平移，'True' 都开启。

代码示例如下：

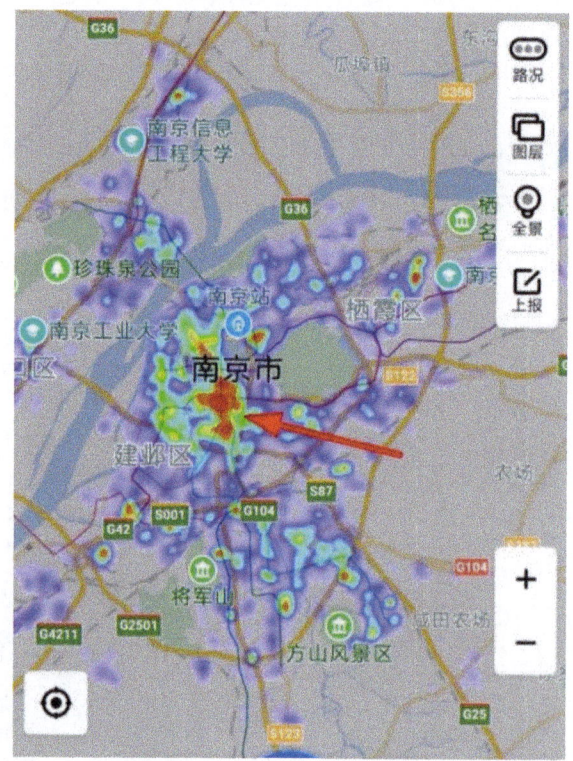

图 10-7　热力地图示例

```
from pyecharts import options as opts
from pyecharts.charts import Geo
from pyecharts.globals import ChartType,SymbolType

data=[list(z) for z in zip(['德惠市','九台区','榆树市','农安县','双阳区','宽城区','二道区','南关区','绿园区','朝阳区'],[69.16,57,83.61,86.73,33.57,66.91,52.25,65.77,71.5,61.4])]
c=(
    Geo()
        .add_schema(maptype="长春")
        .add("",
        data,
        type_=ChartType.HEATMAP
    )
    .set_series_opts(label_opts=opts.LabelOpts(is_show=False))
    .set_global_opts(
        visualmap_opts=opts.VisualMapOpts( ),
        title_opts=opts.TitleOpts(title="长春市各区域人口数量分布(万人)"),
        )
    )
c.render_notebook()
```

## 10.5 习题

1. 比较色级统计地图、气泡地图和热力地图，并说明各自的适用情况。
2. 试用 pyecharts 库的函数和随机生成的数据绘制你所在省市的地图。
3. 获取中国 2022 年的人口统计数据，尝试绘制各省份色级统计地图。
4. 根据本书提供的"超市"数据，使用 Tableau 绘制各地区销售额的气泡地图。
5. 获取 2022 年中国的天气数据，并用热力地图显示夏天最热的几个城市。

# 第 11 章

# 可视化大屏

可视化大屏是以大屏为载体，对数据进行多角度的可视化呈现。它具有日常监测、分析判断、展示汇报、应急指挥等多种功能，在提高科学管理方面发挥着重要作用。随着大数据技术的快速发展，可视化大屏已成为组织决策的重要工具，在商业、行政、工业、金融等应用越来越广泛。本章介绍如何使用 Tableau 和 Python 制作可视化大屏。

## 11.1　Tableau 仪表板和故事线

Tableau 通过仪表板搭建可视化大屏，可以同时创建多个仪表板。故事线则将这些仪表板连接起来，讲述一个完整的数据故事。

### 11.1.1　仪表板

仪表板是多个工作表和一些对象（图像、文本、网页和空白等）的组合，以揭示数据关系和内涵。仪表板的基本操作见 5.6 节，下面以本书提供的"超市"数据为例，展示仪表板的制作过程。

"销售情况总体预览"仪表板

#### 1."销售情况总体预览"仪表板

首先创建"逐年销售额对比""区域销售额情况""客户销售额贡献占比""客户来源占比""客户利润贡献占比"工作表，然后创建"销售情况总体预览"仪表板。操作步骤如下：

1）选择菜单栏"仪表板"→"新建仪表板"，或在页面最下边单击 图标，新建一个仪表板，并将仪表板重命名为"销售情况总体预览"。

2）设置仪表板的大小，宽度为 2100px，高度为 1300px，使其铺满整个页面，如图 11-1 所示。

3）拖动"对象"选项卡下的"空白"至右侧区域，创建一个容器，用于仪表板整体排版及布局优化，单击下边的"浮动"按钮，适当调整图表的大小，如图 11-2 所示。

4）单击"布局"，将背景改为黑色。单击仪表板，将已创建好的"逐年销售额对比"图表拖至右侧容器，适当调整大小，如图 11-3 所示。

# 第 11 章 可视化大屏

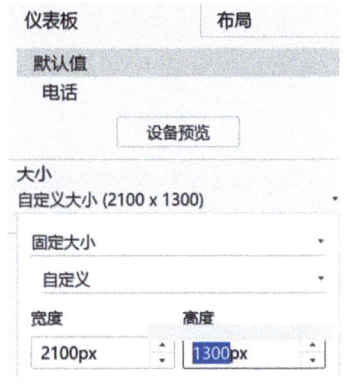

图 11-1 设置仪表板大小

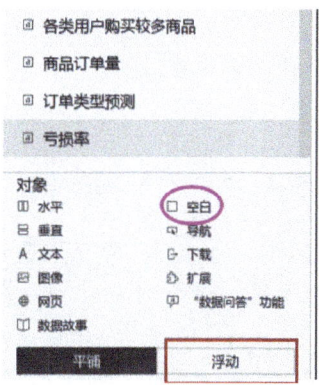

图 11-2 新建容器

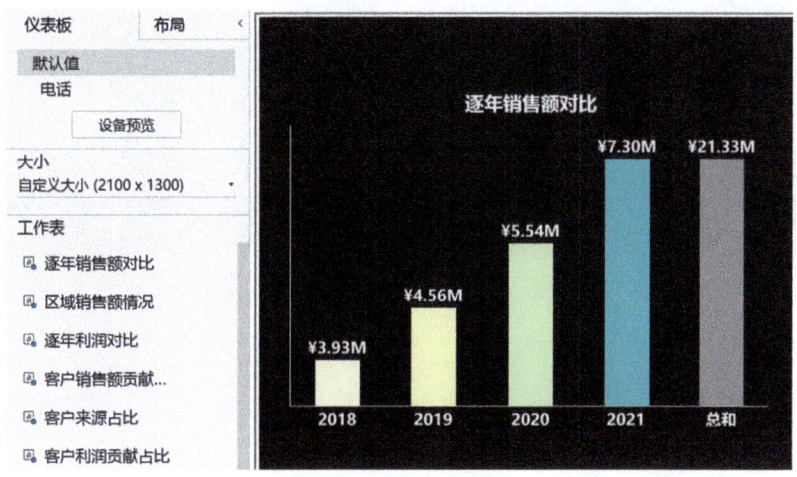

图 11-3 创建仪表板

5）依次将已创建好的"区域销售额情况""客户销售额贡献占比""客户来源占比""客户利润贡献占比"图表拖至右侧容器，并适当调整大小。

6）选择上方菜单栏中的"仪表板"→"显示标题"，双击图的最上方，弹出"编辑标题"对话框，输入"销售情况总体预览"标题，适当调整标题字号、加粗并居中，由此得到"销售情况总体预览"仪表板，如图 11-4 所示。

7）选择上方菜单栏中的"仪表板"→"操作"，单击"添加动作"下拉列表，选择"筛选器"。将"筛选器"名称改为"按类别过滤"，源工作表选择"销售情况总体预览"中的"客户利润贡献占比"，运行操作方式为"选择"。目标工作表选择"销售情况总体预览"并选中所有图表，清除"选定内容将会"中的"显示所有值"，单击"确定"按钮，在"操作"对话框中再次单击"确定"按钮，如图 11-5 所示。

"**筛选器**"**动作表示**：单击"客户利润贡献占比"中的某一类别时，所有图表都会显示该类别的相关数据。当清除选定内容（即鼠标单击空白处）时，重新显示所有类别数据。

如图 11-6 所示，单击"客户利润贡献占比"下的"公司"，其他图表将发生相应变化。

8）添加"突出显示"动作。选择上方菜单栏中的"仪表板"→"操作"，单击"添加动作"下拉列表，选择"突出显示"。将名称改为"按客户类别显示"，在"源工作表"内只勾选"客户销售额贡献占比"并在右侧勾选"选择";在"目标工作表"内勾选"客户利润贡献占比"和"客户来源占比",单击"确定"按钮,在"操作"对话框中再次单击"确定"按钮,如图11-7所示。

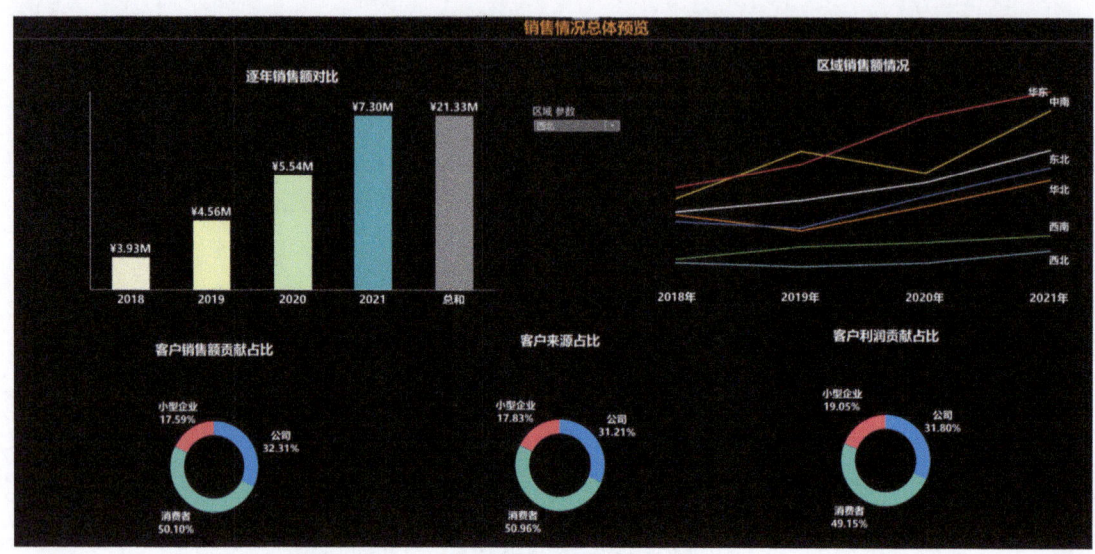

图11-4 "销售情况总体预览"仪表板

图11-5 添加"筛选器"

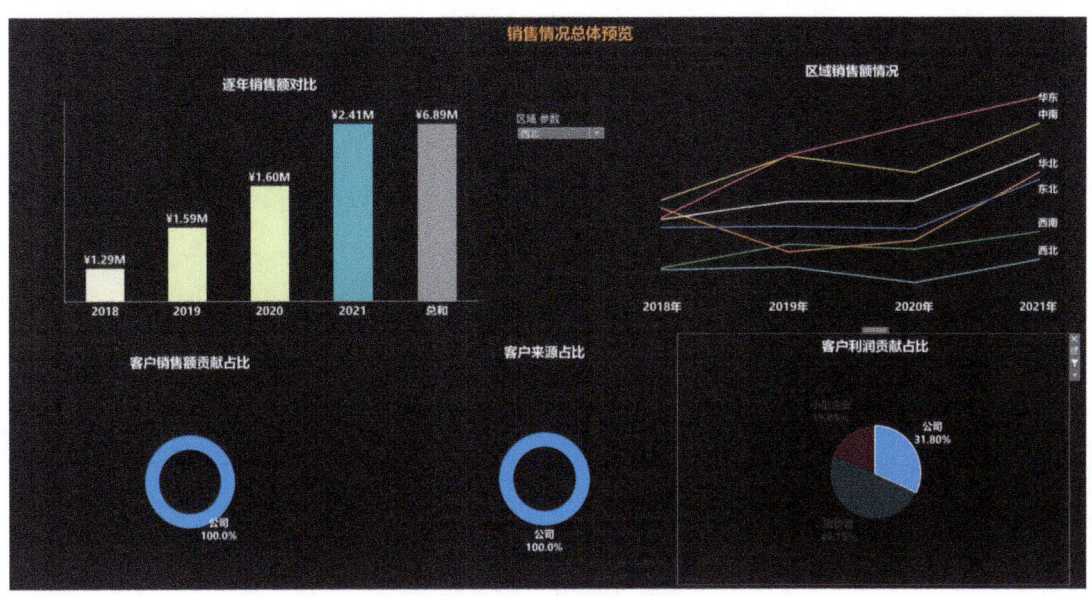

图11-6 "筛选器"效果演示

图11-7 添加"突出显示"

如图11-8所示,单击"客户销售额贡献占比"下的消费者,"客户来源占比"和"客户利润贡献占比"下相应的扇形图也一起突出显示出来。

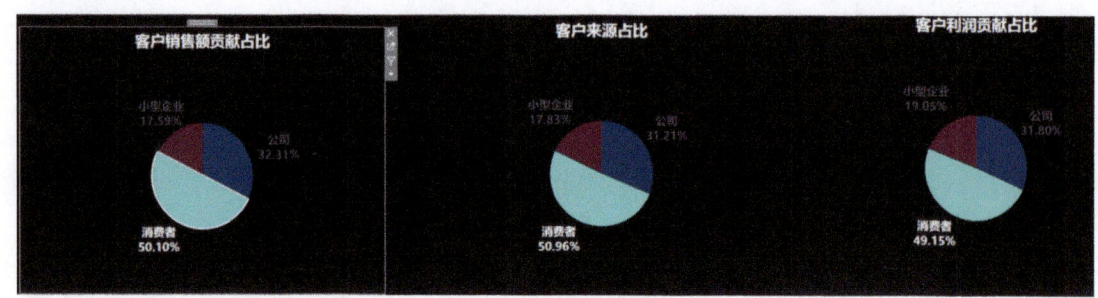

图 11-8　突出显示效果

#### 2. "客户销售分析"仪表板

首先创建"各类订单利润额""订单亏损情况""用户购买较多的商品""各类别产品订单数量及亏损分析"工作表，然后创建"客户销售分析"仪表板。操作步骤如下：

"客户销售分析"仪表板

1）选择"仪表板"→"新建仪表板"，并将仪表板重命名为"客户销售分析"。设置仪表板的大小，宽度为 2100px，高度为 1300px，使其铺满整个页面。

2）拖动"对象"选项卡下的"空白"至右侧区域，创建一个容器，并单击"浮动"按钮。单击"布局"，将背景改为黑色。

3）单击仪表板，依次将已创建好的"各类订单利润额""订单亏损情况""用户购买较多的商品""各类别产品订单数量及亏损分析"图表拖至右侧容器，适当调整大小。

4）选择"仪表板"→"显示标题"，双击图的最上方，弹出"编辑标题"菜单栏，输入"客户销售分析"标题，适当调整标题字号、加粗并居中，如图 11-9 所示。

5）选择上方菜单栏中的"仪表板"→"操作"，单击"添加动作"下拉列表，选择"筛选器"。将名称改为"按用户购买较多的商品过滤"，在"源工作表"内只勾选"用户购买较多的商品"并在右侧勾选"选择"；在"目标工作表"内勾选"用户购买较多的商品""订单亏损情况""各类别产品订单数量及亏损分析"，并在右侧勾选"显示所有值"，单击"确定"按钮，在"操作"对话框中再次单击"确定"按钮。这样可以识别出用户购买较多的商品的订单情况。

如图 11-10 所示，单击"用户购买较多的商品"中的"耳机"，其他图表将发生相应变化。

#### 3. "客户复购及留存分析"仪表板

首先创建"客户复购分析""客户留存分析""每月新增客户数""客户销售贡献"工作表，然后创建"客户复购及留存分析"仪表板。"客户复购分析"和"客户留存分析"工作表的创建相对复杂，下面展示这两个工作表以及仪表板的创建方法。

（1）"客户复购分析"工作表

"客户复购分析"工作表

1）打开"超市"数据，将"订单"拖入右侧空白处，单击工作表，并将工作表重命名为"客户复购分析"。

2）右击任一维度，选择"创建"→"计算字段"，名称输入"第一次购买时间"，函数如图 11-11 所示，找出客户最早的购买时间。

第 11 章 可视化大屏

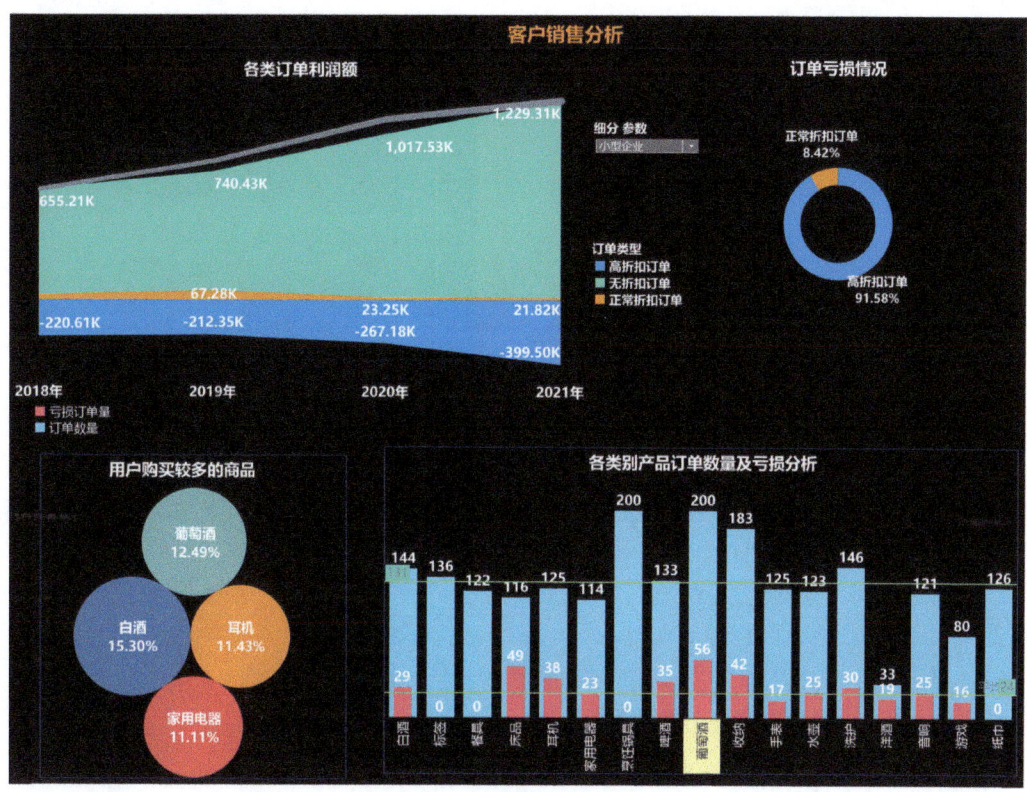

图 11-9 "客户销售分析"仪表板

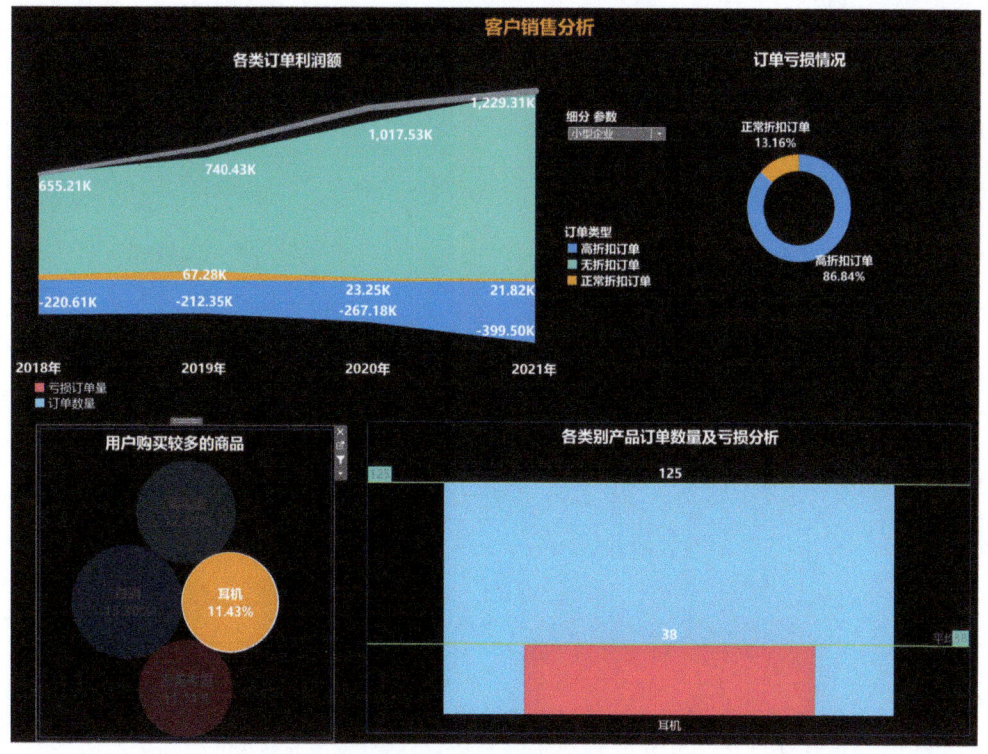

图 11-10 筛选器效果演示

225

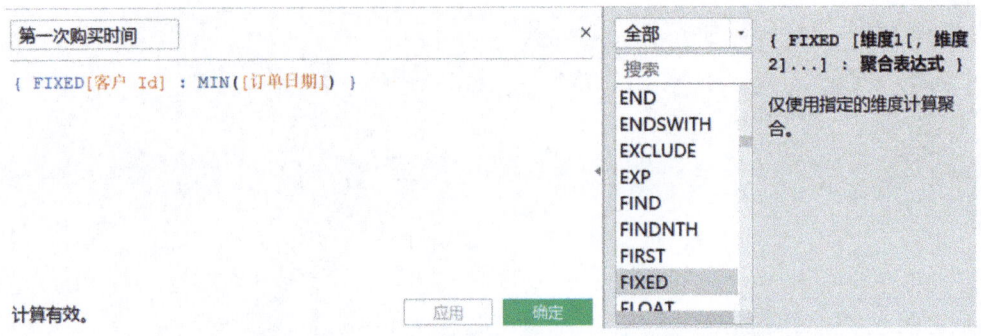

图 11-11 创建新字段"第一次购买时间"

3）右击任一维度，选择"创建"→"计算字段"，名称输入"新增客户"，函数输入"TOTAL（COUNTD（［客户 Id］））"，计算每个分区的客户 ID 总数。

4）右击左侧数据栏中的"数量"，选择"创建"→"参数"，在弹出的菜单中名称输入"参数 - 时间间隔"，数据类型为"字符串"，允许值为"列表"，并添加值"year""quarter""month"，显示为"年""季度""月份"，单击"确定"按钮，如图 11-12 所示。

图 11-12 创建"参数 - 时间间隔"

5）右击任一维度，选择"创建"→"计算字段"，名称输入"日期判断"，函数如图 11-13 所示，将超过第一次购买时间的订单日期输出为"日期判断"。

图 11-13　创建新字段"日期判断"

6）右击任一维度，选择"创建"→"计算字段"，名称输入"再次购买时间"，函数如图 11-14 所示，将"日期判断"中最早的日期作为再次购买时间输出。

图 11-14　创建新字段"再次购买时间"

7）右击任一维度，选择"创建"→"计算字段"，名称输入"复购时间间隔"，函数如图 11-15 所示。复购时间间隔取值为 0、1、2，指第一次购买和再次购买相差 0 年、1 年、2 年，不足 1 年则为 0，大于 1 年不足 2 年则为 1，依此类推；未复购指第一次购买后未再次购买。

图 11-15　创建计算字段"复购时间间隔"

8）右击任一维度，选择"创建"→"计算字段"，名称输入"客户数"，函数输入"COUNTD（[客户 Id]）"，计算客户数。

9)将左侧数据栏的"复购时间间隔"拖至"列"功能区,单击"复购时间间隔"下拉三角形,选择"维度"和"离散"。

10)将左侧数据栏的"第一次购买时间"拖至"行"功能区,单击"第一次购买时间"前的加号,下钻(即从当前数据往下展开下一层数据)到季度。再将"新增客户"拖至"行功能区",单击"新增客户"下拉三角形,选择"离散"。

11)将"标记"卡下的"自动"改为"方形",将"客户数"拖到"标记"卡下的"颜色",单击其下拉三角形,选择"快速表计算"→"合计百分比"。将"客户数"拖到"标记"卡下的"标签",单击其下拉三角形,选择"快速表计算"→"合计百分比",并修改数字格式。

12)右击左侧数据栏的"参数-时间间隔",选择"显示参数",右击图中的Null列,选择"编辑别名",输入"未复购","客户复购分析"工作表创建完成,如图11-16所示。

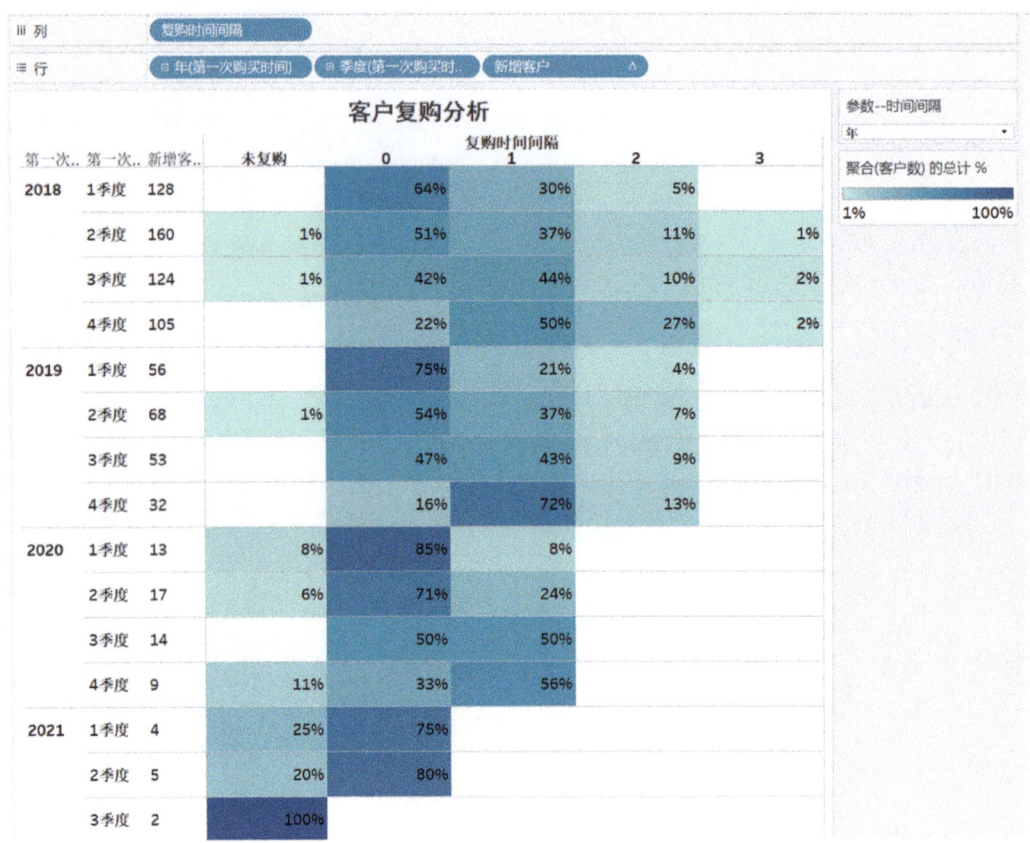

图11-16 "客户复购分析"工作表

(2)"客户留存分析"工作表

1)复制"客户复购分析"工作表,将其重命名为"客户留存分析"。

2)右击任一维度,选择"创建"→"计算字段",名称输入"留存时间间隔",函数如图11-17所示,计算留存时间间隔。

3)将"列"功能区的"复购时间间隔"移除,将"留存时间间隔"

"客户留存分析"工作表

拖至"列"功能区,单击"留存时间间隔"下拉三角形,选择"维度"和"离散",如图 11-18 所示。

图 11-17　创建新字段"留存时间间隔"

图 11-18　添加"列"和"行"功能区

4)设置图例颜色。单击右侧图例的下拉三角形,选择"编辑颜色",在弹出的菜单中选择"橙色-金色"。

5)右击 Tableau 图中"null"列,选择"隐藏","客户留存分析"工作表创建完成,如图 11-19 所示。

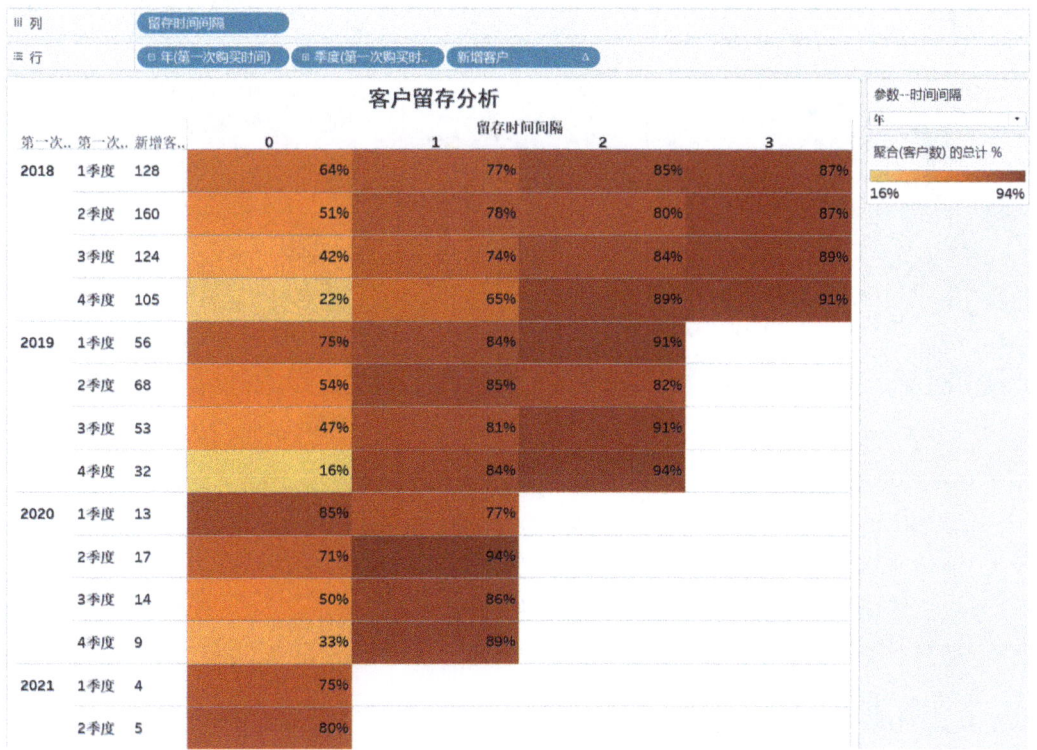

图 11-19　"客户留存分析"工作表

(3)"客户复购及留存分析"仪表板

1)选择"仪表板"→"新建仪表板",并将仪表板重命名为"客户复购及留存分析"。设置仪表板的大小,宽度为2100px,高度为1300px,使其铺满整个页面。

2)拖动"对象"选项卡下的"空白"至右侧区域,创建一个容器,并单击"浮动"按钮。单击"布局",将背景改为黑色。

3)单击仪表板,依次将已创建好的"客户复购分析""每月新增客户数""客户留存分析""客户销售贡献"图表拖至右侧容器,适当调整大小。

"客户复购及留存分析"仪表板

4)选择"仪表板"→"显示标题",双击图的最上方,弹出"编辑标题"对话框,输入"客户复购及留存分析"标题,适当调整标题字号、加粗并居中,筛选器和突出显示可根据需要设置。由此完成"客户复购及留存分析"仪表板制作,如图11-20所示。

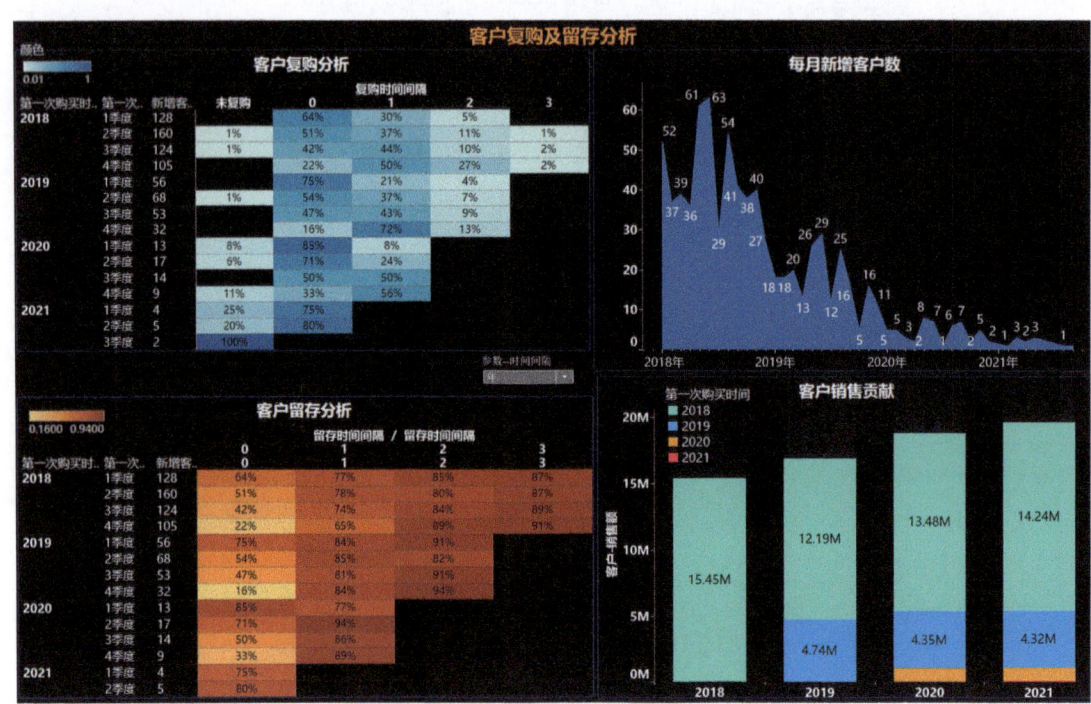

图11-20 "客户复购及留存分析"仪表板

为了让仪表板简洁美观、更具交互感,设置布局仪表板时应注意以下事项:

1)一张仪表板内不要放过多的工作表,应控制在6个以内。
2)去掉或隐藏不必要的注释框或图例。
3)适当添加文本注释,以方便用户阅读和理解。
4)适当添加筛选器、突出显示等动作,增强交互性。

## 11.1.2 故事线

故事是按顺序排列的工作表或仪表板集合,用来传达信息,提供上下文,演示决策与结果的关系。故事线的基本操作详见 5.6 节。下面以本书提供的"超市"数据为例,使用 11.1.1 节中的仪表板创建"超市分析"故事线。

1)选择"故事"→"新建故事",或在页面最下边单击 图标,新建故事,并将其重命名为"超市分析"。

创建"超市分析"故事线

2)设置故事的大小。单击左下方的"大小"下拉三角形,单击"固定大小"下拉列表,选择"自动",屏幕将会自动调整大小来显示仪表板内容,如图 11-21 所示。

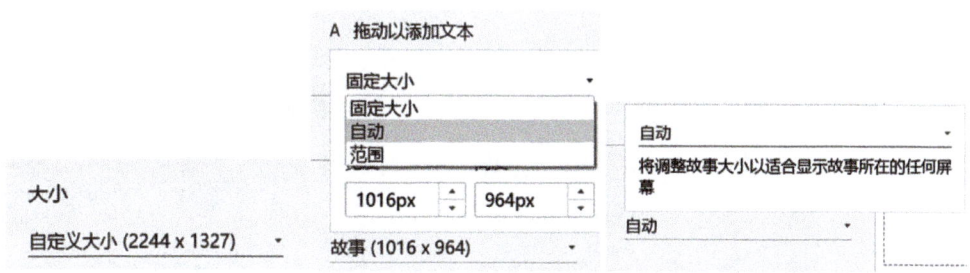

图 11-21　设置故事大小

3)从左侧将"销售情况总体预览"仪表板拖到右侧的故事点中,并添加说明"销售情况总体预览"。选择工具栏中的"设置格式"→"故事",设置导航器的字体。若该文本太长,可以纵向或横向伸缩调整大小,如图 11-22 所示。

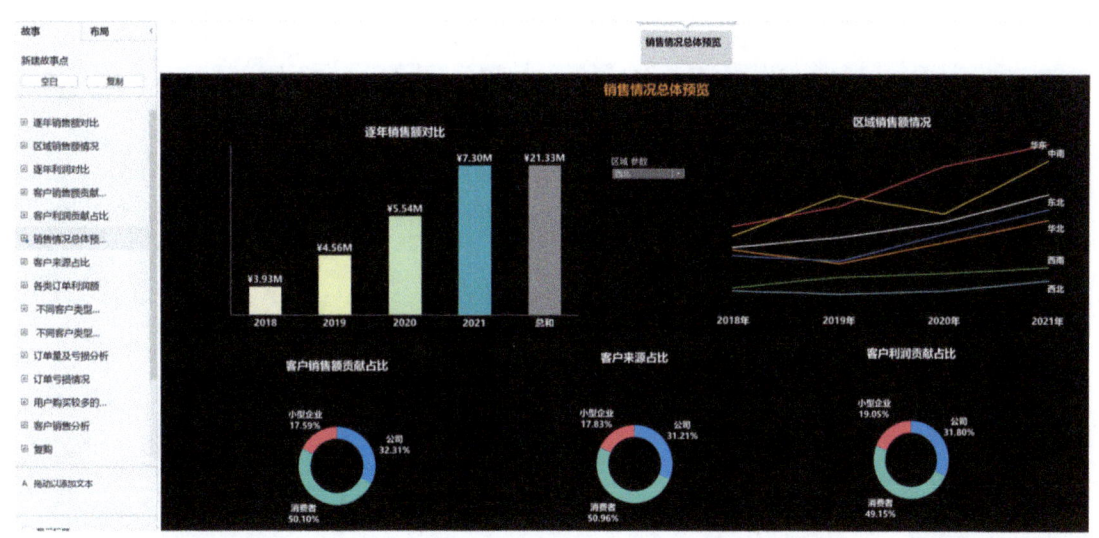

图 11-22　完成创建第一个故事点

4)单击左侧"新建故事点"下的"空白",新建故事点。将仪表板"客户销售分析"拖到右侧的故事点中,并点击"添加说明",为故事点设置名称"客户销售分析",如图 11-23 所示。

5)新建第三个故事点,将仪表板"客户复购及留存分析"拖至右侧的故事点中,并单击"添加说明",为故事点设置名称"客户复购及留存分析",如图 11-24 所示。

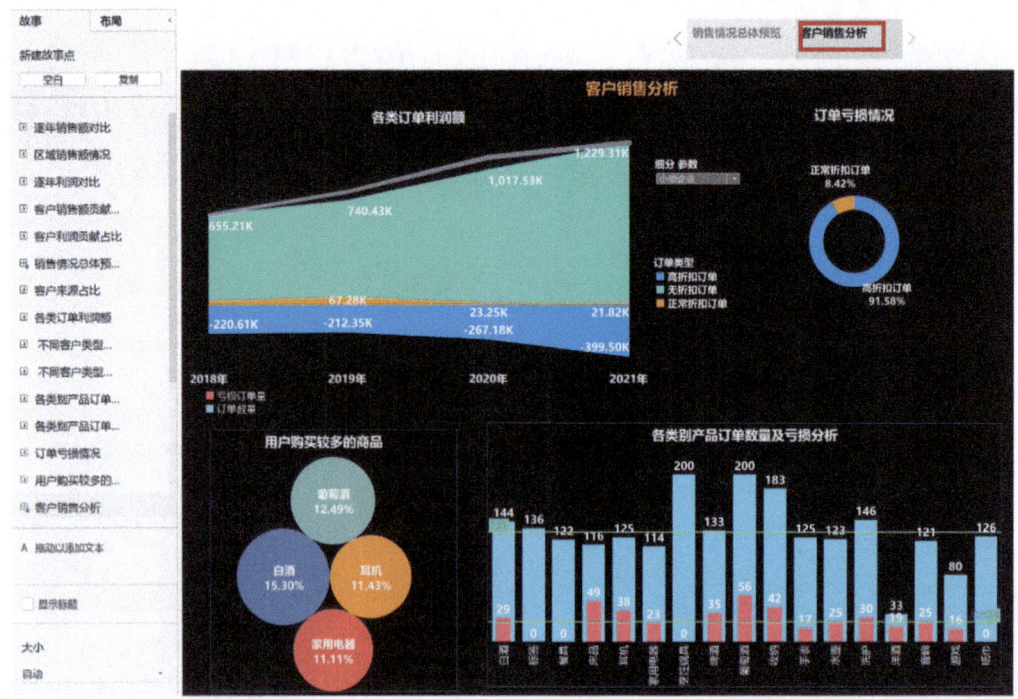

图 11-23 添加"客户销售分析"故事点

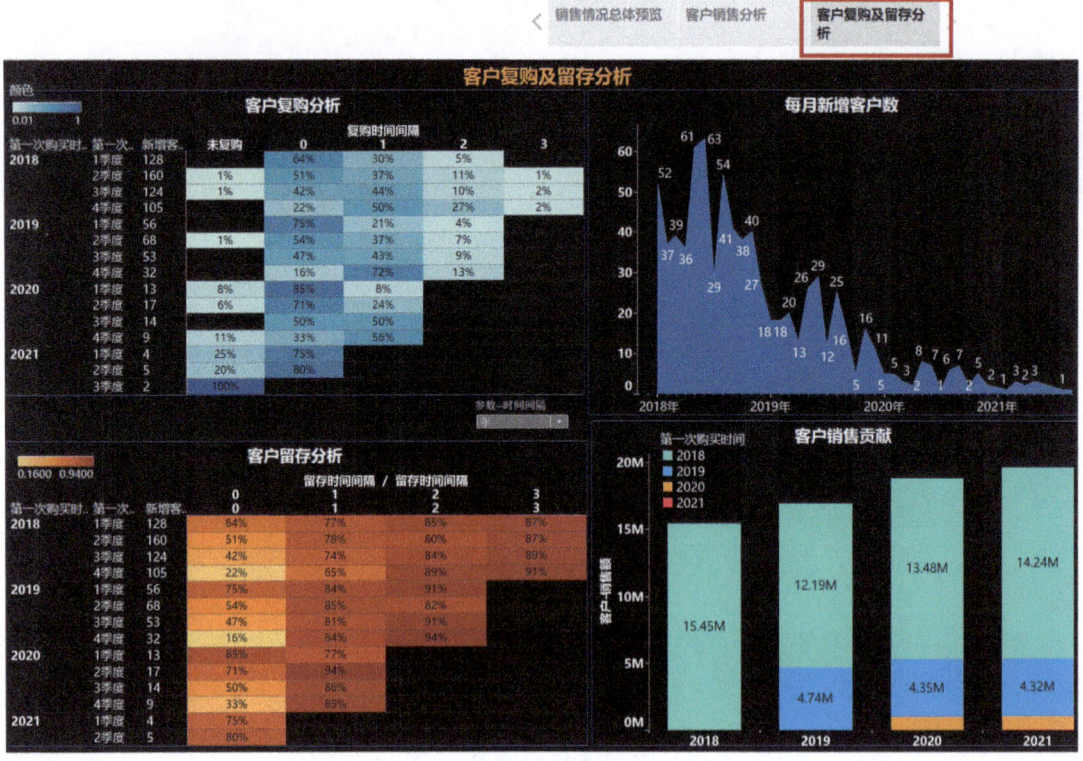

图 11-24 添加"客户复购及留存分析"故事点

除了上述故事点外，用户还可以制作新的故事点，展示其他内容。不同的故事点形成故事线。根据故事线，管理者可以了解到超市的销售情况和客户情况。比如，从销售情况上看，销售额逐年增长，客户销售额贡献、利润贡献、客户来源都是消费者占比最大，公司其次，最后是小型企业；在客户销售中，高折扣订单总体而言是亏损的，正常折扣订单基本不亏损；客户的复购率和留存率上升，但新增客户数呈下降趋势等。根据上述分析，超市可以采取针对性的策略加强经营管理，提高销售额和利润。

## 11.2 Python 可视化大屏

下面重点介绍如何利用 pyecharts 制作可视化大屏。pyecharts 使用组合图表功能，将所有图片拼接在一张 html 文件中进行展示，用到的组件分为四种：时间轴组件（Timeline）、分页组件（Tab）、组合组件（Grid）和页面组件（Page）。

### 11.2.1 时间轴组件

时间轴组件（Timeline）是把绘制完成的多张图表按照时间顺序连接起来，以切换显示不同时间的图表，可以发现数据变化的规律和趋势。下面以本书提供的"超市"数据为例，展示 2019—2021 年每年各细分客户的产品订单量变化情况，代码如下：

Timeline 组件应用实例

```
from pyecharts import options as opts
from pyecharts.charts import Line,Timeline
import pandas as pd#数据分析
import numpy as np#操作数组
from datetime import datetime

df = pd.read_excel('.\supermarket.xls','订单')
#提取2019年数据形成新数据框df1;同理，2020年数据为df2、2021年数据为df3
df1=df[(datetime.strptime("2019-01-01","%Y-%m-%d")<=df["订单日期"])&(df["订单日期"]<datetime.strptime("2020-01-01","%Y-%m-%d"))]
df2=df[(datetime.strptime("2020-01-01","%Y-%m-%d")<=df["订单日期"])&(df["订单日期"]<datetime.strptime("2021-01-01","%Y-%m-%d"))]
df3=df[(datetime.strptime("2021-01-01","%Y-%m-%d")<=df["订单日期"])&(df["订单日期"]<datetime.strptime("2022-01-01","%Y-%m-%d"))]

#2019年各细分客户的产品订单量
d11=df1[df1["细分"]=="消费者"]
d111=pd.DataFrame(d11.groupby(['子类别'])["订单 ID"].count())#按照子类别分组，并计数订单ID个数（包括重复ID）
D11=list(d111["订单 ID"])      #将d111中"订单ID"列转为列表，即获得各子类别订单量
d12=df1[df1["细分"]=="小型企业"]
d121=pd.DataFrame(d12.groupby(['子类别'])["订单 ID"].count())
D12=list(d121["订单 ID"])
d13=df1[df1["细分"]=="公司"]
d131=pd.DataFrame(d13.groupby(['子类别'])["订单 ID"].count())
D13=list(d131["订单 ID"])

#2020年各细分客户下的产品订单量
d21=df2[df2["细分"]=="消费者"]
d211=pd.DataFrame(d21.groupby(['子类别'])["订单 ID"].count())
D21=list(d211["订单 ID"])
d22=df2[df2["细分"]=="小型企业"]
d221=pd.DataFrame(d22.groupby(['子类别'])["订单 ID"].count())
D22=list(d221["订单 ID"])
d23=df2[df2["细分"]=="公司"]
d231=pd.DataFrame(d23.groupby(['子类别'])["订单 ID"].count())
D23=list(d231["订单 ID"])

#2021年各细分客户的产品订单量
d31=df3[df3["细分"]=="消费者"]
d311=pd.DataFrame(d31.groupby(['子类别'])["订单 ID"].count())
D31=list(d311["订单 ID"])
d32=df3[df3["细分"]=="小型企业"]
d321=pd.DataFrame(d32.groupby(['子类别'])["订单 ID"].count())
```

# 数据可视化

```
D32=list(d321["订单 ID"])
d33=df3[df3["细分"]=="公司"]
d331=pd.DataFrame(d33.groupby(['子类别'])["订单 ID"].count())
D33=list(d331["订单 ID"])
y1=[D11,D21,D31] #2019、2020、2021 细分为"消费者"的各子类别产品订单量
y2=[D12,D22,D32] #2019、2020、2021 细分为"小型企业"的各子类别产品订单量
y3=[D13,D23,D33] #2019、2020、2021 细分为"公司"的各子类别产品订单量
e=d111.reset_index()
name=list(e["子类别"])    #获取横坐标名称
```

然后添加时间轴组件，代码如下：

```
tl=Timeline(init_opts = opts.InitOpts(
    width = "1000px",height = "500px"))
for i in range(3):
    line = (#增加动画
        Line(init_opts=opts.InitOpts(animation_opts=opts.AnimationOpts(animation_easing="elasticOut")))
        .add_xaxis(name)
        .add_yaxis("消费者", y1[i],color="#253494")
        .add_yaxis("小型企业", y2[i],color="#7FCDBB")
        .add_yaxis("公司", y3[i],color="#1D91C0")
        .set_global_opts(
            title_opts=opts.TitleOpts("各类别产品订单量".format(2019+i)),
            yaxis_opts=opts.AxisOpts(name="订单"),
            xaxis_opts=opts.AxisOpts(name="产品",axislabel_opts={"rotate":20,"size":2})))
    tl.add(line,"{}年".format(2019+i))
tl.render("timeline.html")
```

运行结果如图 11-25 所示。

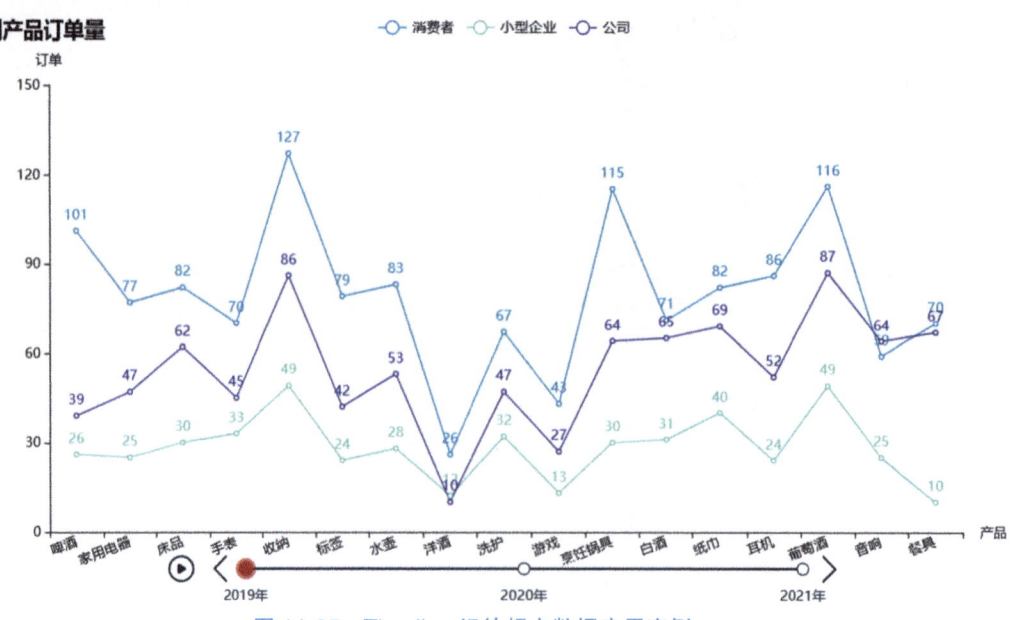

图 11-25 Timeline 组件超市数据应用实例

单击不同年份按钮 ⊙— ，或左右切换按钮 〈 〉，可以看到各年份不同类别产品的订单量情况，也可以单击播放按钮 ⊙ 自动播放。

### 11.2.2 分页组件

分页组件（Tab）的作用是把绘制完成的多张图表连接起来，一页放一张图表，以 html 文件展示出来。Tab 不可以对图表进行位置拖动或大小调整。下面以本书提供的"超市"数

据为例，展示分页组件的用法。

首先使用 pyecharts 制作图形，这里绘制四个图：柱形图、玫瑰图、折线图、雷达图，并将其分别封装到函数，代码如下：

```python
from pyecharts import options as opts
from pyecharts.charts import Bar,Pie,Line,Radar
import pandas as pd#数据分析
import numpy as np#操作数组
#1.柱形图
data=pd.read_excel('.\supermarket.xls','订单')
data_2021=data[data["订单日期"].dt.year==2021]   #将2021年的数据挑选出来
top_10_2021=data_2021[["销售额","城市","细分"]].groupby(data_2021["城市"])
#选取"销售额、城市、细分"3列形成新数据框并按照"城市"分组
top_10_2021=top_10_2021.sum().sort_values(by=["销售额"],ascending=False).iloc[0:10,:].reset_index()
#按"城市"分组汇总销售额，并按照销售额大小降序排列（选取前10名）
customer_2021=data_2021[["销售额","城市","细分"]].groupby([data_2021["城市"],data_2021["细分"]]).sum()
#选取"销售额、城市、细分"3列并按照"城市"和"细分"分组（汇总销售额），形成新的数据框customer_2021
top_10_2021_customer=customer_2021.loc[top_10_2021["城市"]].reset_index()
#选取customer_2021中销售额排名前10的城市形成数据框top_10_2021_customer
company_2021=top_10_2021_customer[top_10_2021_customer["细分"]=="公司"].reset_index(drop=True)#选取细分为公司的数据
sfirm_2021=top_10_2021_customer[top_10_2021_customer["细分"]=="小型企业"].reset_index(drop=True)#选取细分为小型企业的数据
customer_2021=top_10_2021_customer[top_10_2021_customer["细分"]=="消费者"].reset_index(drop=True)#选取细分为消费者的数据
def bar_datazoom_slider() -> Bar:
    c = (
        Bar()
        .add_xaxis(list(company_2021["城市"]))
        .add_yaxis('公司', list(company_2021["销售额"]), stack = "stack1", itemstyle_opts=opts.ItemStyleOpts(color="#41B6C4"))
        .add_yaxis('小型企业', list(sfirm_2021["销售额"]), stack = "stack1", itemstyle_opts=opts.ItemStyleOpts(color="#7FCDBB"))
        .add_yaxis('消费者', list(customer_2021["销售额"]), stack = "stack1", itemstyle_opts=opts.ItemStyleOpts(color="#C7E9B4"))
        .set_global_opts(title_opts=opts.TitleOpts(title="各地区销售额分布"))
        .set_series_opts(label_opts=opts.LabelOpts(is_show=False))
    )
    return c

#2.玫瑰图
df=data_2021[["客户名称","利润"]] #挑选data_2021数据中"客户名称""利润"两列
b=df.groupby(['客户名称']).sum().sort_values("利润",ascending=False)
#按客户名称分组汇总"利润"，并按照"利润"降序排列
b.head(10)

p=[("施菊",9464),("佘平",10342),("巩珑",11131),("秦湖芳",11581),("郭升",13838),("邱谦",14231),
   ("方栋",15075),("徐婵",16494),("吕灵",16566),("朱丽丽",16821)]
def pie_rosetype() -> Pie:
    c = (
        Pie()
        .add(series_name="", data_pair=p, radius=["20%","75%"], rosetype="area",
             label_opts=opts.LabelOpts(is_show=False))
        .set_global_opts(title_opts=opts.TitleOpts("利润排名前10的客户"),
             legend_opts=opts.LegendOpts(is_show=False))
        .set_series_opts(label_opts=opts.LabelOpts(is_show=True, position="inside", font_size=14,
             formatter="{b}：{c}", font_style="italic",
             font_weight="bold", font_family="Microsoft YaHei")))
    return c

#3.折线图
#2021年各细分客户的产品订单量
d11=data_2021[data_2021["细分"]=="消费者"]
d111=pd.DataFrame(d11.groupby(['子类别'])["订单 ID"].count())
D11=list(d111["订单 ID"])#将d111中"订单ID"列转为列表，即获得各子类别订单量
d12=data_2021[data_2021["细分"]=="小型企业"]
d121=pd.DataFrame(d12.groupby(['子类别'])["订单 ID"].count())
D12=list(d121["订单 ID"])
d13=data_2021[data_2021["细分"]=="公司"]
d131=pd.DataFrame(d13.groupby(['子类别'])["订单 ID"].count())
D13=list(d131["订单 ID"])
e=d111.reset_index()
name=list(e["子类别"])   #获取横坐标名称
def line_markpoint() -> Line:
    c = ( Line(init_opts=opts.InitOpts(animation_opts=opts.AnimationOpts(animation_easing="elasticOut")))
        .add_xaxis(name)
        .add_yaxis("消费者",D11,color="#253494")
        .add_yaxis("小型企业",D12,color="#7FCDBB")
        .add_yaxis("公司",D13,color="#1D91C0")
        .set_global_opts(
            title_opts=opts.TitleOpts("各类别产品订单量"),
```

```
                    yaxis_opts=opts.AxisOpts(name="订单"),
                    xaxis_opts=opts.AxisOpts(name="产品",axislabel_opts={"rotate":20,"size":2})))
    return c

#4.雷达图
d=pd.DataFrame(data.groupby(['区域'])['订单 ID'].count())#按照"区域"分组,汇总订单量
d.reset_index(inplace=True)
courses=list(d['区域'])
scores=list(d['订单 ID'])
v1=[scores]    #将列表转化为数组
def radar_chart() -> Radar:
    c = (Radar()
        .add_schema(# 添加schema架构
            schema=[{"name":"东北","max": 4000,"min":-1,"color":'#081D58',"font_size":20},
                    {"name":"中南","max": 4000,"min":-1,"color":'#081D58',"font_size":20},
                    {"name":"华东","max": 4000,"min":-1,"color":'#081D58',"font_size":20},
                    {"name":"华北","max": 4000,"min":-1,"color":'#081D58',"font_size":20},
                    {"name":"西北","max": 4000,"min":-1,"color":'#081D58',"font_size":20},
                    {"name":"西南","max": 4000,"min":-1,"color":'#081D58',"font_size":20},
            ],shape='circle' )# 设置雷达图类型圆形
        .add('总订单量',v1,color = '#225EA8',areastyle_opts = opts.AreaStyleOpts(opacity = 0.2,color="#1D91C0"))
        .set_global_opts(title_opts=opts.TitleOpts(title='各地区订单量')))
    return c
```

使用 Tab 组件实现图表的切换,代码如下:

```
from pyecharts.charts import Tab
tab = Tab()
tab.add(bar_datazoom_slider(),"bar-example")
tab.add(pie_rosetype(),"rose-example")
tab.add(line_markpoint(),"line-example")
tab.add(radar_chart(),"radar-example")
tab.render("tab_base.html")
```

运行结果如图 11-26 所示,可以通过单击最上方的标题来切换不同的图表。

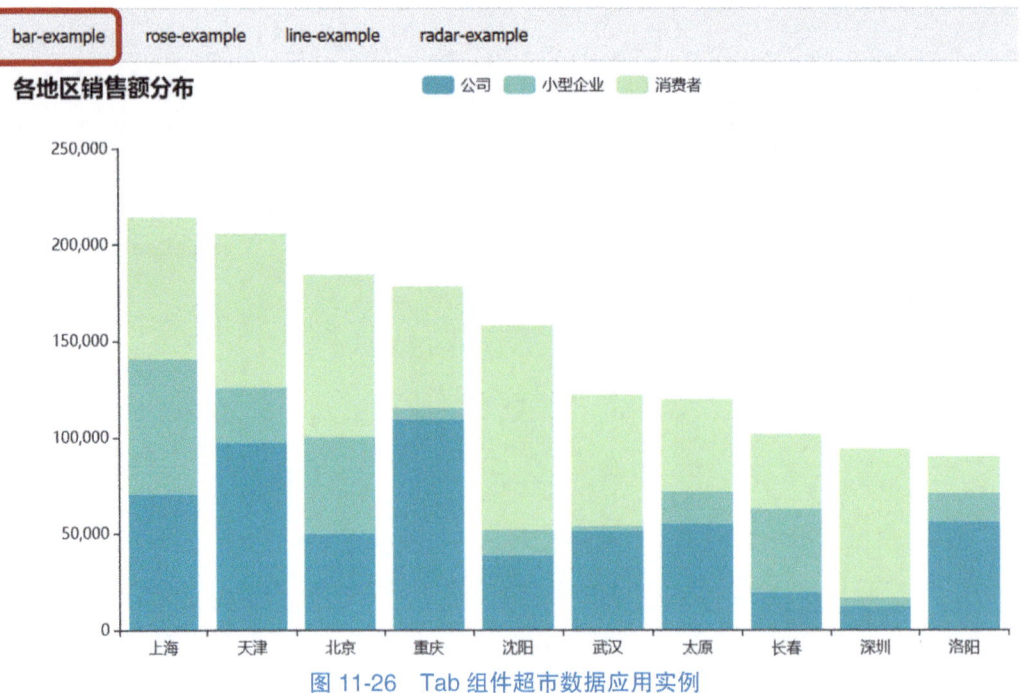

图 11-26　Tab 组件超市数据应用实例

## 11.2.3 组合组件

组合组件（Grid）的作用是并行显示多张图表。用户可以使用 Grid 组件将 Line、Bar、Scatter、Pie 等不同类型图表连接在一起，需要注意的是这些图表中的第一个不能为 Pie，需有 X、Y 轴。

Grid 组件通过直角坐标系网格配置项（GridOpts）设置参数，完成布局，图形可以是左右排列、上下排列或交叠排列，具体见表 11-1。注意：至少要设置 pos_left、pos_right、pos_top、pos_bottom 四个参数中的一个。

表 11-1 直角坐标系网格配置项

| 名称 | 含义 |
| --- | --- |
| is_show | 是否显示直角坐标系网格，默认 False |
| pos_left | grid 组件离容器左侧的距离，值可以取像素值、百分比，或 'left'、'center'、'right'（此时组件会根据相应的位置自动对齐） |
| pos_right | grid 组件离容器右侧的距离，值可以取像素值、百分比，或 'left'、'center'、'right'（此时组件会根据相应的位置自动对齐） |
| pos_top | grid 组件离容器上侧的距离，值可以取像素值、百分比，或 'top'、'middle'、'bottom'（此时组件会根据相应的位置自动对齐） |
| pos_bottom | grid 组件离容器下侧的距离，值可以取像素值、百分比，或 'top'、'middle'、'bottom'（此时组件会根据相应的位置自动对齐） |
| width | grid 组件的宽度，默认自适应 |
| height | grid 组件的高度，默认自适应 |
| is_contain_label | grid 区域是否包含坐标轴的刻度标签，默认 False |
| background_color | 网格背景色，默认透明 |
| border_color | 网格的边框颜色，默认灰色 |
| border_width | 网格的边框线宽，默认为 1 |

以本书提供的"超市"数据为例，展示图形的左右排列。在 11.2.2 小节的柱形图和折线图基础上，更改部分代码（主要为图标题位置和图例位置），绘制左右排列的两个图形，代码如下：

```python
from pyecharts.charts import Bar,Line,Grid
from datetime import datetime
import pandas as pd#数据分析
import numpy as np#操作数组
from pyecharts import options as opts
data=pd.read_excel('.\supermarket.xls','订单')
df=data.copy()
data_2021=data[data["订单日期"].dt.year==2021]
top_10_2021=data_2021[["销售额","城市","细分"]].groupby(data_2021["城市"])
top_10_2021=top_10_2021.sum().sort_values(by=["销售额"],ascending=False).iloc[0:10,:].reset_index()
customer_2021=data_2021[["销售额","城市","细分"]].groupby([data_2021["城市"],data_2021["细分"]]).sum()
top_10_2021_customer=customer_2021.loc[top_10_2021["城市"]].reset_index()
company_2021=top_10_2021_customer[top_10_2021_customer["细分"]=="公司"].reset_index(drop=True)
sfirm_2021=top_10_2021_customer[top_10_2021_customer["细分"]=="小型企业"].reset_index(drop=True)
customer_2021=top_10_2021_customer[top_10_2021_customer["细分"]=="消费者"].reset_index(drop=True)
```

Grid 组件实例
（左右排列）

## 数据可视化

```
#提取2021年数据形成新数据框df1
df1=df[(datetime.strptime("2021-01-01","%Y-%m-%d")<=df["订单日期"])&(df["订单日期"]<datetime.strptime("2022-01-01","%Y-%m-%d"))]
#2021年各细分客户下的各子类别产品订单量
d11=df1[df1["细分"]=="消费者"]
d111=pd.DataFrame(d11.groupby(["子类别"])["订单 ID"].count())
D11=list(d111["订单 ID"])#将d111中"订单ID"列转为列表,即获得各子类别订单量
d12=df1[df1["细分"]=="小型企业"]
d121=pd.DataFrame(d12.groupby(["子类别"])["订单 ID"].count())
D12=list(d121["订单 ID"])
d13=df1[df1["细分"]=="公司"]
d131=pd.DataFrame(d13.groupby(["子类别"])["订单 ID"].count())
D13=list(d131["订单 ID"])
bar = (
    Bar()
    .add_xaxis(list(company_2021["城市"]))
    .add_yaxis('公司', list(company_2021["销售额"]), stack = "stack1",itemstyle_opts=opts.ItemStyleOpts(color="#41B6C4"))
    .add_yaxis('小型企业', list(sfirm_2021["销售额"]), stack = "stack1",itemstyle_opts=opts.ItemStyleOpts(color="#7FCDBB"))
    .add_yaxis('消费者', list(customer_2021["销售额"]), stack = "stack1",itemstyle_opts=opts.ItemStyleOpts(color="#C7E9B4"))
    .set_global_opts(title_opts=opts.TitleOpts(title="各地区销售额分布",pos_left="1%"),
                     legend_opts=opts.LegendOpts(pos_left="20%"))
    .set_series_opts(label_opts=opts.LabelOpts(is_show=False)))
line = (
    Line()
    .add_xaxis(name)
    .add_yaxis("公司",D13,itemstyle_opts=opts.ItemStyleOpts(color="#41B6C4"))
    .add_yaxis("小型企业",D12,itemstyle_opts=opts.ItemStyleOpts(color="#7FCDBB"))
    .add_yaxis("消费者",D11,itemstyle_opts=opts.ItemStyleOpts(color="#C7E9B4"))
    .set_global_opts(title_opts=opts.TitleOpts(title="各类别产品订单量",pos_left="48%"),
                     legend_opts=opts.LegendOpts(pos_left="68%")))
grid = (
    Grid()
    .add(bar, grid_opts=opts.GridOpts(pos_right="55%"))
    .add(line, grid_opts=opts.GridOpts(pos_left="55%"))
    .render("grid_horizontal.html"))
```

运行结果如图 11-27 所示。

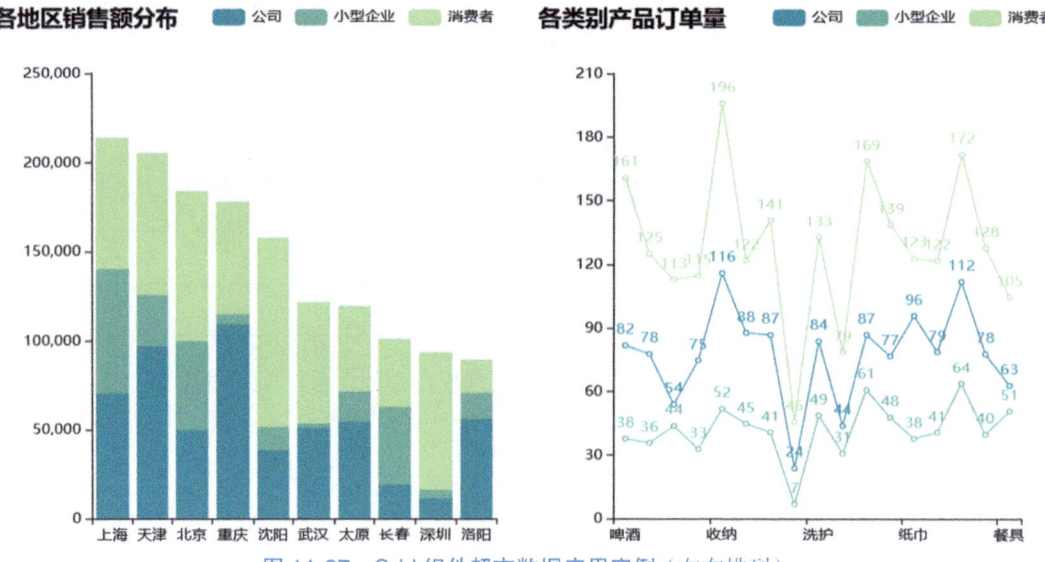

图 11-27　Grid 组件超市数据应用实例（左右排列）

### 11.2.4　页面组件

页面组件（Page）把绘制完成的多张图表放在一个页面里，组件内置了三种布局，默认布局（DefaultPageLayout）、简单布局（SimplePageLayout）和拖动式布局（DraggablePageLayout）。其中，默认布局和简单布局都指图表按顺序排列。当图表较小时，简单布局一行可以放多个

图,但默认布局每行只能放一个,即简单布局可根据图表大小和浏览器情况自动调整布局。拖动式布局指图表可以根据需要移动位置和调整大小。

下面以本书提供的"超市"数据为例,展示三种布局的用法和区别。

1. 默认布局

在 11.2.2 节已绘制的柱形图、玫瑰图、折线图和雷达图的代码基础上,增加如下代码,进行默认布局。

```python
from pyecharts.charts import Page
def page_default_layout():
    page = Page()
    page.add(
            bar_datazoom_slider(),
            pie_rosetype(),
            line_markpoint(),
            radar_chart())
    page.render("page_default_layout.html")

if __name__ == "__main__":
    page_default_layout()
```

Page 组件
实例(默认)

运行结果如图 11-28 所示。

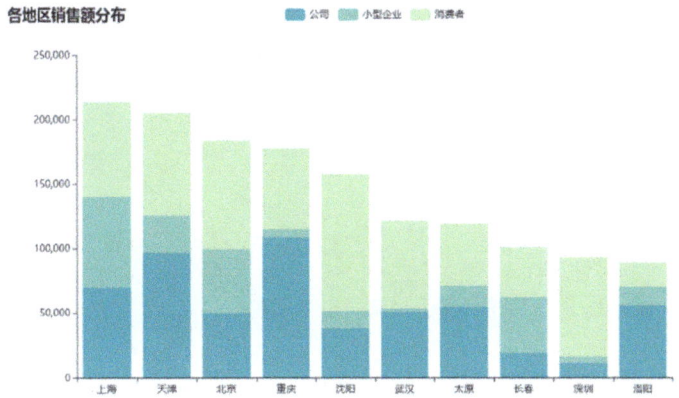

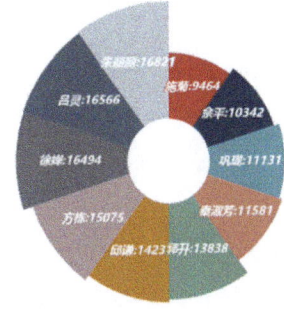

图 11-28　Page 组件应用实例(默认布局)

# 数据可视化

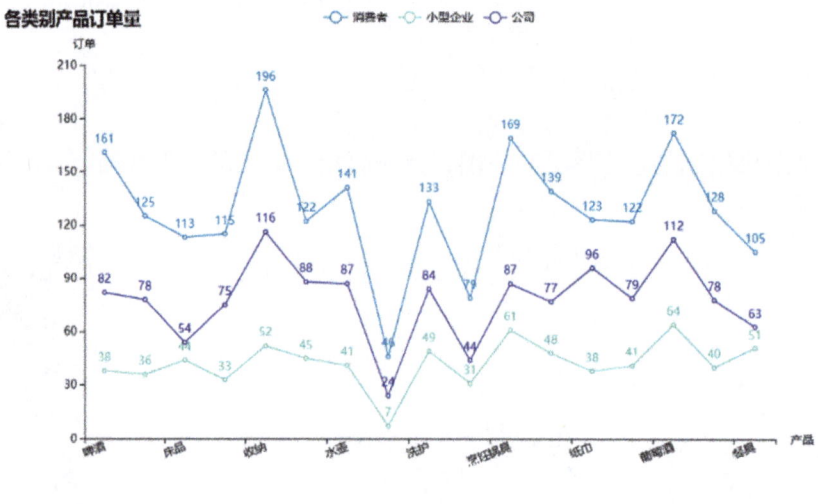

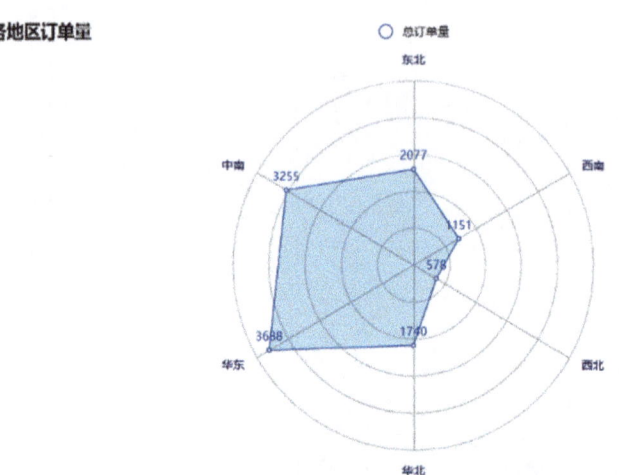

图 11-28  Page 组件应用实例（默认布局）（续）

## 2. 简单布局

在 11.2.2 节已绘制的柱形图、玫瑰图、折线图和雷达图的代码基础上，增加如下代码，进行简单布局。

```python
from pyecharts.charts import Page
def page_simple_layout():
    page = Page(layout=Page.SimplePageLayout)
    page.add(
            bar_datazoom_slider(),
            pie_rosetype(),
            line_markpoint(),
            radar_chart())
    page.render("page_simple_layout.html")

if __name__ == "__main__":
    page_simple_layout()
```

Page 组件
实例（简单）

运行结果如图 11-29 所示。

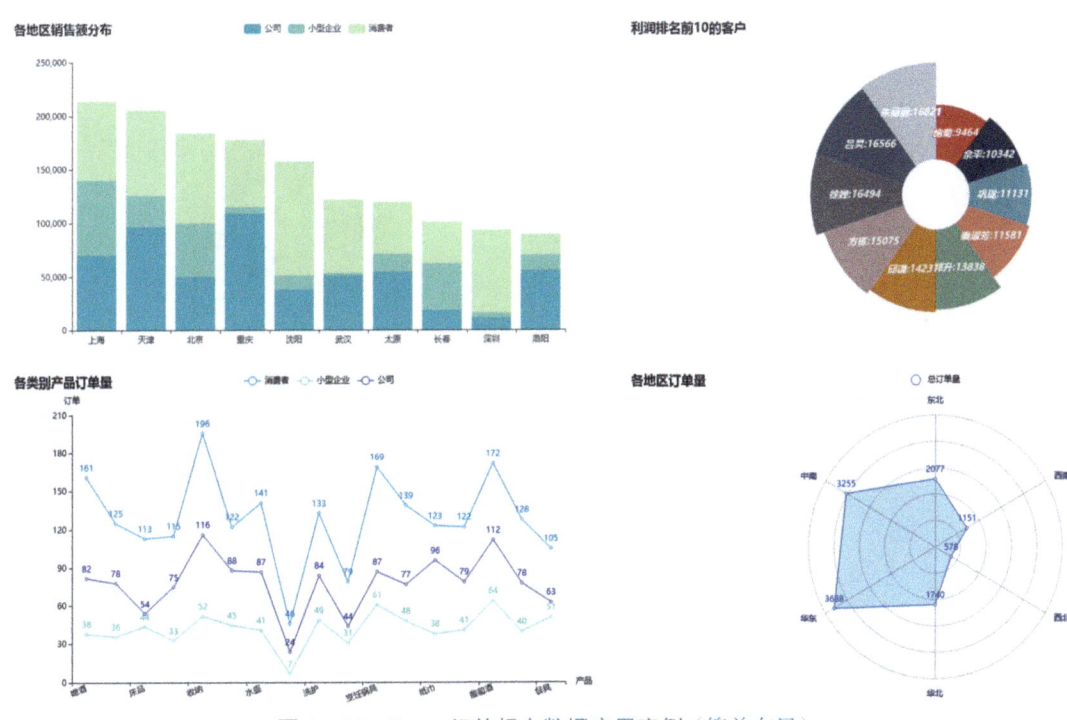

图 11-29 Page 组件超市数据应用实例（简单布局）

### 3. 拖动式布局

在 11.2.2 节已绘制的柱形图、玫瑰图、折线图和雷达图的代码基础上，增加如下代码，进行拖动式布局。

```python
from pyecharts.charts import Page
import os
def page_draggable_layout():
    page = Page(layout=Page.DraggablePageLayout)
    page.add(
        bar_datazoom_slider(),
        pie_rosetype(),
        line_markpoint(),
        radar_chart()
    )
    page.render("page_draggable_layout.html")

if __name__ == "__main__":
    page_draggable_layout()
os.system("page_draggable_layout.html")
#本代码执行完毕后,打开临时html并排版,排版完点击Save Config,把json文件放到本目录下。
```

Page 组件
实例（拖动式）

代码执行完毕后，在文件"page_draggable_layout.html"的存储路径下打开临时 html 文件并排版，排版后单击 Save Config 按钮，保存配置，并把 json 文件放到默认路径下，如图 11-30 所示。

调用 json 配置文件，生成最终大屏。执行之前要确保已经把 json 文件放到本目录下。代码如下：

```python
#执行最后一步,调用json配置文件,生成最终大屏文件。
#执行之前,请确保已经把json文件放到最终大屏文件目录下
Page.save_resize_html(
    source="page_draggable_layout.html",   #第一步生成的原 html 文件
    cfg_file="D:\chart_config.json",       #第二步下载的配置文件
    dest="D:\大屏_最终.html" )              #新 html 文件路径
```

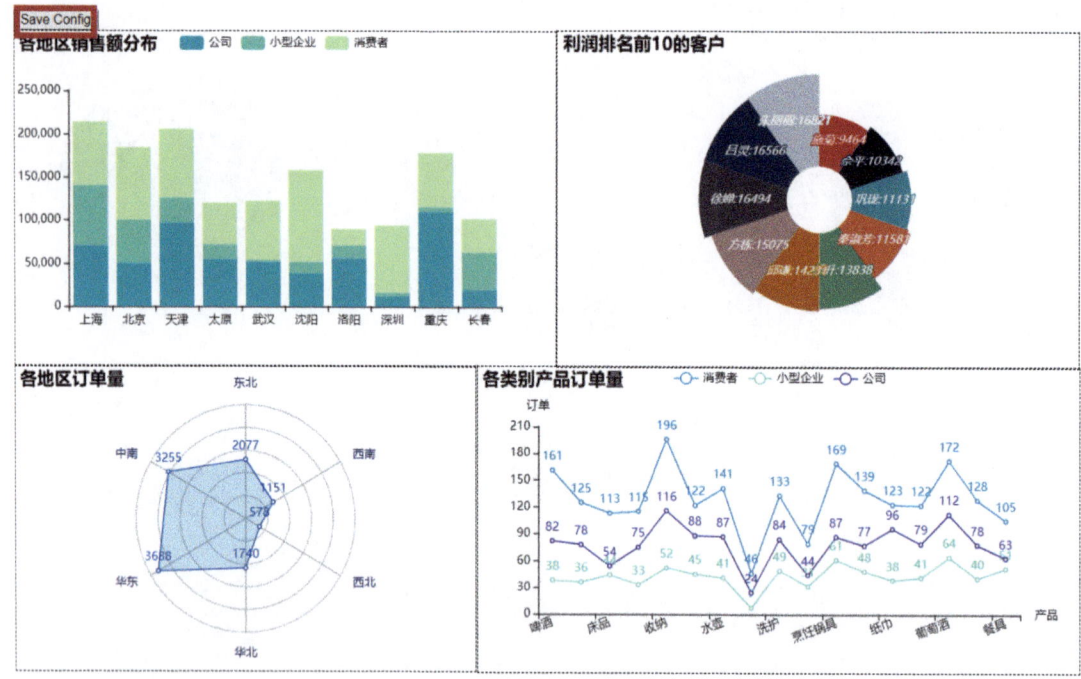

图 11-30　Page 组件超市数据应用实例（拖动式布局）

最后在"D:\大屏_最终.html"路径下找到文件，双击即可看到可视化大屏。

## 11.3　习题

1. 阐述可视化大屏的作用及其现实应用。

2. 简述 pyecharts 中分页组件（Tab）、组合组件（Grid）和页面组件（Page）的区别与联系。

3. pyecharts 中页面组件（Page）的常用布局有哪些？这些布局之间有什么区别？

4. 根据本书提供的"超市"数据，使用 pyecharts 中的时间轴组件（Timeline）切换显示 2018—2021 年各类别产品的销售量变化情况。

5. 根据本书提供的"超市"数据，利用 Tableau 软件创建仪表板并形成故事线，讲述一个数据故事。

6. 根据本书提供的"超市"数据，利用 Python 创建可视化大屏，并为超市经营者提出管理建议。

# 参 考 文 献

[1] 陈为，沈则潜，陶煜波，等.数据可视化[M].2版.北京：电子工业出版社，2019.
[2] YAU N.鲜活的数据：数据可视化指南[M].向怡宁，译.北京：人民邮电出版社，2012.
[3] YAU N.数据之美：一本书学会可视化设计[M].张伸，译.北京：中国人民大学出版社，2014.
[4] 魏伟一，李晓红，高志玲.Python数据分析与可视化[M].2版.北京：清华大学出版社，2021.
[5] 高博，刘冰，李力.Python数据分析与可视化从入门到精通[M].北京：北京大学出版社，2020.
[6] 姜枫，许桂秋.大数据可视化技术[M].北京：人民邮电出版社，2019.
[7] 樊银亭，夏敏捷.数据可视化原理及应用[M].北京：清华大学出版社，2019.
[8] 吕波.大数据可视化技术[M].北京：机械工业出版社，2021.
[9] 王斌会，王术.Python数据分析基础教程——数据可视化[M].2版.北京：电子工业出版社，2021.
[10] 余本国.Python数据分析与可视化案例教程[M].北京：人民邮电出版社，2022.
[11] 钟雪灵，郭艺辉.大数据工具应用[M].北京：清华大学出版社，2020.
[12] 周苏，张丽娜，王文.大数据可视化技术[M].北京：清华大学出版社，2016.
[13] 朱晓峰，吴志祥.数据可视化导论[M].北京：机械工业出版社，2020.
[14] 刘鹏，张燕.大数据可视化[M].北京：电子工业出版社，2018.
[15] 刘大成.Python数据可视化之matplotlib实践[M].北京：电子工业出版社，2018.
[16] 科斯·拉曼.Python数据可视化[M].程豪，译.北京：机械工业出版社，2017.
[17] ROSSI F. Visual Data Mining and Machine Learning[C]//European Symposium on Esann. DBLP，2006.
[18] 何业文，郭杰，袁勋.Tableau数据可视化分析一点通[M].北京：电子工业出版社，2021.
[19] 喜乐君.数据可视化分析：Tableau原理与实践[M].北京：电子工业出版社，2020.
[20] 韦斯·麦金尼.利用Python进行数据分析[M].2版.徐敬一，译.北京：机械工业出版社，2018.
[21] 埃里克·马瑟斯.Python编程：从入门到实践[M].2版.袁国忠，译.北京：人民邮电出版社，2020.
[22] WARD M O，GRINSTEIN G，KEIM D. Interactive data visualization：foundations，techniques，and applications[M]. New York：AK Peters/CRC Press，2010.
[23] SCHROEDER W，MARTIN K，LORENSEN B. The Visualization Toolkit, An Object-Oriented Approach To 3D Graphics[J]. Prentice Hall PTR，1998，26（4）：417-423.
[24] 唐泽圣.三维数据场可视化[M].北京：清华大学出版社，1999.
[25] KEIM D，KOHLHAMMER J，ELLIS G，et al. Mastering the information age solving problems with visual analytics[M]. Geneva：Eurographics Association，2010.
[26] PAIVIO A. Mental representations：A dual coding approach[M]. Oxford：Oxford University Press，1990.
[27] FAYYAD U，STOLORZ P.Data mining and KDD：Promise and challenges[J]. Future Generation Computer Systems，1997，13（2-3）：99-115.
[28] TATU A，ALBUQUERQUE G，EISEMANN M，et al. Automated analytical methods to support visual exploration of high-dimensional data[J]. IEEE Transactions on Visualization and Computer Graphics，2010，17（5）：584-597.
[29] 罗珞珈，郭岩，王洋，等.利用鱼眼视图的轨迹可视化方法[J].重庆大学学报，2017，40（5）：81-87.
[30] HABER R B，MCNABB D A. Visualization idioms：A conceptual model for scientific visualization systems[J]. Visualization in Scientific Computing，1990，74：93.
[31] TOMINSKI C. Event-based visualization for user-centered visual analysis[D]. Rostock：University of

Rostock,2006.

[32] CARD S K, MACKINLAY J D, SHNEIDERMAN B. Readings in information visualization: Using vision to think [M]. San Francisco: Morgan Kaufmann Publishers Inc, 1999.

[33] FEKETE J D, VAN WIJK J J, STASKO J T, et al. The value of information visualization [J]. Information Visualization: Human-Centered Issues and Perspectives, 2008: 1-18.

[34] STOLTE C, TANG D, HANRAHAN P. Polaris: A system for query, analysis, and visualization of multidimensional relational databases [J]. IEEE Transactions on Visualization and Computer Graphics, 2002, 8 (1): 52-65.

[35] 任磊, 杜一, 马帅, 等. 大数据可视分析综述 [J]. 软件学报, 2014, 25 (9): 1909-1936.

[36] 于海娇. 基于美学原理的数据可视化设计研究 [J]. 大观, 2020, 214 (6): 7-8.

[37] 张薇薇. 基于隐喻视角的信息可视化系统比较研究 [J]. 图书情报工作, 2009, 53 (14): 118-121.

[38] CAO N, LIN Y R, SUN X, et al. Whisper: Tracing the spatiotemporal process of information diffusion in real time [J]. IEEE Transactions on Visualization and Computer Graphics, 2012, 18 (12): 2649-2658.